I dispositivi di ritenuta e le barriere di sicurezza stradali

Nicola Dinnella • Marco Guerrieri

I dispositivi di ritenuta e le barriere di sicurezza stradali

Springer

Nicola Dinnella
Struttura Territoriale Liguria
ANAS
Genova, Italy

Marco Guerrieri
DICAM
University of Trento
Trento, Italy

ISBN 978-3-032-10709-1 ISBN 978-3-032-10710-7 (eBook)
https://doi.org/10.1007/978-3-032-10710-7

This Springer imprint is published by the registered company Springer Nature Switzerland AG
The registered company address is: Gewerbestrasse 11, 6330 Cham, Switzerland

If disposing of this product, please recycle the paper.

Prefazione

Questo libro offre alcune nozioni fondamentali necessarie per la progettazione e per la scelta dei sistemi stradali di ritenuta da installare su nuove opere o su strade già in esercizio secondo quanto prescritto dalle più recenti normative di settore. Queste ultime vengono ampiamente trattate nel testo soprattutto per gli aspetti maggiormente connessi con i ruoli dei tecnici che si occupano di Ingegneria Stradale.

Nel volume sono illustrate le modalità operative per le prove di crash test al vero dei dispositivi di ritenuta, le procedure da utilizzare per effettuare le modifiche di prodotto e di installazione e sono descritti i campi di utilizzo della *computational mechanic*. Viene inoltre descritta una procedura per valutare lo stato di efficienza dei dispositivi di ritenuta esistenti, utile per pianificare in modo razionale la programmazione della loro manutenzione o sostituzione. Ampio spazio è lasciato alla disamina dei compiti e delle responsabilità delle principali figure professionali coinvolte nella fase progettuale ed esecutiva riguardante l'installazione dei dispositivi di ritenuta. Nel volume sono anche trattati i seguenti temi:

- principali peculiarità di alcuni innovativi dispositivi di ritenuta;
- linee guida per mettere in sicurezza i punti singolari delle infrastrutture stradali;
- dispositivi salva motociclista;
- sensori posti sulle barriere per il rilevamento in tempo reale degli incidenti stradali.

I contenuti dei capitoli del libro sono di seguito sinteticamente descritti:

- **il capitolo 1** riporta brevemente la classificazione geometrico-funzionale delle strade, unitamente ad alcune definizioni e relazioni fondamentali semplificate di ingegneria del traffico. Questi aspetti sono basilari per la progettazione dei dispositivi di ritenuta e per la scelta delle barriere di sicurezza;
- **il capitolo 2** introduce i metodi per le analisi di sicurezza e le azioni previste dalle normative di settore volte alla riduzione del numero e delle conseguenze degli incidenti sulle strade. Inoltre, vengono brevemente descritti i modelli per le analisi

predittive dell'incidentalità stradale secondo il manuale HSM e le procedure di Road Safety Audit e Road Safety Review per i dispositivi di ritenuta;

- **il capitolo 3** affronta il tema delle normative nazionali ed internazionali che disciplinano i dispositivi di ritenuta per gli aspetti che riguardano la loro classificazione, le procedure di marcatura, la progettazione e l'utilizzo sulle strade ad uso pubblico;
- **il capitolo 4** sintetizza la classificazione dei dispositivi di ritenuta in base al contesto di inserimento ed al tipo di materiale utilizzato. Si descrivono, poi, le tipiche risposte in termini di deformazione e di ASI delle barriere. Sono anche forniti alcuni modelli semplificati per l'analisi delle condizioni di equilibrio di un veicolo durante le fasi di interazione con una barriera di sicurezza;
- **il capitolo 5** riporta un approccio sistematico, basato sulle vigenti norme di settore, da poter adottare per scegliere i dispositivi di ritenuta più appropriati per un certo contesto infrastrutturale. Viene poi trattato il tema delle verifiche di visibilità. Infine, si elencano e descrivono i contenuti essenziali degli elaborati tecnici relativi al progetto dei dispositivi di ritenuta da produrre in fase di progettazione esecutiva;
- **il capitolo 6** tratta i compiti e le responsabilità principali dei diversi soggetti coinvolti nelle fasi di progettazione dei dispositivi di ritenuta, con un particolare focus sulle figure del progettista, del direttore dei lavori, del responsabile dei lavori e del collaudatore;
- **il capitolo 7** descrive i documenti necessari per il collaudo delle opere riguardanti l'installazione dei dispositivi stradali di ritenuta ai sensi di quanto prescritto, in particolare, dal Decreto legislativo 31 marzo 2023, n. 36;
- **il capitolo 8** descrive le prove di crash test e le prescrizioni normative per la marcatura CE dei dispositivi di ritenuta;
- **il capitolo 9** descrive in modo succinto le analisi computazionali, anche in relazione alle indicazioni della norma EN 1317, da usare in fase di progettazione di nuovi dispositivi di ritenuta o per valutare gli effetti generati dalle modifiche di prodotto;
- **il capitolo 10** descrive le possibili modifiche di prodotto (lievi, moderate e significative) dei dispositivi di ritenuta certificati ai sensi della Norma EN 1317-5. In particolare, si trattano le modifiche di installazione riguardanti, ad esempio, la profondità di infissione dei montanti o dei tirafondi, o modifiche del passo tra i montanti delle barriere in acciaio;
- **il capitolo 11** descrive la nuova macchina "Big Bang" sviluppata per testare i dispositivi di ritenuta in maniera "statica" attraverso l'applicazione di una energia d'urto equivalente a quella prevista nelle prove di crash test al vero;
- **il capitolo 12** riporta la descrizione di alcune apparecchiature innovative (T.H.O.R., M.A.R.TE, MARTINA) ed altre più tradizionali utili per verificare l'efficacia della interazione tra i montanti delle barriere in acciaio ed il terreno nel quale vengono infissi;
- **il capitolo 13** tratta il tema della protezione dei punti singolari (muri di controripa, pile di ponti, cuspidi, ecc.). In particolare, sono descritte le caratteristiche tecniche

delle barriere per la chiusura dei varchi, degli attenuatori d'urto, dei terminali speciali, dei dispositivi per le zone di approccio alle opere d'arte (ponti, viadotti, ecc.) e di quelli da usare per le zone di transizione;

- **il capitolo 14** descrive i DSM (Dispositivi Salva Motociclista) che consentono di evitare, o comunque di mitigare, il rischio di lesioni o danni permanenti che un motociclista può riportare a seguito di un violento impatto contro le barriere. Si riportano anche i principali riferimenti normativi sui DSM e si descrivono alcune soluzioni tecniche innovative;

- **il capitolo 15** descrive le caratteristiche tecniche di alcune barriere in acciaio ed in calcestruzzo di nuova concezione ideate e progettate per superare i problemi di installazione nel caso di spazi ridotti o in altre condizioni di impianto critiche;

- **il capitolo 16** descrive sinteticamente i più comuni difetti riscontrabili sulle barriere di sicurezza e riporta una procedura per la determinazione dell'Indice di Degrado dell'Opera, utile per programmare le priorità di intervento sui dispositivi di sicurezza già in esercizio ai fini della loro manutenzione o sostituzione;

- **il capitolo 17** sintetizza gli esiti di una ricerca statunitense sui possibili trattamenti estetici delle barriere in calcestruzzo. L'approccio metodologico impiegato in questa ricerca potrebbe essere di particolare interesse per affrontare possibili futuri approfondimenti tecnico-scientifici orientati allo studio ed allo sviluppo di soluzioni tecniche in grado di rendere i dispositivi di ritenuta esteticamente più gradevoli.

Si ritiene che gli argomenti trattati in questo libro possano essere di specifico interesse per le diverse figure professionali che a vario titolo sono coinvolte nelle attività di progettazione, installazione e manutenzione dei dispositivi di ritenuta. Infine, gli autori intendono ringraziare gli ingg. Chiappone, Commisso, Polito, Reale, Ferraro, Fasano, Barucca e gli arch.tti Fiore e Salerno per il prezioso contributo offerto durante la stesura del volume.

Gli autori declinano ogni responsabilità diretta e/o indiretta per eventuali danni fisici, morali ed economici che possano derivare dall'utilizzo, interpretazione o applicazione del presente documento da parte di terzi.

Ing. Nicola Dinnella
Prof. Ing. Marco Guerrieri

Indice

1 Classificazione delle infrastrutture stradali e variabili di traffico 1
  1.1 Classificazione delle Strade 1
  1.2 Elementi costitutivi dello spazio stradale 5
  1.3 Elementi di ingegneria del traffico: alcune definizioni 13
     1.3.1 Flusso ininterrotto ed interrotto 13
     1.3.2 La portata veicolare, la velocità media nello spazio e
            la densità 13
     1.3.3 La relazione fondamentale del deflusso 14
     1.3.4 Il traffico giornaliero medio TGM 15
  Riferimenti bibliografici 15

2 La sicurezza stradale 17
  2.1 Introduzione ai metodi per le analisi di sicurezza stradale 17
  2.2 Politiche per la sicurezza stradale 20
  2.3 Responsabilità degli enti proprietari delle strade 22
  2.4 Stima della incidentalità attesa con i modelli HSM 23
  2.5 Road Safety Audit e Road Safety Review 26
     2.5.1 Figure coinvolte nelle analisi di sicurezza 28
     2.5.2 Brevi esempi di Road Safety Inspection (RSI) 29
  Riferimenti bibliografici 30

3 Normative in tema di dispositivi di ritenuta 31
  3.1 Quadro Normativo in ambito internazionale 31
  3.2 Quadro normativo italiano 34
     3.2.1 Il D.M. n. 223 del 18/2/1992 37
     3.2.2 Il D.M. del 3 giugno 1998 38
     3.2.3 Il D.M. n. 2367 del 21/06/2004 38
     3.2.4 Circolare n. 104862 del 15/11/2007 38
     3.2.5 Circolare n. 0062032 del 21/07/2010 39
     3.2.6 Il D.M. 28/06/2011 39
  Riferimenti bibliografici 40

4 Classificazione dei dispositivi di ritenuta 41
    4.1 Classificazione in base alla ubicazione. 41
    4.2 Classificazione in base al materiale 42
    4.3 Le barriere in acciaio 43
    4.4 Le barriere in calcestruzzo 46
    4.5 Considerazioni sui valori tipici dell'Indice ASI di barriere
          in acciaio e in calcestruzzo. 49
    4.6 Condizioni da soddisfare durante l'urto di un veicolo 53
        4.6.1 Considerazioni sulla decelerazione laterale del veicolo .. 54
        4.6.2 Equilibrio al ribaltamento del veicolo. 55
    Riferimenti bibliografici 56
        4.6.3 Re-direzionamento del veicolo 56

5 Procedura tecnica per la scelta dei dispositivi di ritenuta 57
    5.1 Riferimenti normativi per i progetti esecutivi 58
    5.2 La scelta dei dispositivi di ritenuta. 60
        5.2.1 Considerazioni sulla scelta di barriere con classe
              di contenimento superiore a quella minima 64
    5.3 Individuazione delle tratte stradali da proteggere ai sensi delle
          norme 64
    5.4 Indicazioni AASHTO. 66
    5.5 Individuazione degli ostacoli fissi da proteggere 68
    5.6 Verifica della corretta distanza tra barriera e ostacolo 69
    5.7 Considerazioni sui cigli e sul terreno del corpo stradale 70
    5.8 Verifica delle distanze di visibilità 74
        5.8.1 Distanza di visibilità per l'arresto. 76
        5.8.2 Distanza di visibilità per il sorpasso 80
    5.9 Soluzioni progettuali per garantire la visibilità per l'arresto
          anche in presenza di barriere di sicurezza 81
        5.9.1 Soluzione 1: allargamento della piattaforma. 82
        5.9.2 Soluzione 2: allargamento dell'arginello 83
    5.10 Configurazione della sezione stradale su opera d'arte 83
    5.11 Lunghezze minime di installazione delle barriere di sicurezza 85
    5.12 Elaborati progettuali per i progetti esecutivi 87
    Riferimenti bibliografici 90

6 Le figure coinvolte nei progetti dei dispositivi di ritenuta 91
    6.1 Alcune considerazioni preliminari in tema di responsabilità 92
    6.2 Il Progettista. 93
    6.3 Il Direttore dei Lavori 93
    6.4 Il Responsabile del Procedimento 94
    6.5 Il Collaudatore 95
    Riferimenti bibliografici 96

7 I documenti necessari per il collaudo 97
   7.1 Il documento di riferimento per l'emissione del certificato del
       Produttore. 98
       7.1.1   Procedura di emissione del certificato di corretto
              montaggio ed istallazione del Produttore (Art. 79,
              c. 17, del d.P.R. n. 207/2010, all'art. 18, c. 22,
              dell'Allegato II.12 al d. lgs n. 36/2023 e all'art. 15, c.
              1, lett. p), dell'Allegato II.14 al medesimo decreto. 99
       7.1.2   Il certificato di corretta posa in opera dei dispositivi
              di sicurezza stradale (Art. 5 del D.M. n. 2367
              del 21/06/2004). 100
   Riferimenti bibliografici 102

8 I Crash test per la marcatura CE dei dispositivi di ritenuta 103
   8.1 Considerazioni preliminari. 103
       8.1.1   Prove Iniziali di tipo ITT 106
       8.1.2   Controllo della Produzione in Fabbrica (FPC) 106
       8.1.3   Il livello di contenimento Lc. 107
       8.1.4   I livelli di severità dell'urto 110
       8.1.5   Il VCDI (Vehicle Cockpit Deformation Index). 113
       8.1.6   Deflessione dinamica, larghezza operativa e intrusione . 115
   8.2 Il manuale di installazione delle barriere 117
   Riferimenti bibliografici 118

9 Cenni sulle analisi computazionali dei sistemi di ritenuta 119
   9.1 Principi di modellazione 120
       9.1.1   La schematizzazione del sistema 121
       9.1.2   La discretizzazione del modello 121
       9.1.3   La simulazione dinamica 121
       9.1.4   La validazione del modello. 122
   9.2 Modellazione del sistema. 122
       9.2.1   Modellazione del veicolo 122
       9.2.2   Validation Roadmap 123
       9.2.3   Idle test. 124
       9.2.4   Simulazioni di movimento: prova con traiettoria
              rettilinea 124
       9.2.5   Simulazioni di movimento: prova con traiettoria
              circolare 125
       9.2.6   Simulazioni di movimento: prova con traiettoria
              tangente. 125
       9.2.7   Prove di urto con un cordolo. 125
       9.2.8   Prova di impatto full scale contro un muro rigido. 125
       9.2.9   Prova di impatto full scale contro una barriera
              deformabile 125
       9.2.10 Modellazione del dispositivo di ritenuta. 126
       9.2.11 Modellazione della fase di contatto. 126
   Riferimenti bibliografici 128

10 Modifiche di prodotto e di installazione dei dispositivi di ritenuta .. 129
   10.1 Considerazioni preliminari. 129
      10.1.1   Modifiche di prodotto 130
      10.1.2   Modifiche di installazione. 131
   Riferimenti bibliografici 133

11 Un nuovo criterio per la valutazione del comportamento dei dispositivi di ritenuta 135
   11.1 La tecnologia "Big Bang" 136
      11.1.1   Finalità 136
      11.1.2   Principio di funzionamento. 136
      11.1.3   Vantaggi della tecnologia "Big Bang" 138
   Riferimenti bibliografici 140

12 Analisi del supporto di impianto 141
   12.1 Caratterizzazione del supporto. 143
      12.1.1   Prova dinamica T.H.O.R 143
      12.1.2   Prova con apparecchiatura M.A.R.TE. 144
      12.1.3   Prova con apparecchiatura MARTINA 145
      12.1.4   Prove Push-Pull 145
      12.1.5   Prova dinamica 148
      12.1.6   Prove geotecniche. 148
   12.2 Analisi dei cordoli nel caso di barriere inghisate 150
      12.2.1   Prove di estrazione Pull-Out. 152
      12.2.2   Il metodo SonReb 154
   12.3 Conclusioni 154
   Riferimenti bibliografici 155

13 I punti singolari. 157
   13.1 Verifica delle transizioni. 159
      13.1.1   Transizioni tra barriere 159
      13.1.2   Indicazioni progettuali fornite dalla specifica tecnica prEN 1317-4. 165
      13.1.3   Transizioni tra barriere ed attenuatori d'urto 166
      13.1.4   Verifica dei terminali. 167
      13.1.5   Terminali semplici 169
      13.1.6   Terminali speciali 172
      13.1.7   Prove d'urto e criteri di accettazione 173
      13.1.8   Gli attenuatori d'urto 179
      13.1.9   Prove d'urto per gli attenuatori. 180
      13.1.10 Caratteristiche degli attenuatori redirettivi e non redirettivi 182
      13.1.11 I varchi amovibili 185
      13.1.12 Prove d'urto per i varchi amovibili. 185
      13.1.13 Caratteristiche tecniche dei varchi amovibili 187
      13.1.14 I varchi amovibili in calcestruzzo. 187
   Riferimenti bibliografici 189

14 Le protezioni per i motociclisti. 191
   14.1 La sicurezza dei motociclisti 192
   14.2 Quadro normativo di riferimento 192
   14.3 I crash test per DSM secondo la UNI/CEN TS 1317-8 192
      14.3.1 Condizioni di accettazione della prova 196
   14.4 I profili DSM 197
   14.5 Il DM del 1° Aprile 2019 (DSM) 198
      14.5.1 Premessa 198
      14.5.2 Le Istruzioni Tecniche (Allegato A) 199
      14.5.3 Marcatura CE dopo il 2016, Art. 4 200
      14.5.4 Omologazione tra il 1992 e il 2016, Art. 5 201
   14.6 Barriere né marcate, né certificate prima del 1992, Art. 6 201
   Riferimenti bibliografici 202

15 Dispositivi di ritenuta innovativi 203
   15.1 Barriere in acciaio 204
      15.1.1 Barriera H2 TS0 205
      15.1.2 Barriera H3 TS0 206
   15.2 Barriere in calcestruzzo NDBA 209
      15.2.1 Caratteristiche tecniche della barriera NDBA 210
      15.2.2 Crash test 212
   15.3 I diversi tipi di barriere NDBA. 213
      15.3.1 Barriera NDBA Asphalt 213
      15.3.2 Barriera NDBA Concrete per spartitraffico 214
      15.3.3 Barriera NDBA Concrete con tirafondi inclinati 214
      15.3.4 Barriera NDBA Bridge 214
      15.3.5 Barriera NDBA Tunnel 216
   15.4 Sistemi tecnologici integrati nelle barriere per il rilevamento
      degli incidenti 218
   Riferimenti bibliografici 219

16 La programmazione delle priorità di intervento 221
   16.1 La valutazione dei difetti e degli ammaloramenti dei dispositivi
      di ritenuta 222
   Riferimenti bibliografici 227

17 Considerazioni sugli aspetti estetici dei dispositivi di ritenuta 229
   17.1 Possibili trattamenti estetici delle barriere in calcestruzzo 230
      17.1.1 Alternativa "A" 231
      17.1.2 Alternativa "B" 231
      17.1.3 Alternativa "C" 232
      17.1.4 Alternativa "D" 233
      17.1.5 Indagine sulle preferenze degli osservatori 235
   17.2 Conclusioni 236
   Riferimenti bibliografici 237

Chapter 1
Classificazione delle infrastrutture stradali e variabili di traffico

Indice

1.1   Classificazione delle Strade 1
1.2   Elementi costitutivi dello spazio stradale 5
1.3   Elementi di ingegneria del traffico: alcune definizioni 13
      1.3.1   Flusso ininterrotto ed interrotto 13
      1.3.2   La portata veicolare, la velocità media nello spazio e la densità 13
      1.3.3   La relazione fondamentale del deflusso 14
      1.3.4   Il traffico giornaliero medio TGM 15
Riferimenti bibliografici 15

Abstract *In questo capitolo si riporta brevemente la classificazione geometrico-funzionale delle strade, unitamente ad alcune definizioni e relazioni fondamentali semplificate di ingegneria del traffico. Questi aspetti sono basilari per la progettazione dei dispositivi di ritenuta e per la scelta delle barriere di sicurezza richieste per un'infrastruttura di date caratteristiche funzionali e trasportistiche.*

1.1   Classificazione delle Strade

L'art. 2 del Codice della Strada classifica le infrastrutture stradali in sei tipi (da A a F) in relazione alle caratteristiche costruttive, tecniche e funzionali, ovvero:

- A – Autostrade;
- B – Strade extraurbane principali;
- C – Strade extraurbane secondarie;
- D – Strade urbane di scorrimento;
- E – Strade urbane di quartiere;
- E-bis – Strade urbane ciclabili;

N. Dinnella, M. Guerrieri (Hrsg.), *I dispositivi di ritenuta e le barriere di sicurezza stradali*,
https://doi.org/10.1007/978-3-032-10710-7_1

Tabella 1.1 Classificazione delle reti stradali

RETE	STRADE CORRISPONDENTI	
	IN AMBITO EXTRAURBANO	IN AMBITO URBANO
A — rete primaria (di transito, scorrimento)	Autostrade extraurbane — Strade extraurbane principali	In ambito urbano
B — rete principale (di distribuzione)	Autostrade extraurbane — Strade extraurbane principali	Autostrade urbane Strade urbane di scorrimento
C — rete secondaria (di penetrazione)	Autostrade extraurbane — Strade extraurbane principali	Strade urbane di quartiere
D — rete locale (di accesso)	Autostrade extraurbane — Strade extraurbane principali	Strade locali urbane

- F – Strade locali (extraurbane ed urbane);
- F-bis – Itinerari ciclopedonali.

A partire da tale classificazione, ai sensi della normativa tecnica di settore [1], vengono individuati quattro livelli di reti stradali (Tab. 1.1):

- rete primaria;
- rete principale;
- rete secondaria;
- rete locale.

La rete primaria è costituita dalle strade di tipo A. La sua funzione territoriale è quella di garantire soprattutto i collegamenti di carattere nazionale e interregionale.

La rete principale comprende strade di tipo B e D e ha il compito di distribuire i flussi di traffico dalla rete primaria a quella secondaria (e viceversa) ed eventualmente a quella locale: le strade B provvedono ai collegamenti interregionali o regionali, mentre quelle D servono i collegamenti tra quartieri.

La rete secondaria comprende le strade di tipo C e E destinate ai movimenti di penetrazione verso la rete locale: la funzione essenziale è di carattere provinciale o interlocale per le strade C, mentre quelle E hanno il medesimo ruolo all'interno dell'ambito dei quartieri.

Alla rete locale appartengono le strade di tipo F con la funzione basilare di accesso (e di uscita in senso inverso) a livello territoriale interlocale e comunale, se in ambito extraurbano, a livello di quartiere per quelle in ambito urbano.

Accanto alle reti viarie si identifica anche il cosiddetto *livello terminale*, che comprende le aree e le strutture previste per la sosta; la sua funzione territoriale è sempre locale e ammette tutte le componenti di traffico salvo specifiche limitazioni.

I possibili collegamenti tra strade appartenenti alla stessa rete ovvero a reti differenti avvengono mediante intersezioni stradali, distinte in omogenee o disomogenee [2]. Le prime connettono rami di rete della medesima classe funzionale (es. strade tutte di tipo C), le seconde connettono rami di diversa classe funzionale (es. strade di tipo C con strade di tipo F).

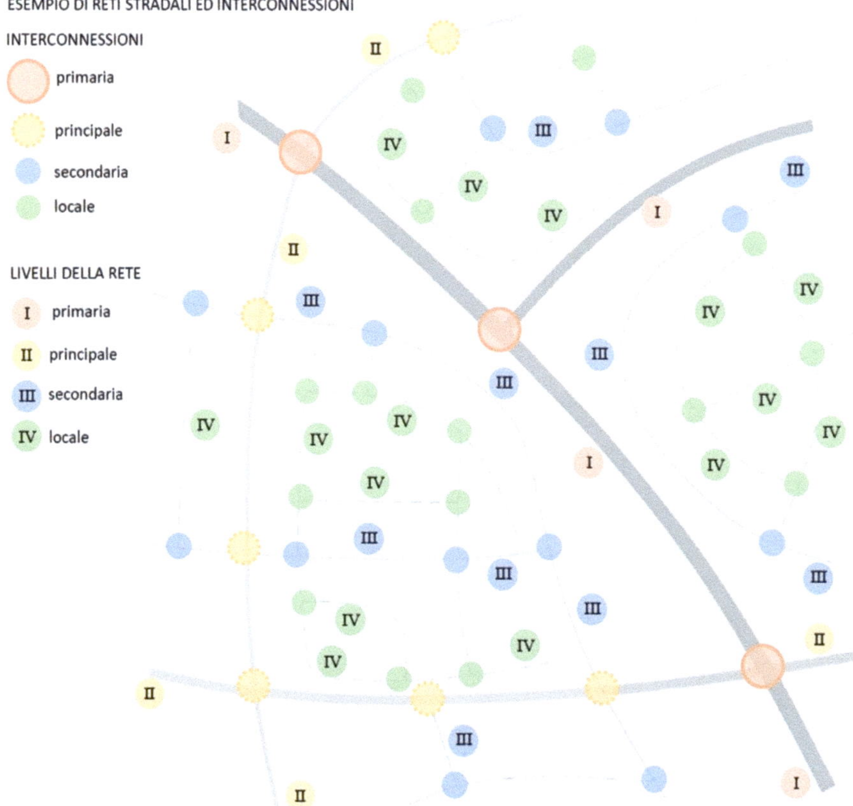

Fig. 1.1 Esempio di reti stradali e interconnessioni

La Fig. 1.1 riporta un esempio di rete stradale con specificazione dei quattro livelli funzionali degli archi (Tab. 1.1) e delle interconnessioni (anche queste suddivise in quattro classi, cioè primaria, principale, secondaria e locale).

Le diverse tipologie di strade descritte ammettono specifiche componenti di traffico [3, 4] e sono caratterizzate da lunghezze degli spostamenti e velocità medie di percorrenza via via decrescenti dalla rete primaria a quella locale.

Infatti, procedendo in ordine decrescente, in accordo alla gerarchia delle reti (Tab. 1.1), si verifica che la velocità media di percorrenza in genere decresce e la qualità del servizio offerto diminuisce rapidamente all'aumentare dei flussi di traffico.

In Fig. 1.2 vengono indicate le categorie di traffico ammesse per i suddetti tipi di strade. Questo aspetto risulta particolarmente rilevante perché, come sarà chiarito nei successivi capitoli, condiziona la scelta dei dispositivi di ritenuta più idonei da dover installare sui diversi tipi di strade.

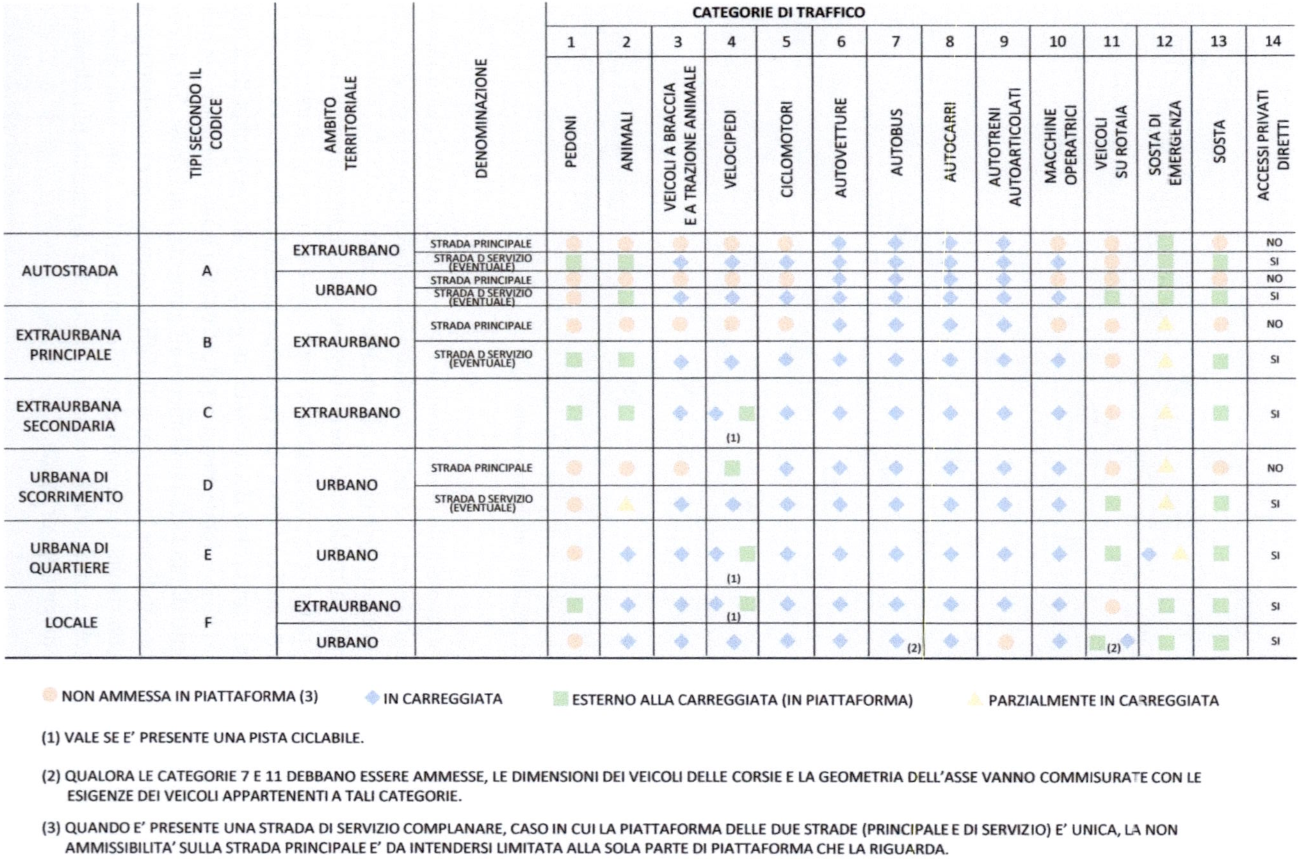

CATEGORIE DI TRAFFICO

TIPI SECONDO IL CODICE		AMBITO TERRITORIALE	DENOMINAZIONE	1 PEDONI	2 ANIMALI	3 VEICOLI A BRACCIA E A TRAZIONE ANIMALE	4 VELOCIPEDI	5 CICLOMOTORI	6 AUTOVETTURE	7 AUTOBUS	8 AUTOCARRI	9 AUTOTRENI AUTOARTICOLATI	10 MACCHINE OPERATRICI	11 VEICOLI SU ROTAIA	12 SOSTA DI EMERGENZA	13 SOSTA	14 ACCESSI PRIVATI DIRETTI
AUTOSTRADA	A	EXTRAURBANO	STRADA PRINCIPALE														NO
			STRADA D SERVIZIO (EVENTUALE)														SI
		URBANO	STRADA PRINCIPALE														NO
			STRADA D SERVIZIO (EVENTUALE)														SI
EXTRAURBANA PRINCIPALE	B	EXTRAURBANO	STRADA PRINCIPALE														NO
			STRADA D SERVIZIO (EVENTUALE)														SI
EXTRAURBANA SECONDARIA	C	EXTRAURBANO					(1)										SI
URBANA DI SCORRIMENTO	D	URBANO	STRADA PRINCIPALE														NO
			STRADA D SERVIZIO (EVENTUALE)														SI
URBANA DI QUARTIERE	E	URBANO					(1)										SI
LOCALE	F	EXTRAURBANO					(1)										SI
		URBANO								(2)				(2)			SI

NON AMMESSA IN PIATTAFORMA (3)　　IN CARREGGIATA　　ESTERNO ALLA CARREGGIATA (IN PIATTAFORMA)　　PARZIALMENTE IN CARREGGIATA

(1) VALE SE E' PRESENTE UNA PISTA CICLABILE.

(2) QUALORA LE CATEGORIE 7 E 11 DEBBANO ESSERE AMMESSE, LE DIMENSIONI DEI VEICOLI DELLE CORSIE E LA GEOMETRIA DELL'ASSE VANNO COMMISURATE CON LE ESIGENZE DEI VEICOLI APPARTENENTI A TALI CATEGORIE.

(3) QUANDO E' PRESENTE UNA STRADA DI SERVIZIO COMPLANARE, CASO IN CUI LA PIATTAFORMA DELLE DUE STRADE (PRINCIPALE E DI SERVIZIO) E' UNICA, LA NON AMMISSIBILITA' SULLA STRADA PRINCIPALE E' DA INTENDERSI LIMITATA ALLA SOLA PARTE DI PIATTAFORMA CHE LA RIGUARDA.

Fig. 1.2 Categorie di traffico ammesse sui diversi tipi di strade

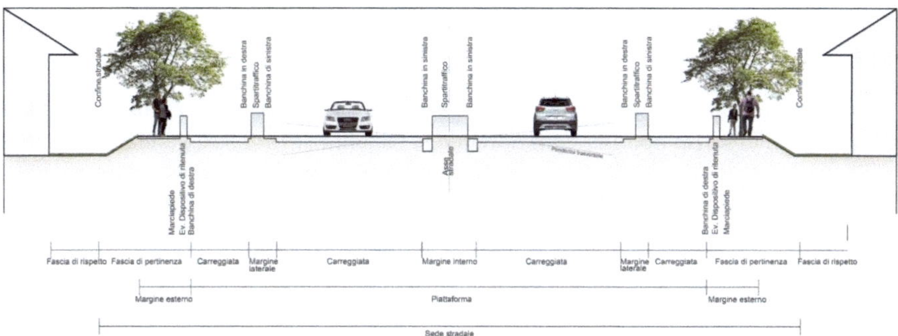

Fig. 1.3 Elementi dello spazio stradale

1.2   Elementi costitutivi dello spazio stradale

Gli elementi modulari che compongono la piattaforma stradale hanno dimensione diversa a seconda del tipo di strada. In Fig. 1.3 sono schematizzati gli elementi principali dello spazio stradale [1].

La piattaforma stradale comprende:

- una o più carreggiate complanari ospitanti le corsie di marcia;
- le banchine in destra ed in sinistra;
- gli eventuali margini interni e laterali (comprensivi di banchine);
- le corsie riservate, le corsie specializzate, le fasce per la sosta laterale, le piazzole di sosta o di fermata dei mezzi pubblici (se esistenti).

La corsia è la parte longitudinale della strada, delimitata dalla segnaletica orizzontale, di larghezza sufficiente per consentire il passaggio di una sola fila di veicoli. Le corsie possono essere distinte nei seguenti tipi:

- corsie di marcia: fanno parte della carreggiata e sono destinate alla marcia normale o al sorpasso;
- corsie riservate: sono destinate alla circolazione solo di alcune categorie di veicoli;
- corsie specializzate: sono destinate ai veicoli che devono compiere specifiche manovre (svolta, accelerazione, decelerazione, ecc.) o ai mezzi pesanti (ad es. corsie di arrampicamento);
- corsie di emergenza: sono adiacenti al lato destro della carreggiata e sono destinate alla sosta di emergenza ed al transito dei veicoli di soccorso e delle forze dell'ordine.

La banchina è la parte della piattaforma libera da qualsiasi ostacolo (es. delineatori di margine, dispositivi di ritenuta, segnaletica verticale) compresa tra il margine della carreggiata ed il più vicino tra i seguenti elementi: marciapiede, spartitraffico, arginello, ciglio interno della cunetta, ciglio superiore della scarpata nei rilevati. La banchina è pavimentata ed ha la stessa pendenza trasversale della carreggiata.

Altri elementi costitutivi dello spazio stradale che si ritiene utile richiamare per le finalità del presente volume sono:

- *il margine interno*: è la porzione della piattaforma che separa due carreggiate percorse in senso opposto e comprende le banchine in sinistra delle carreggiate e lo spartitraffico (parte non carrabile ospitante i dispositivi di ritenuta);
- *il margine esterno*: è parte della sede stradale, esterna alla piattaforma, nella quale trovano sede cigli, cunette, arginello, marciapiedi e gli elementi di sicurezza o di arredo (dispositivi di ritenuta, parapetti sostegni, ecc.);
- *il margine laterale*: è la parte della piattaforma che separa carreggiate percorse nello stesso senso di marcia;
- *il dispositivo di ritenuta*: elemento strutturale che entro certi limiti evita la fuoriuscita dei veicoli dalla piattaforma e riduce le conseguenze di un possibile svio. È contenuto all'interno dello spartitraffico o del margine esterno alla piattaforma;
- *la fascia di pertinenza*: rappresenta la striscia di terreno compresa tra la carreggiata più esterna ed il confine stradale; essa può essere utilizzata solo per realizzare altre parti della strada, in quanto fa parte della proprietà stradale;
- *la fascia di rispetto*: è costituita dalla striscia di terreno esterna al confine stradale, sulla quale esistono vincoli alla realizzazione, da parte del proprietario del terreno stesso, di scavi, costruzioni, piantagioni, depositi e simili. Per le larghezze di tale fascia si fa riferimento agli articoli 26, 27 e 28 del DPR 495/92. In termini generali la sua ampiezza è maggiore per le strade di categoria A e diminuisce per strade di categoria inferiore.

L'organizzazione della piattaforma stradale e le dimensioni degli elementi modulari che la compongono possono essere influenzati da diversi aspetti, tra i quali si annoverano:

- fattori relativi alla funzione trasportistica svolta nell'ambito della rete;
- domanda di traffico: volumi di traffico, dimensioni veicoli, componenti di traffico (ad es. presenza di pedoni o ciclisti);
- fattori geometrici e costruttivi: tracciato planimetrico, arredo funzionale, procedure di esecuzione dei lavori di costruzione e soprattutto di manutenzione;
- fattori comportamentali degli utenti: comportamento dei guidatori riguardo a velocità e posizione rispetto al bordo laterale, percezione generale dello spazio stradale;
- sicurezza della circolazione: tassi di incidentalità e mortalità, costo degli incidenti;
- livello di servizio desiderato;
- costi attesi durante la vita utile dell'infrastruttura: costi di costruzione, manutenzione, costi legati all'incidentalità, ai tempi di viaggio, alle emissioni da traffico veicolare, ecc.

L'organizzazione Le strade di servizio hanno la funzione di consentire alcune specifiche manovre ed il transito delle componenti di traffico non ammesse nelle strade di tipo A, B e D. Esse permettono la sosta e consentono di raggruppare gli accessi dalle proprietà adiacenti alle strade principali. Possono essere sia adiacenti alla strada principale (separate dalle carreggiate tramite il margine laterale) oppure fisicamente distaccate dalla stessa. Inoltre, le strade di servizio possono trovarsi su ambo i lati o da una sola

CATEGORIA A   AUTOSTRADE
AMBITO EXTRAURBANO (DM 5-11-2001)

Principale   Servizio
Vp min. 90   Vp min. 40
Vp max. 140   Vp max. 100

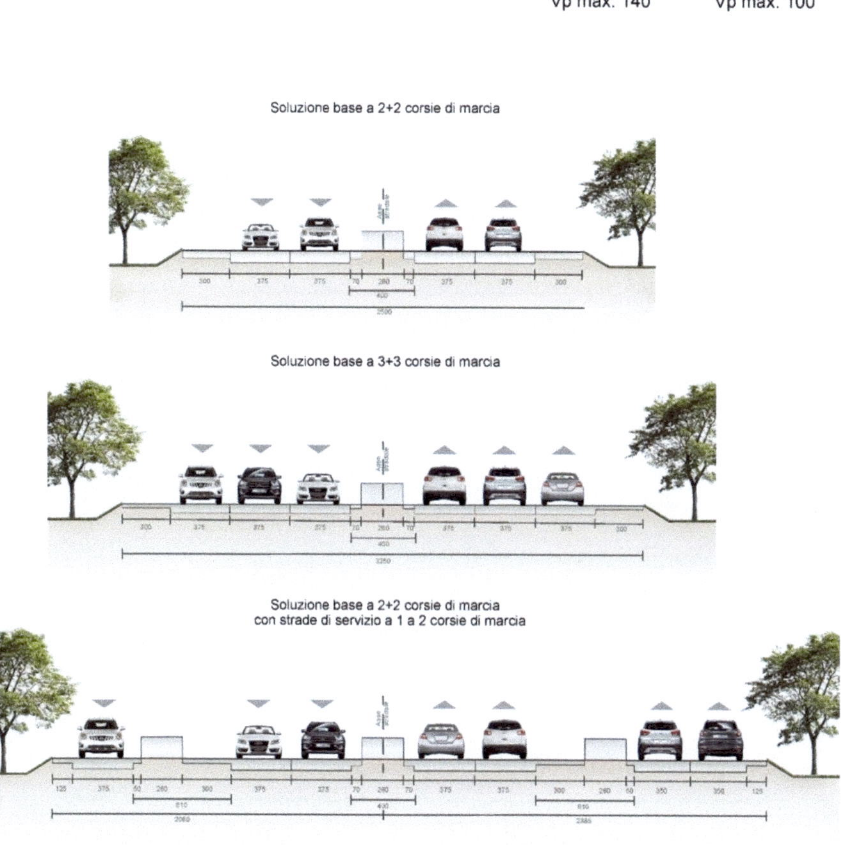

Fig. 1.4 Strade di categoria A – Autostrada in ambito extraurbano

parte della strada principale. Nelle Fig. 1.4–1.9 si riportano gli schemi di piattaforma delle diverse categorie di strade.

Ad ogni categoria è associato anche un intervallo di valori della velocità di progetto. La velocità di progetto Vp è *"la massima velocità costante che un veicolo isolato può tenere, con sicurezza, lungo un tronco stradale"* [5]. La normativa tecnica italiana fissa l'intervallo (Vp min − Vp max) entro cui sono comprese, per ciascuna categoria di strade, le massime velocità che i veicoli possono mantenere con sicurezza in ogni punto della strada quando la velocità è limitata dalla sola geometria [1, 5].

La velocità di progetto condiziona indirettamente la scelta dei dispositivi di ritenuta da usare nelle diverse categorie stradali.

CATEGORIA A　　AUTOSTRADE
AMBITO URBANO　　(DM 5-11-2001)

Principale	Servizio
Vp min. 80	Vp min. 40
Vp max. 140	Vp max. 60

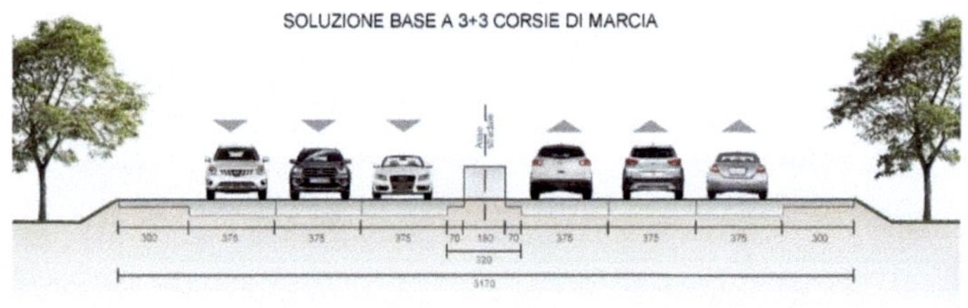

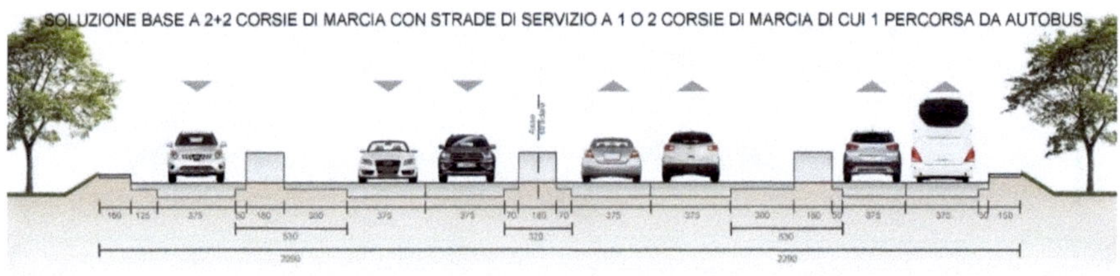

Fig. 1.5 Strade di categoria A – Autostrada in ambito urbano

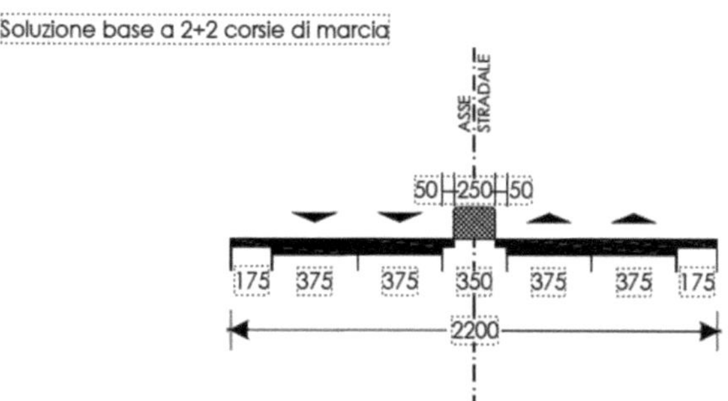

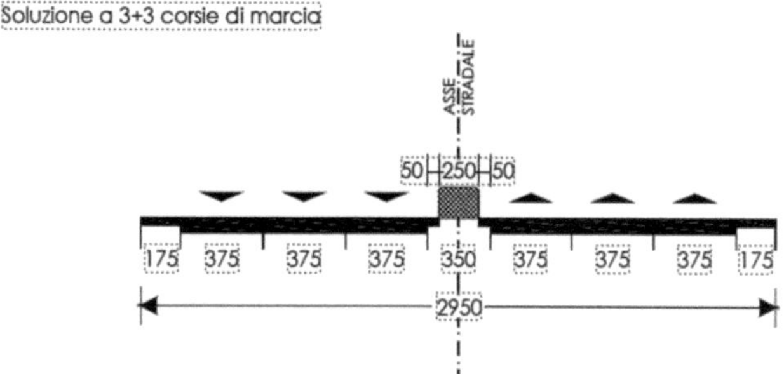

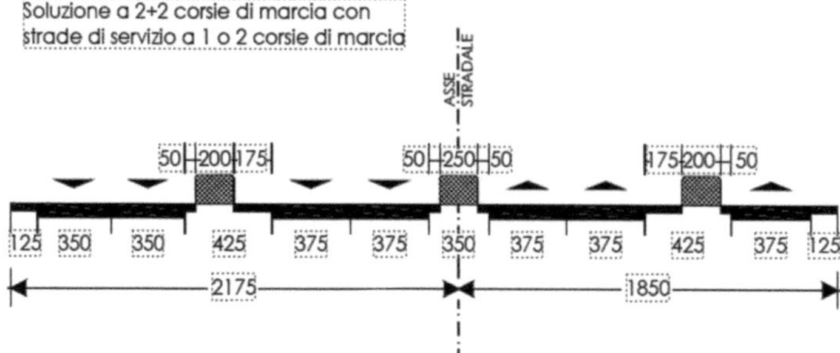

Fig. 1.6 Strade di categoria B – Extraurbane principali

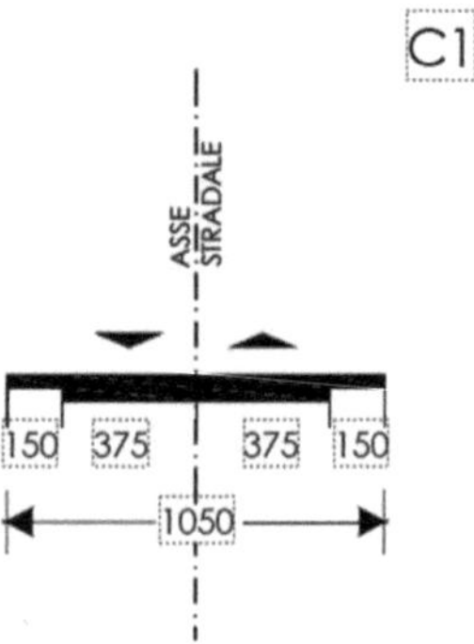

Fig. 1.7 Strade di categoria C – Extraurbane secondarie

AMBITO EXTRAURBANO

Soluzione base a 2 corsie di marcia

Principale
Vp min. 40
Vp max. 100

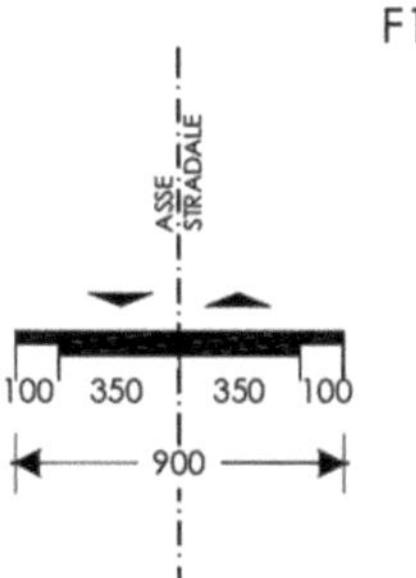

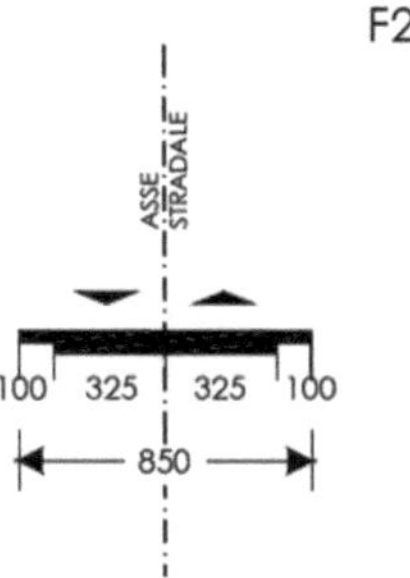

Fig. 1.8 Strade di categoria F – locali in ambito extraurbano

AMBITO URBANO

Principale
Vp min. 25
Vp max. 60

Soluzione base a 2 corsie di marcia

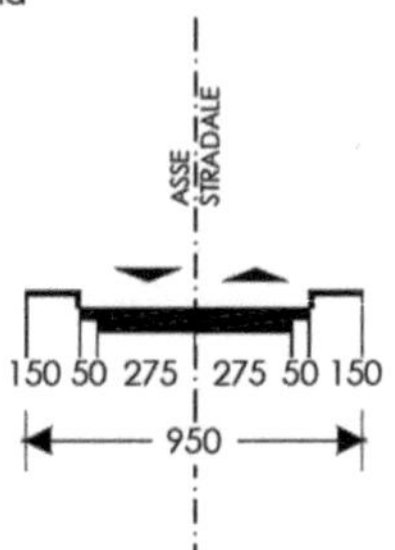

Soluzione a 2 corsie di marcia
con due file di stalli

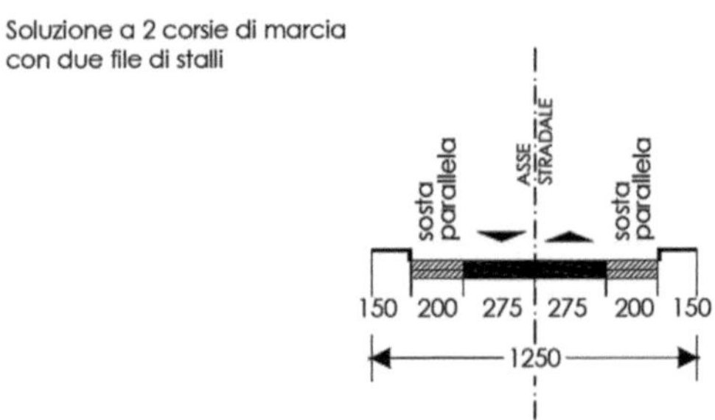

Fig. 1.9 Strade di categoria F – locali in ambito urbano

1.3   Elementi di ingegneria del traffico: alcune definizioni

1.3.1   Flusso ininterrotto ed interrotto

Il fenomeno della circolazione veicolare può essere analizzato in modo differente a seconda che riguardi infrastrutture stradali a flusso ininterrotto ed a flusso interrotto, così definite [5, 6]:

- *infrastrutture a flusso ininterrotto*: su di esse il deflusso veicolare è perturbato unicamente da cause interne, ma non da cause esterne alla corrente di traffico;
- *infrastrutture a flusso interrotto*: su di esse il deflusso veicolare è perturbato, o arrestato, da cause esterne alla corrente (flussi veicolari antagonisti, sistema di precedenze agli incroci, semafori, ecc.).

Infrastrutture a flusso ininterrotto son ad esempio le autostrade, le strade extraurbane principali, ma anche altre strade extraurbane limitatamente ai tronchi lungo i quali non si risentono gli effetti derivanti dai ritardi veicolari generati dalle intersezioni a raso o dislivellate.

Infrastrutture a flusso interrotto sono invece le strade urbane nelle quali il tempo di viaggio è fortemente influenzato dalla presenza di intersezioni e dai sistemi di regolamentazione delle correnti di traffico.

I modelli di traffico e le procedure di stima della qualità della circolazione esulano dagli obiettivi del presente volume. Tuttavia, si ritiene utile fornire alcune definizioni essenziali riguardanti le variabili macroscopiche del deflusso. Esse, infatti, influenzano la progettazione delle barriere di sicurezza e condizionano il progettista stradale nella scelta del dispositivo più idoneo da installare in un dato contesto infrastrutturale.

1.3.2   La portata veicolare, la velocità media nello spazio e la densità

I dati di traffico disponibili per un'infrastruttura stradale possono avere diverse provenienze; essi possono derivare dai transiti veicolari registrati in tempo reale (ad es. dati di spira o rilevati con telecamere) oppure per le autostrade possono derivare dai dati di esazione derivanti dal sistema di pedaggio.

Ciò premesso, la *portata veicolare* Q è il numero di veicoli N transitati da una sezione trasversale di una corsia (o di una carreggiata a seconda del tipo di misura da effettuare) durante un intervallo di tempo ΔT, espresso in veicoli per unità di tempo:

$$Q = \frac{N}{\Delta T} \tag{1.1}$$

In genere, la portata veicolare è espressa in veicoli all'ora (veic/ora o veh/h).

Va osservato che gli N veicoli che attraversano la sezione di riferimento hanno dimensione e peso differente. Normalmente, i veicoli di peso superiore a 30 kN (3 t) sono considerati per convenzione "veicoli pesanti". Pertanto, rispetto alla portata Q, è possibile individuare la percentuale p di veicoli pesanti e la corrispondente portata Q_p (ad es. se Q = 1000 veic/h e p = 10% la portata di veicoli pesanti Q_p = 100 veicoli pesanti all'ora).

La velocità media nello spazio V (o media spaziale delle velocità) è la media armonica delle velocità istantanee v_i di ciascuno degli N veicoli misurate in corrispondenza della sezione trasversale di riferimento nell'intervallo di tempo ΔT, ovvero:

$$V = \frac{1}{\frac{1}{N} \cdot \sum_{i=1}^{N} \frac{1}{v_i}} \tag{1.2}$$

Infine, si definisce *densità veicolare* K, il numero di veicoli M contestualmente presenti su una corsia (o sulla carreggiata a seconda del tipo di misura da voler effettuare) in un tronco stradale di lunghezza ΔX rilevati in un dato istante di tempo t:

$$K = \frac{M}{\Delta X} \tag{1.3}$$

la densità K è espressa in veicoli per unità di lunghezza (es. veic/km).

1.3.3 La relazione fondamentale del deflusso

Per le infrastrutture a flusso ininterrotto, e per il caso astratto di correnti di traffico in condizioni di stazionarietà – che si concretizza se la distribuzione statistica delle velocità istantanee ha la stessa media e la stessa varianza in tutte le sezioni del tronco stradale esaminato – è possibile dimostrare l'esistenza di una relazione matematica che lega tra loro, in una equazione di stato, le tre variabili macroscopiche del deflusso prima definite [5, 6]. Questa equazione viene denominata *relazione fondamentale del deflusso*; la sua espressione è:

$$Q = K \cdot V \tag{1.4}$$

Si precisa che nella pratica professionale, la Eq. (1.4) è spesso utilizzata per le infrastrutture a flusso ininterrotto senza la preventiva verifica della sussistenza di effettive condizioni di stazionarietà del deflusso, data la sua semplicità applicativa. Più recentemente, si è addirittura utilizzato il concetto di *Diagramma Fondamentale del Deflusso*, fondato sulla Eq. (1.4), per particolari analisi di reti urbane e di intersezioni stradali [7, 8], cioè per infrastrutture a flusso interrotto.

1.3.4   Il traffico giornaliero medio TGM

Il traffico giornaliero medio TGM è il rapporto tra il numero complessivo N_T di veicoli che hanno attraversato una sezione stradale di riferimento in un anno intero ed il numero di giorni presenti nello stesso (365):

$$\text{TGM} = \frac{N_T}{365} \tag{1.5}$$

Il traffico giornaliero medio è quindi espresso in veic/giorno.

È utile ricordare che il TGM è una variabile ampiamente utilizzata in Ingegneria Stradale, ad esempio per le analisi dei livelli di servizio e di incidentalità, per quelle ambientali, per il dimensionamento delle pavimentazioni stradali e per la progettazione delle barriere di sicurezza.

Riferimenti bibliografici

[1] D.M. n. 6792 del 05/11/2001 "Norme funzionali e geometriche per la costruzione delle strade". Ministero delle Infrastrutture e dei Trasporti (Gazzetta ufficiale n. 3 del 04/01/2002)

[2] D.M. del 19/04/2006 "Norme funzionali e geometriche per la costruzione delle intersezioni stradali". Ministero delle Infrastrutture e dei Trasporti (Gazzetta ufficiale n. 170 del 24/07/2006)

[3] Nuovo codice della strada. Decreto legislativo 30 aprile 1992n . 285 e successive modificazioni.

[4] (1992) Regolamento di esecuzione e di attuazione del nuovo codice della strada. D.P.R. N. 495/1992.

[5] Esposito T, Mauro R (2022) Corradini, M. La progettazione funzionale delle strade, Edizioni Efesto.

[6] Guerrieri M, Mauro R (2024) Fondamenti di Ingegneria del Traffico. Springer

[7] Geroliminis N., Daganzo C.F. (2008) Existence of urban-scale macroscopic fundamental diagrams: some experimental findings. Transportation Research Part B Methodological. https://doi.org/10.1016/j.trb.2008.02.002

[8] Guerrieri M (2024) Total capacity and LOS estimation of innovative and conventional roundabouts through macroscopic fundamental diagrams. Transportation Research Interdisciplinary Perspectives https://doi.org/10.1016/j.trip.2024.101232

Chapter 2
La sicurezza stradale

Indice

2.1   Introduzione ai metodi per le analisi di sicurezza stradale 17
2.2   Politiche per la sicurezza stradale 20
2.3   Responsabilità degli enti proprietari delle strade 22
2.4   Stima della incidentalità attesa con i modelli HSM 23
2.5   Road Safety Audit e Road Safety Review 26
       2.5.1   Figure coinvolte nelle analisi di sicurezza 28
       2.5.2   Brevi esempi di Road Safety Inspection (RSI) 29
Riferimenti bibliografici 30

Abstract *In questo capitolo si introducono i metodi per le analisi di sicurezza e le azioni previste dalle normative di settore finalizzate alla riduzione del numero e delle conseguenze degli incidenti sulle strade. Inoltre, vengono brevemente descritti i modelli per le analisi predittive dell'incidentalità stradale secondo il manuale HSM e le procedure di Road Safety Audit e Road Safety Review per i dispositivi di ritenuta.*

2.1   Introduzione ai metodi per le analisi di sicurezza stradale

Uno dei costi sociali più rilevanti del trasporto stradale è rappresentato dagli incidenti con conseguenti danni a persone e cose. Per contrastare il fenomeno dell'incidentalità stradale si può agire secondo tre distinti approcci metodologici [1].

Il primo, "tradizionale" o di "prima generazione", si fonda sull'analisi degli incidenti avvenuti nei siti a elevata o anomala concentrazione di sinistri (denominati "punti neri" o "black-spot" della rete stradale). Tale approccio, denominato in ambito internazionale come *black-spot analysis*, si basa su un'evidenza empirica – non sempre verificata – secondo la quale l'abbattimento degli incidenti più frequenti in un dato sito, ottenuto mediante interventi infrastrutturali, determini una conseguente riduzione, più o meno marcata, del rischio d'incidentalità e, quindi, del numero di incidenti futuri.

La *black-spot analysis* è una metodologia efficace soprattutto laddove occorra bonificare i punti neri della viabilità mediante "azioni strutturali" e non, caratterizzate dal ridotto costo di realizzazione, ad esempio mediante interventi di moderazione del traffico (traffic calming). I risultati conseguiti con questo approccio metodologico hanno permesso di evidenziare ancor meglio il ruolo cardine esercitato dalla strada sia nel "sistema sicurezza", strettamente correlato alle tre macro-componenti "uomo – strada – veicolo", sia nella genesi dell'evento incidentale.

Il secondo approccio metodologico (di seconda generazione) si fonda sulla *"corretta interazione fra l'utente della strada e l'ambiente stradale"*. In questa direzione, per ottenere adeguati livelli di sicurezza, è necessario conferire all'infrastruttura specifiche caratteristiche in grado di non disattendere le principali aspettative degli utenti della strada. Tra queste caratteristiche si citano, ad esempio, la coerenza geometrica (planimetrica ed altimetrica), l'adeguatezza e l'omogeneità della segnaletica e l'uniformità delle velocità praticate dalle diverse componenti di traffico. L'attuale normativa tecnica italiana [2] è in parte basata proprio su criteri compositivi che, seppur implicitamente, contemplano gli aspetti comportamentali e psicologici degli utenti durante l'esercizio della guida (carico di lavoro mentale, tempi di azione e reazione, psicologia della visione, ecc.).

In ambito internazionale si sono poi consolidati alcuni metodi di valutazione oggettiva delle prestazioni, in termini di sicurezza di una infrastruttura stradale sia in fase di progettazione, sia durante lo studio dell'adeguamento di opere già in esercizio. Per molti anni hanno avuto un grande interesse applicativo i ben noti "criteri di Lamm" che prendono in considerazione la coerenza delle caratteristiche tecniche, quella delle velocità operative e quella della dinamica di guida.

Il terzo approccio metodologico, più innovativo dei precedenti, è di tipo "preventivo" perché persegue l'obiettivo di limitare la probabilità di accadimento degli incidenti, riducendo i possibili fattori di rischio, anche quelli non espressamente codificati nelle normative di settore. Facendo riferimento al già citato "sistema sicurezza", occorre agire secondo i seguenti aspetti:

- *qualità dell'infrastruttura*, progettata, realizzata e manutenuta rispondendo alle esigenze comportamentali degli utenti e delle loro aspettative (in altri termini la strada deve costituire un ambiente a misura degli utenti e delle loro capacità psico-fisiche);
- *qualità dei veicoli*, con riferimento alla loro sicurezza attiva e passiva;
- *qualità degli utenti*, come risultato di attività di formazione, informazione, educazione e di controllo dei comportamenti alla guida anche in relazione all'età.

Da quanto sinora esposto, si evince che i tre approcci metodologici agiscono sulla cosiddetta *"sicurezza attiva"* dell'infrastruttura poiché individuano azioni specifiche e circoscritte ai fattori di rischio dell'incidentalità.

Con l'intento di mitigare i danni, alle persone e alle cose, derivanti dal verificarsi di un incidente, occorre intervenire adeguatamente anche sulla *"sicurezza passiva"* della strada e, in particolare, sui dispositivi di ritenuta che, come indicato dalla normativa italiana, sono *"posti in opera essenzialmente al fine di realizzare, per gli utenti della strada e per gli esterni eventualmente presenti, accettabili condizioni di sicurezza in rapporto alla configurazione della strada, garantendo, entro certi limiti, il contenimento dei veicoli che dovessero tendere alla fuoriuscita dalla carreggiata stradale"*. Tali caratteristiche funzionali presuppongono che i dispositivi di ritenuta (barriere di sicurezza) devono essere idonei ad assorbire parte dell'energia di cui è dotato il veicolo in moto prima dell'impatto e, contemporaneamente, limitare gli effetti nocivi, derivanti dall'urto, sui passeggeri. Inoltre, a seguito dell'impatto, il veicolo in svio non deve valicare la barriera (ciò al fine di preservare tutto quello che si trova oltre la struttura di contenimento) e deve rientrare gradualmente in carreggiata in modo da non interferire, per quanto possibile, con i veicoli in transito e con le altre componenti di traffico ammesse in strada.

Indipendentemente dalla metodologia impiegata per affrontare le problematiche della sicurezza stradale, l'informazione principale è costituita dai dati di incidentalità.

In riferimento ai soli aspetti infrastrutturali, *l'analisi aggregata degli incidenti* permette di individuare eventuali criticità del sistema di trasporto stradale di tipo "geometrico" (caratteristiche plano-altimetriche del tracciato stradale, delle intersezioni, visibilità laterale, ecc.), "strutturale" (ad esempio stato della pavimentazione stradale e delle barriere di sicurezza) e "organizzativo" (regolamentazione del traffico, tipo di segnaletica, illuminazione, ecc.).

Tuttavia, l'analisi aggregata in genere non permette di analizzare in modo approfondito i fattori che provocano gli incidenti. Pertanto, qualora l'obiettivo di un ente proprietario o gestore sia anche quello di intervenire sul sistema viario al fine di attenuare o eliminare le sue criticità, si rende necessario effettuare un ulteriore approfondimento attraverso *"l'analisi disaggregata dei dati d'incidentalità"*. Tale analisi può essere affrontata con diverse tecniche: principalmente mediante i *"diagrammi di collisione"* o con i più recenti *"scenari di incidente"*.

I diagrammi di *"collisione"* sono rappresentazioni schematiche degli incidenti che si sono verificati in uno specifico contesto infrastrutturale, in un prefissato arco temporale, generalmente variabile da 3 a 5 anni. Ciascun sinistro è schematizzato da alcuni elementi grafici rappresentativi del veicolo o pedone coinvolto, del tipo di incidente della direzione di marcia eccetera etichettati con codici che contengono svariate informazioni come data, ora dell'incidente, condizioni meteorologiche, età degli utenti coinvolti, ecc. Nel diagramma di collisione è sintetizzata la storia degli incidenti avvenuti in un determinato luogo, riportando sulla planimetria quelli relativi al periodo di osservazione. Al diagramma può essere associato anche una rappresentazione tabellare dei dati, nella forma di griglia dei fattori di incidente.

Gli *"scenari d'incidente"*, sono approfondimenti dei diagrammi di collisione e consentono la "lettura dinamica" dell'incidente. Uno scenario di incidente può essere definito come "uno svolgimento prototipale corrispondente a un gruppo di incidenti che presentano una similitudine d'insieme nel concatenamento degli eventi e delle relazioni causali, all'interno delle diverse fasi che conducono alla collisione".

Affinché le infrastrutture siano il più possibile "sicure", occorre porre al centro delle scelte progettuali il comportamento umano nelle sue diverse fasi di guida (controllo, guida, navigazione), attraverso una opportuna modellazione di tale comportamento.

Più recentemente sono state sviluppate specifiche metodologie per la stima delle frequenze attese degli incidenti, come le Safety Performance Functions (SPFs), gli Accident Prediction Models (APMs) ed i Crash Prediction Models (CPMs) che combinano informazioni geometriche di traffico, unitamente a quelle relative agli incidenti. Tramite le stesse è possibile rendere manifesti gli effetti delle scelte progettuali sulla sicurezza della circolazione, in termini di frequenza attesa di incidenti di un certo tipo. Infine, si possono effettuare valutazioni sulla sicurezza tramite l'uso congiunto di simulazioni eseguite con modelli microscopici di traffico e modelli surrogati di incidentalità stradale.

2.2   Politiche per la sicurezza stradale

La legge n. 144 del 17 luglio 1999, all'art. 32, ha istituito in Italia il Piano Nazionale della Sicurezza Stradale, il cui principale obiettivo era quello di ridurre il numero di morti e feriti sulle strade italiane.

In molti paesi dell'UE, nel corso del tempo sono stati adottati e perfezionati diversi programmi in tema di Sicurezza Stradale.

La Commissione Europea, attraverso il documento *"L'Europa in movimento"* pubblicato il 17 maggio 2018, ha inteso rinnovare gli obiettivi di forte riduzione di morti e feriti gravi per incidenti stradali, proponendo un approccio sistemico basato sul cosiddetto *Safe System Approach* con il quale le conseguenze degli incidenti vengono mitigate operando contestualmente sia sui veicoli, sia sulle infrastrutture fisiche.

Con particolare riferimento alle infrastrutture stradali è stata avanzata una proposta di revisione della Direttiva di gestione delle sicurezza delle Infrastrutture (2008/96/CE) e della Direttiva sulla sicurezza delle gallerie (2004/54/CE) da implementare anche ad infrastrutture non appartenenti alla rete stradale trans-europea TEN, per far sì che la maggior parte delle strade extraurbane dei Paesi membri siano costantemente monitorate e sottoposte regolarmente a processi di controllo per la sicurezza – Road Safety Audits – al fine di ridurre il numero di tratte ad elevato rischio di incidente, migliorare i livelli di sicurezza intrinseci delle infrastrutture, rendendole in grado di ridurre gli errori umani alla guida e mitigare le loro conseguenze.

Va a questo proposito osservato che il miglioramento delle condizioni di sicurezza stradali deve perseguire un approccio sistemico, integrato ed unitario come sintetizzato in Tab. 2.1; [3].

Al fine di monitorare i progressi dei Paesi dell'Unione europea sono in via di definizione indicatori di prestazione della sicurezza stradale – SPI *Safety Performance*

Tabella 2.1 Possibili strategie d'azione per il miglioramento della sicurezza stradale [3]

FATTORE	STRATEGIE D'AZIONE	AZIONI
STRADA	ADEGUAMENTO	Adeguamento geometria Adeguamento dispositivi di ritenuta e margini Segnaletica Pavimentazione Illuminazione Organizzazione della circolazione in ambito urbano Piani stradali della Sicurezza in ambito urbano obbligatori
	CRITERI DI PROGETTO PER LE NUOVE INFRA-STRUTTURE	Nuovi criteri di progetto che considerano esplicitamente le implicazioni sulla sicurezza
	SAFETY AUDITS	Controllo della sicurezza in fase di esercizio e di progetto
UTENTI	CAMPAGNE D'INFORMA-ZIONE	Divulgazione dei pericoli della guida e dei comportamenti sicuri
	UTILIZZO CINTURE	Controlli Dispositivi a bordo veicolo Sanzioni
	RIDUZIONE VELOCITA'	Revisione limiti Interventi strutturali Educazione Controlli Limitatori di velocità a bordo veicolo Strumenti gestionali
	RISPETTO DISTANZE DI SICUREZZA	Segnaletica Controlli "Longitudinal Collision Avoidance" a bordo veicolo Sanzioni
	RIDUZIONE DELLA GUIDA IN CONDIZIONI PSICO-FISICHE ALTERATE	Controllo stato alcolemico e assunzione droghe Riduzione tasso alcolemico consentito Controllo ore di guida dei conducenti professionisti Dispositivi a bordo veicolo per rilevare stato alcolemico e colpo di sonno Uso di bande sonore per svegliare i conducenti che escono dalla carreggiata Sanzioni
	TRATTAMENTO DEI GUI-DATORI A RISCHIO	Educazione stradale Programmi di rieducazione Regole di guida per i giovani
UTENZE DEBOLI	AZIONI PER PEDONI, CICLISTI E MOTOCIC-LISTI	Luci intermittenti per pedoni e ciclisti Maggiore uso del casco Obbligo all'uso del casco sui ciclomotori anche per i maggiorenni Obbligo alla guida con patente anche per i ciclomotori Controllo delle caratteristiche tecniche dei ciclomotori Illuminazione diurna obbligatoria

Tabella 2.1 (*Continuazione*)

FATTORE	STRATEGIE D'AZIONE	AZIONI
VEICOLI	SICUREZZA ATTIVA E PASSIVA	Controllo di marcia Resistenza agli urti Dispositivi di sicurezza Compatibilità veicoli
SERVIZI MEDICI	PRIMO SOCCORSO E RIABILITAZIONE	Attivazione automatica chiamate d'emergenza Soccorsi
GESTIONE	ASPETTI GIURIDICI	Rimozione vincoli alle sanzioni Revisione responsabilità
	ASPETTI AMMINISTRATIVI ED ORGANIZZATIVI	Sistemi gestione sicurezza Potenziamento amministrazioni, garante Aumento sanzioni per violazioni influenti sulla sicurezza
	ASPETTI TARIFFARI	Road safety pricing Incentivazione modi di trasporto più sicuri
	PATENTI	Revisione programmi Patente a punti
FORMAZIONE	EDUCAZIONE SCOLASTICA	Inserimento sicurezza stradale nei programmi d'insegnamento
	FORMAZIONE TECNICI	Scuole di specializzazione Corsi di formazione professionale
TELEMATICA	GESTIONE DEL TRAFFICO, CONTROLLO DEL VEICOLO	Sistemi di controllo della marcia Sistemi di visione automatizzata Limitatori di velocità intelligenti Sistemi a bordo veicolo per controllare l'uso delle cinture Sistemi automatizzati per rilevare le infrazioni Sistemi di comunicazione strada veicolo

Indicators – che anche l'Italia dovrà prepararsi a fornire con cadenza annuale, così come previsto nel Piano Nazionale Sicurezza Stradale 2030.

2.3   Responsabilità degli enti proprietari delle strade

Nei riguardi della sicurezza stradale l'Ente proprietario della strada ha un ruolo fondamentale come peraltro precisato nel D.lgs. 30 aprile 1992 n. 285 (Nuovo Codice della strada) all'art. 14 *"Poteri e compiti degli enti proprietari delle strade"*. La responsabilità dell'Ente proprietario della strada sulla qualità del servizio offerto è stata ulteriormente confermata dal D.lgs. 15 marzo 2011 n. 35, attuazione della direttiva europea 2008/96/CE sulla gestione della sicurezza delle infrastrutture, da applicare prioritariamente alla rete stradale trans europea e poi successivamente applicabile a tutte le infrastrutture stradali fino alle strade locali.

L'incremento della sicurezza delle infrastrutture stradali può essere ottenuto agendo simultaneamente sui fattori che incidono sulla sicurezza attiva della strada

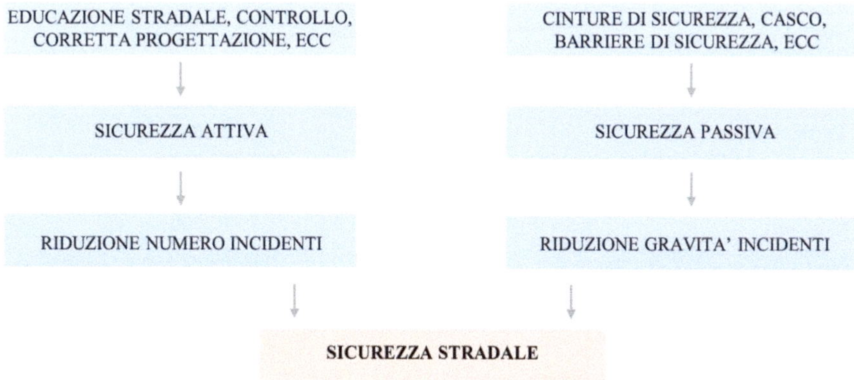

Fig. 2.1 Elementi che contribuiscono alla sicurezza stradale (sicurezza attiva a sinistra, passiva a destra)

e su quella passiva (Fig. 2.1). Tra gli interventi strutturali previsti nell'ambito delle attività di miglioramento della sicurezza stradale assumono un ruolo importante quelli che hanno come conseguenza la *riqualificazione delle barriere di sicurezza stradale*. Va a questo proposito considerato che il progetto di installazione delle barriere di sicurezza nelle infrastrutture stradali di nuova progettazione non presenta particolari elementi di criticità in quanto costituisce un ulteriore "vincolo progettuale" da rispettare. Di contro, nei progetti di riqualificazione di infrastrutture stradali esistenti, che prevedono l'adeguamento dei dispositivi di ritenuta esistenti, il rispetto delle indicazioni riportate nel DM 28/06/2011 recante le *"Disposizioni sull'uso e l'installazione dei dispositivi di ritenuta stradale"* spesso risulta difficoltoso soprattutto per le condizioni di impianto disponibili che molto spesso non consentono una corretta installazione della barriera stradale, a meno di modifiche di prodotto e di installazione (cfr. Cap. 10).

2.4   Stima della incidentalità attesa con i modelli HSM

Per valutare la frequenza attesa di accadimento degli eventi incidentali che potranno verificarsi in una determinata infrastruttura stradale si fa in genere ricorso a modelli di tipo previsionale.

L'indicatore assunto per meglio rappresentare le condizioni di rischio di una strada è il valore della frequenza degli incidenti gravi (con conseguenze alle persone e quindi con morti e feriti), espresso in termini di numero di incidenti/anno.

La stima della frequenza media annua di incidenti attesi su rami e nodi della rete stradale può essere effettuata con i metodi del Highway Safety Manual (HSM) [4] che consentono di valutare gli effetti che le scelte progettuali determinano sulla sicurezza stradale.

I modelli predittivi dell'incidentalità, tarati sulla realtà degli USA, sono specificamente distinti a seconda del tipo di strada da analizzare: autostrade, strade

Tabella 2.2 Valori di TGM per i quali si ritengono attendibili le relazioni del HSM

Ambito	Numero di corsie	AADT (TGM) [veicoli/giorno]
Extraurbano	4	$0 \div 73.000$
	6	$0 \div 130.000$
	8	$0 \div 190.000$
Urbano (più di 5.000 abitanti)	4	$0 \div 110.000$
	6	$0 \div 180.000$
	8	$0 \div 270.000$
	10	$0 \div 310.000$

extraurbane a due corsie, strade extraurbane multi-corsia, strade urbane e suburbane ed intersezioni.

In particolare, per le autostrade è possibile valutare le condizioni di sicurezza dei seguenti principali elementi:

- *tronchi correnti*;
- *tronchi con variazione del numero di corsie*;
- *rampe*.

La procedura è applicabile nel caso di traffico giornaliero medio – TGM (indicato nel modello con AADT, Annual average daily traffic) in entrambe le direzioni di marcia inferiore a prefissati valori di soglia, stabiliti in base al numero di corsie dell'autostrada (cfr. Tab. 2.2). Oltre tali valori i risultati ottenuti con il manuale HSM potrebbero essere poco attendibili.

La frequenza media annua degli incidenti N_T è ottenuta come somma delle seguenti quattro aliquote:

- N_1 = frequenza media annua degli incidenti con più veicoli coinvolti e con conseguenze mortali o con ferimento;
- N_2 = frequenza media annua degli incidenti con un solo veicolo coinvolto e con conseguenze mortali o con ferimento;
- N_3 = frequenza media annua degli incidenti con più veicoli coinvolti e con danni a sole cose;
- N_4 = frequenza media annua degli incidenti con un solo veicolo coinvolto e con danni a sole cose.

Quindi risulta:

$$N_T = \sum_{i=1}^{4} N_i \tag{2.1}$$

Ognuna delle suddette frequenze N_i (con $i = 1, 2, 3$ e 4), si calcola con una espressione del tipo:

$$N_i = N_0 \cdot (CMF_1 \cdot CMF_2 \cdot \ldots \cdot CMF_{11}) \cdot C_i \qquad (2.2)$$

Essendo:

- N_0 (*safety performance function*) = la frequenza media annua di incidenti in condizioni base, espressa in incidenti/anno;
- CMF_j (con j = 1, 2 … 11) *crash modification factor* = fattore moltiplicativo necessario per modificare le frequenze annue degli incidenti (in condizioni base). I CMF_j vengono determinati in funzione delle effettive caratteristiche (geometriche e di traffico) della strada esaminata;
- C_i = *fattore di calibrazione del modello di stima* (*calibration factor*), dipendente dal contesto territoriale esaminato (es. Paese) e quindi dai dati pregressi di incidentalità in siti analoghi a quello oggetto di studio.

Le condizioni base sono:

- strada in rettifilo;
- Larghezza corsie = 3,6 m; banchina pavimentata interna = 1,80 m; spartitraffico = 18 m;
- assenza di barriere sul ciglio interno;
- flusso veicolare sempre inferiore a 1.000 veh/h/corsia;
- distanza del tronco dalla rampa di ingresso in autostrada > 800 m;
- distanza del tronco dalla rampa di uscita dall'autostrada > 800 m;
- zone di scambio non presenti.

La *Safety performance function*, ha la seguente espressione:

$$N_0 = L \cdot e^{a+b \cdot \ln(c \cdot TGM)} \qquad (2.3)$$

Essendo L la lunghezza del tronco esaminato (espressa in miglia), TGM il relativo traffico giornaliero medio a e b i parametri del modello, da determinare secondo quanto specificato nello stesso manuale [4].

Infine, il *fattore di calibrazione* C_i, si ottiene dal rapporto tra il numero totale di incidenti osservati (cioè, quelli effettivamente verificatisi in passato) in un insieme selezionato di siti (da 30 a 50) similari a quello in studio ed il numero totale di incidenti stimati con il modello. Per come adesso definito, il fattore di calibrazione può assumere valori inferiori, uguali o superiori ad uno.

Da un punto di vista operativo, il criterio seguito per definire la frequenza di incidenti nei diversi tratti dell'infrastruttura si sviluppa a partire dalla stima dell'incidentalità in una infrastruttura di riferimento (definita "di base") appartenente alla stessa classe funzionale alla quale appartiene la strada in esame. Le caratteristiche di incidentalità dell'infrastruttura "base" sono fornite dalle cosiddette "Funzioni di prestazioni di Sicurezza" (*Safety Performance Function – SPF*) sviluppate, su basi regressive, correlando il numero di incidenti occorsi su infrastrutture del tipo di quella in esame, aventi caratteristiche geometriche, funzionali e compositive note.

Le specificità dell'infrastruttura in esame, definite in termini di differenze tra le caratteristiche del caso reale in esame e quelle della strada "base", vengono poi considerate tramite l'applicazione di fattori correttivi, denominati "Fattori di mo-

dificazione dell'incidentalità" CMF (*Crash Modification Factor*). *È* evidente che
CMF maggiore o minore di 1 implicano rispettivamente la presenza di specifiche
caratteristiche che comportano rispettivamente un aumento o un decremento della
stima della frequenza attesa di incidenti rispetto alla condizione base di riferimento.

2.5   Road Safety Audit e Road Safety Review

I *Safety Audit* sono particolari analisi della sicurezza di infrastrutture stradali effettuate o durante la fase di progettazione di nuove opere o in fase di esercizio di
infrastrutture stradali esistenti. Nella Direttiva Europea 2008/96, la procedura di
Safety Audit è stata formalmente prescritta per le strade della rete TEN-T. Queste
analisi possono così essere classificate:

- *Road Safety Audit*: analisi di sicurezza eseguite in fase di progettazione;
- *Road Safety Review*: analisi di sicurezza eseguite su strade già in esercizio;
- *Road Safety Inspection* (*RSI*): attività di monitoraggio di strade in esercizio.

La Direttiva Europea 2008/96 è stata recepita in Italia con il Decreto Legislativo
n. 35 del 15 marzo 2011 [5]. Alcuni degli aspetti più significativi di un *Road Safety
Audit* sono rappresentati in Fig. 2.2.

Un Road Safety Audit può essere definito come un controllo tecnico indipendente,
sistematico di un progetto di costruzione di un'infrastruttura stradale connotato dai
seguenti principali aspetti:

- è un esame formale;
- è eseguito da un organismo indipendente;
- è una procedura eseguita in conformità con linee guida o normative;
- non è un semplice controllo del rispetto delle normative;
- non è un'analisi degli incidenti.

L'audit viene condotto in tutte le fasi del processo di progettazione, e in alcuni
casi è esteso anche alle infrastrutture stradali esistenti. Gli obiettivi sono di seguito
sintetizzati:

- *Progetto preliminare*: gli Audit sono finalizzati a valutare scelte di progetto che
  possono influenzare unicamente la sicurezza, come la localizzazione e l'andamento del tracciato, il posizionamento delle rampe, il tipo controllo degli accessi,
  gli impatti sulla rete esistente;
- *Progetto definitivo*: le analisi sono finalizzati a valutare l'andamento planimetrico
  ed altimetrico dell'asse, il tipo e la configurazione delle intersezioni e delle rampe,
  le distanze di visibilità, la larghezza delle corsie e delle banchine, le pendenze
  trasversali, le attrezzature per i pedoni e i ciclisti;
- *Progetto esecutivo*: si analizzano le caratteristiche geometriche definitive, la segnaletica verticale e orizzontale, l'illuminazione, l'interazione con il paesaggio,
  le intersezioni e le rampe, i provvedimenti per gli utenti speciali (pedoni anziani,

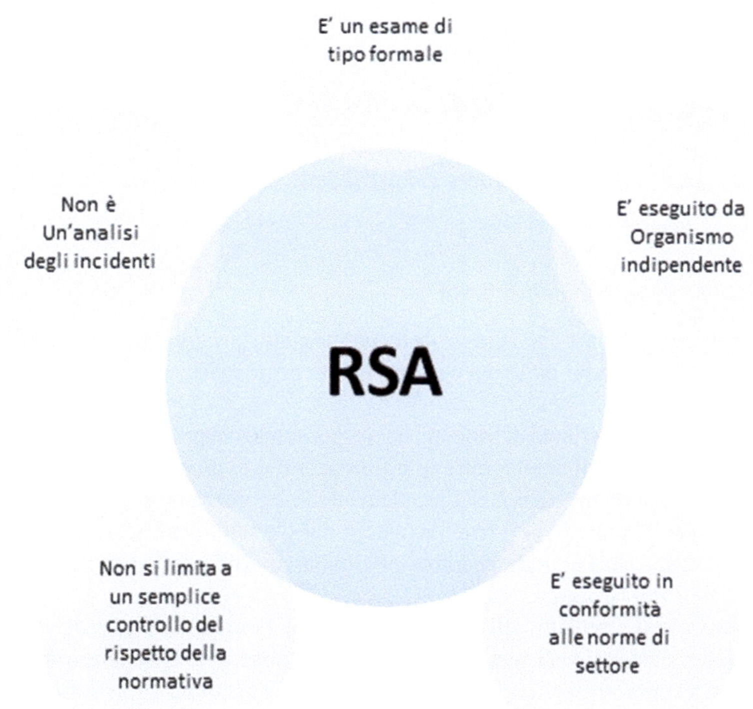

Fig. 2.2 Caratteristiche essenziali di un *Road Safety Audit*

disabili, ciclisti, ecc.), i drenaggi, i dispositivi di sicurezza e gli altri oggetti sul bordo strada;

- *Collaudo dell'opera:* in questa fase si esegue un controllo finale di quanto già eseguito nelle fasi precedenti assicurandosi che la sicurezza di tutti gli utenti della strada sia stata tenuta in conto e che le condizioni pericolose siano state eliminate. Questo controllo comprende visite di ispezione sui luoghi durante il giorno e la notte, ed in condizioni di tempo sereno e di pioggia. Nelle visite ispettive, la strada viene percorsa con differenti tipi di veicoli e modi di trasporto;
- *Strade esistenti*: i controlli sono eseguiti per assicurarsi che gli aspetti concernenti la sicurezza di tutti gli utenti della strada siano tenuti in considerazione. Se non è stato già condotto un Audit in fase di progettazione, l'Audit eseguito in questa fase è in grado di evidenziare i potenziali pericoli connessi all'infrastruttura e alle condizioni di circolazione. Se invece è già stato eseguito un Audit durante la progettazione, in questa fase un nuovo Audit può evidenziare problemi di sicurezza derivanti soprattutto dall'esercizio della infrastruttura.

Si precisa che ulteriori analisi possono effettuarsi anche in riferimento al progetto dell'organizzazione dei cantieri stradali, con particolare riferimento agli interventi di manutenzione straordinaria o programmata.

2.5.1 *Figure coinvolte nelle analisi di sicurezza*

Le figure coinvolte nella procedura di analisi della sicurezza sono:

- *il committente*;
- *il progettista*;
- *il gruppo di analisi indipendente*.

Il *Committente* è l'Ente che cura la scelta del progettista e del gruppo di analisi e si identifica nella maggior parte dei casi con l'Ente Proprietario o Gestore dell'infrastruttura stradale.

Il *Progettista* o il gruppo di progetto è il responsabile del progetto ed ha il compito di fornire al gruppo di analisi tutte le informazioni e le giustificazioni sulle scelte progettuali eseguite in relazione al problema della sicurezza.

Il *Gruppo di analisi* che viene designato dal Committente, tenendo conto dei criteri di competenza ed indipendenza, effettua il controllo delle caratteristiche del progetto dell'infrastruttura.

In generale il requisito dell'indipendenza deve essere garantito facendo riferimento a dei professionisti qualificati che devono possedere il carattere di terzietà rispetto al Committente ed agli altri soggetti a qualsiasi titolo coinvolti nell'intero processo. Compito del gruppo di analisi è quindi la definizione, in un'apposita relazione relativa a ciascuna fase del progetto dell'infrastruttura, degli aspetti della progettazione che possono rivelarsi critici per la sicurezza unitamente ai suggerimenti per risolverli.

I criteri da esaminare, richiamati nella stessa Direttiva, sono relativi alle possibili interazioni tra il comportamento degli utenti e le caratteristiche tecniche, funzionali ed ambientali dello spazio stradale, e precisamente:

- le condizioni di visibilità del tracciato;
- la leggibilità degli elementi dell'ambiente stradale;
- l'equilibrio dinamico del veicolo;
- la sicurezza passiva con particolare riguardo alla sistemazione dei margini, alla distanza dalla traiettoria di marcia degli ostacoli eventualmente presenti (quali, ad esempio, alberi, impianti, segnali, cartelli pubblicitari, ecc.) e/o alla loro protezione;
- la coerenza degli elementi del tracciato.

L'analisi della sicurezza passiva di una strada si effettua in primo luogo tramite la verifica funzionale dei dispositivi di ritenuta che, come è ben evidente, hanno un ruolo centrale nel processo di analisi dell'infrastruttura stradale. Tra l'altro, la verifica

Problema:
- Tratti di barriera di nuova installazione posti anteriormente a tratti di barriera di vecchia installazione o muretti di contenimento

Possibili tipologie di incidente:
- Urto con ostacolo fisso

Raccomandazione:
- Qualora sono poste ad una distanza inferiore allo spazio di lavoro, si consiglia di rimuovere le vecchie installazioni in quanto possono modificare il comportamento della barriera

Fig. 2.3 Esempio n. 1 di scheda relativa ai dispositivi di ritenuta

dei dispositivi di ritenuta (ad es. adeguatezza delle classi di barriera, transizioni tra i differenti tipi di barriera, terminali delle barriere e condizioni di installazione) è contemplata nelle cosiddette liste di controllo utili all'analisi di sicurezza dei progetti, come quelle della Circolare 3699/2001 [6] (cf. "Lista di controllo 6 – Margini").

Si vuole infine sottolineare che i vantaggi derivanti dall'applicazione sistematica di Safety Audit, in fase di progetto ed in fase di esercizio, sono notevoli e ormai ben noti e consolidati a livello internazionale. Ad esempio, gli interventi di adeguamento sulle barriere di sicurezza conseguenti a RSI possono contribuire alla diminuzione degli infortuni con feriti gravi sino al 50% [7].

2.5.2   Brevi esempi di Road Safety Inspection (RSI)

In Fig. 2.3 e in Fig. 2.4 si riportano a titolo esemplificativo alcuni stralci di rapporti di ispezione con particolare riferimento a problematiche riscontrate sui dispositivi di ritenuta installati su strade in esercizio. Come è possibile notare ogni scheda, oltre alla fotografia del dispositivo, presenta tre voci con relativa breve descrizione dei seguenti aspetti: 1) Problema; 2) Possibili tipologie di incidente; 3) Raccomandazioni.

Problema:
- Collegamenti errati o mancanti tra barriere di tipologia diversa o tra barriere e muretti

Possibili tipologie di incidente:
- Urto con ostacolo fisso

Raccomandazione:
- Porre particolare attenzione al passaggio della configurazione ad una lama a quella a due lame

Fig. 2.4 Esempio n. 2 di scheda relativa ai dispositivi di ritenuta

Riferimenti bibliografici

[1] Guerrieri M (2014) Il concetto di sicurezza stradale, evoluzione e strumenti di valutazione. In: ISTAT. La sicurezza stradale in Sicilia I numeri dell'incidentalità e gli interventi per la prevenzione. ISBN 978-88-458-1812-7

[2] D.M. n. 6792 del 05/11/2001 "Norme funzionali e geometriche per la costruzione delle strade". Ministero delle Infrastrutture e dei Trasporti (Gazzetta ufficiale n. 3 del 04/01/2002)

[3] Cascetta E, Giannattasio P, Montella A, Polidoro R (1999) Un approccio integrato per il miglioramento della sicurezza stradale. Scenari, linee d'azione e proposte di ricerca. Consiglio nazionale delle ricerche progetto finalizzato "TRASPORTI 2"

[4] American Association of State Highway and Transportation Officials, AASHTO (2014) Highway Safety Manual (HSM)

[5] D. LGS del 15 marzo 2011, n. 35, Attuazione della direttiva 2008/96/CE sulla gestione della sicurezza delle infrastrutture

[6] Circolare 3699/2001, Linee guida per le analisi di sicurezza delle strade. Ministero dei lavori pubblici, Ispettorato generale per la circolazione e la sicurezza stradale, 2001

[7] Elvik R (2006) Road safety inspections: safety effects and best practice guidelines. Transportøkonomisk institutt. ISBN 82-480-0670-0

Chapter 3
Normative in tema di dispositivi di ritenuta

Indice

3.1 Quadro Normativo in ambito internazionale 31
3.2 Quadro normativo italiano 34
  3.2.1 Il D.M. n. 223 del 18/2/1992. 37
  3.2.2 Il D.M. del 3 giugno 1998. 38
  3.2.3 Il D.M. n. 2367 del 21/06/2004. 38
  3.2.4 Circolare n. 104862 del 15/11/2007 38
  3.2.5 Circolare n. 0062032 del 21/07/2010 39
  3.2.6 Il D.M. 28/06/2011 39
Riferimenti bibliografici 40

Abstract *In questo capitolo viene effettuata una disamina delle normative nazionali ed internazionali che disciplinano il tema dei dispositivi di ritenuta per gli aspetti che riguardano la loro classificazione, le procedure di marcatura, la progettazione e l'utilizzo sulle strade ad uso pubblico.*

3.1 Quadro Normativo in ambito internazionale

Il quadro normativo comunitario essenzialmente fa riferimento alla Norma UNI EN 1317 *"Barriere di sicurezza stradali"*, suddivisa nelle seguenti otto parti:

- *Parte 1*: Terminologia e criteri generali per i metodi di prova;
- *Parte 2*: Classi di prestazione, criteri di accettazione delle prove d'urto e metodi di prova per le barriere di sicurezza inclusi i parapetti veicolari;
- *Parte 3*: Classi di prestazione, criteri di accettabilità basati sulla prova di impatto e metodi di prova per attenuatori d'urto;

Tabella 3.1 Norme tecniche in ambito europeo

Reference	Title
EN 1317-1:2010	RRS-Part I: Terminology and general criteria for test methods.
CEN 1317-2:2010	RRS-part 2: Performance classes, impact test acceptance criteria and test methods for safety barriers including vehicle parapets.
EN 1317-3:2010	RRS-part 3: Performance classes, impact test acceptance criteria and test methods for crash cushions.
EN 1317-5-2007+A2:2012	RRS-part 5: Product requirements and evaluation of conformity for vehicle restraint systems.
ENV 1317-4:2001	RRS-part 4: Performance classes, impact test acceptance criteria and test methods for terminals and transitions of safety barriers.
CENT/TR 16949:2016	RRS-part 4: m Pedestrian restraint system — Pedestrian parapets
CENT/TS 17342:2019	RRS-Motocycle road restraint system which reduce the impact severity of motorcyclist with safety barriers.
EN 16303:2020	RRS-Validation and verification process for the use of virtual testing in crash testing against Restraint system.
CENT/TS 16786:2018	RRS-Truck Mounted Attenuators-Performance classes, impact test acceptance criteria and test Performance.

- *Parte 4*: Linee guida per la meccanica computazionale di prove d'urto sul sistema di ritenuta del veicolo – Procedure di validazione;
- *Parte 5*: Requisiti di prodotto e valutazione di conformità per sistemi di trattenimento di veicoli;
- Parte 6: Sistema di ritenuta dei pedoni – Parapetti pedonali;
- *Parte 7*: Livello di contenimento, metodi di prova e criteri di accettazione per i terminali;
- *Parte 8*: Sistemi di ritenuta stradali motociclisti in grado di ridurre la severità dell'urto del motociclista in caso di collisione con le barriere di sicurezza.

Sono inoltre di specifico interesse le seguenti norme:

- Specifica tecnica CEN/TS 1317-7:2024 Sistemi di ritenuta stradali – Parte 7: Caratterizzazione delle prestazioni e metodi di prova per terminali delle barriere di sicurezza;
- Specifica tecnica CEN/TS 1317-9:2024 Sistemi di ritenuta stradali – Parte 9: Prove d'urto e metodi di prova per le sezioni rimovibili della barriera;
- Rapporto tecnico CEN/TR 1317-10:2024 Sistemi di ritenuta stradali – Parte 10: Metodi di valutazione e linee guida di progettazione per collegamento di transizioni e terminali e attenuatori d'urto – Transizioni;
- Specifica tecnica CEN/TS 17342:2019 Sistemi di ritenuta stradale – Sistemi di ritenuta stradale per motociclisti in grado di ridurre la severità dell'urto del motociclista in caso di collisione con le barriere di sicurezza.

Tabella 3.2 Revisione EN 1317-5 programmate dal CEN

Revisione della EN 1317-5	Testo Unico: Norma Armonizzata + specifiche prestazionali di prodotto
RRS-part I: Terminology and general criteria for test methods.	
RRS-part 2: Performance classes, impact test acceptance criteria and test methods for safety barriers including vehicle parapets.	
RRS-part 3: Performance classes, impact test acceptance criteria and test methods for crash cushions.	
RRS-part 4: Performance classes, impact test acceptance criteria and test methods for removable barriers and transition of safety barriers	
RRS-part 3: Performance classes, impact test acceptance criteria and test methods for terminals.	

Tabella 3.3 Nuove specifiche tecniche ed armonizzate programmate dal CEN

NUOVE SPECIFICHE ARMONIZZATE	NUOVE SPECIFICHE TECNICHE
Regole di condivisione dei risultati ITT	Altezza dei parapetti stradali
Prodotti non di serie (Art. 38 della CPR)	Componenti e parti di dispositivi espulsi
Prodotti modificati e Prodotti Derivati	Determinazione delle forze trasferite alla fondazione
Prove di tipo Alternative	Caratterizzazione dei suoli
Computational Mechanics	Manuali d'installazione

Nello specifico, le norme UNI EN 1317 includono parti armonizzate (obbligatorie in tutti i Paesi appartenenti alla Comunità europea) e parti non armonizzate (non obbligatorie).

Le parti armonizzate hanno inizialmente riguardato le barriere di sicurezza mentre quelle non armonizzate i terminali, le transizioni, i varchi amovibili, ecc.

Solo sulle parti armonizzate si può ottenere la Marcatura CE che garantisce, come si vedrà meglio nel seguito, non solo che il prodotto sia stato testato secondo le procedure corrette ma anche che il processo di produzione sia conforme agli standard qualitativi europei (per es. tracciabilità dei materiali, controlli di produzione in fabbrica ecc.).

Le principali norme tecniche di riferimento a livello europeo sono sintetizzate in Tab. 3.1.

Gli aggiornamenti normativi programmati dal CEN/TC226/WG1 sono riassunti in Tab. 3.2.

Le nuove specifiche armonizzate e le nuove specifiche tecniche programmate nell'ambito dei lavori del CEN sono indicate in Tab. 3.3.

In Fig. 3.1 è riportata una sintesi delle principali normative in ambito mondiale relative ai dispositivi di ritenuta.

In Tab. 3.4 si sintetizzano i principali elementi introdotti nel Regolamento per i Prodotti da Costruzione – UE 305/2011.

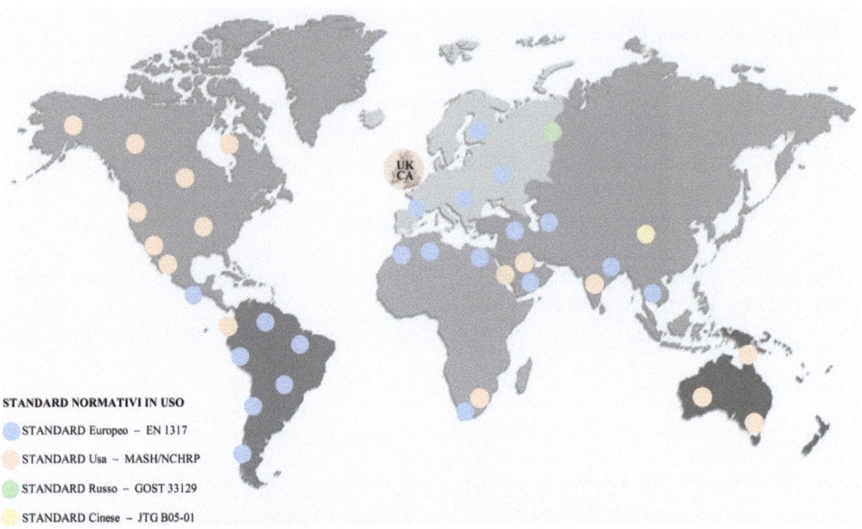

Fig. 3.1 Standard Normativi in uso nel mondo

Tabella 3.4 Nuove specifiche tecniche ed armonizzate programmate dal CEN

Anno 2019: Conflitto di competenze tra Commissione Europea (EC) e Comitato Europeo per la Normalizzazione (CEN)
Nel rispetto del CPR complete alla EC esprimersi sui contenuti delle norme armonizzate di prodotto pubblicate in Gazzetta Ufficiale
Al CEN compete la stesura delle norme tecniche di supporto
Il mandato 111 considera i seguenti requisiti: (Prestazioni sotto impatto — Altezza dei parapetti — Resistenza ai carichi orizzontali — Resistenza alle operazioni di rimozione neve)
Norme Armonizzate e Tecniche di supporto che non si attengono esclusivamente a quanto indicato dal mandato non potranno più essere recepite dalla EC

A valle del processo di adeguamento delle attività di normazione del CEN si prefigura l'assetto normativo in ambito Europeo sintetizzato in Tab. 3.5, con integrazioni specificate in Tab. 3.6.

3.2   Quadro normativo italiano

In Italia fino all'anno 1987 non era stata emanata alcuna norma sui dispositivi di ritenuta, fatta eccezione per la nota ministeriale "Norme tecniche per barriere di sicurezza in metallo sulle autostrade" del 1966 che tuttavia non era cogente e comunque riservata alle sole infrastrutture autostradali. Sino al 1987 le barriere di sicurezza

Tabella 3.5 Assetto futuro delle norme europee

Reference	Title
EN 1317-1:2010	RRS-Part 1: Terminology and general criteria for test methods.
EN 1317-2:2010	RRS-part 2: Performance classes, impact test acceptance criteria and test methods for safety barriers including vehicle parapets.
EN 1317-3:2010	RRS-part 3: Performance classes, impact test acceptance criteria and test methods for crash cushions.
EN13175:2007+A2.2012	RRS-part 5: Product requirements and evaluation of conformity for vehicle restraint systems.
WD CENT/TS	RRS-Impact tests and test methods for removable barriers sections
WD CENT/TS	RRS-Performance classes, impact test acceptance criteria and test methods for terminals of safety barriers
WD CENT/TS	RRS-Assessment methods and design guidelines for transitions and terminal and crash cushions connections/transitions
CENT/TR 16949:2016	RRS-Pedestrian restraint systems — Pedestrian parapets
CENT/TS 17342:2019	RRS-Motorcycle Road restraint system which reduces the impact severity of motorcyclist with safety barriers
EN 16303:2020	RRS-Validation and verification process for the use of virtual testing in crash testing against Restraint system
CENT/TS 16786:2018	RRS-Truck Mounted Attenuators-Performance classes, impact test acceptance criteria and test performance

Tabella 3.6 Ulteriori integrazioni del futuro assetto normativo europeo

Reference	Title
WD CENT/TR	RRS-Determination of collision forces on bridges as a result of an impact of a vehicle on a restraint system
WD CENT/TS	Competence of laboratories performing virtual testing for the evaluation of vehicle restraint system
WD CENT/TS	Supporting document for the use of EN 1317

comunemente impiegate derivavano per lo più da prototipi ideati negli anni Sessanta, testati nei laboratori ANAS di Cesano. Queste barriere venivano installate senza una codifica ben precisa dei criteri da adottare per la scelta del tipo di barriera, dell'ubicazione e delle modalità di posa in opera.

La normativa italiana ha avuto una considerevole evoluzione proprio a partire dal 1987, anno di pubblicazione della Circolare Ministero LL.PP. n. 2337 del 11/07/1987 sulle barriere metalliche. Successivamente sono state pubblicate le seguenti norme:

- D.M. 18/02/92 n. 223, recante le *Istruzioni tecniche sulla progettazione, omologazione ed impiego delle barriere di sicurezza stradale*;

- Circolare LL.PP. n. 2595 del 09/06/1995, *Barriere stradali di sicurezza. Precisazioni e chiarimenti sul D.M. 18 febbraio 1992, n. 223*;
- D.M.LL.PP. n. 4621 del 15/10/1996, *Aggiornamento del D.M. n. 223 del 18/02/1992*;
- Circolare LL.PP. n. 4266 del 15/10/1996, *Istituti autorizzati all'esecuzione di prove d'impatto in scala reale su barriere stradali di sicurezza*;
- D.M. LL.PP. del 03/06/1998, *Istruzioni tecniche sulla progettazione, omologazione ed impiego delle barriere di sicurezza stradale*;
- D.M.LL.PP. del 11/06/1999, *Aggiornamento del D.M.LL.PP. n. 223 del 18/02/1992*;
- Circolare Ministeriale 6/4/2000, *Integrazione e aggiornamento della circolare 15 ottobre 1996 di individuazione degli Istituti autorizzati all'esecuzione di prove d'impatto in scala reale su barriere stradali di sicurezza*;
- D.M. 21.06.04 n. 2367, *Istruzioni tecniche per la progettazione, l'omologazione e l'impiego dei dispositivi di ritenuta nelle costruzioni stradali*;
- Direttiva Ministeriale 25/8/2004, n. 3065, *Criteri di progettazione, installazione, verifica e manutenzione dei dispositivi di ritenuta stradali*;
- Circolare Ministeriale 15/11/2007, n. 000104862/RU/U, *Scadenza della validità delle omologazioni delle barriere di sicurezza rilasciate ai sensi delle norme antecedenti il D.M. 21.06.2004*;
- UNI EN 1317 – *Barriere di sicurezza stradali*: parti 1, 2, 3 e 4;
- Circolare Prot. 0062032 del 21/07/2010 a cura del Ministero delle Infrastrutture e dei trasporti, *Uniforme applicazione delle norme in materia di progettazione, omologazione e impiego dei dispositivi di ritenuta nelle costruzioni stradali;*
- D.M. n. 11A12873 del 28/6/2011, *Disposizioni sull'uso e l'installazione dei dispositivi di ritenuta stradale*.

Ad oggi, nell'ambito del complesso quadro normativo nazionale, il D.M. 28/06/2011 recepisce il lavoro svolto dal Comitato Tecnico Europeo CEN/TC/226, armonizzando quindi la normativa nazionale con gli standard europei previsti nelle UNI EN 1317 e dando applicazione alla disciplina comunitaria stabilita dalla Direttiva 89/106/CEE (Direttiva prodotti da costruzione).

In base alle previsioni di tale decreto, a decorrere dal 01/01/2011 (art. 2 del D.M. 28/06/2011) tutte le barriere di sicurezza stradale devono essere munite di marcatura CE (Conformità Europea), ossia è fatto obbligo per il costruttore della barriera di rispettare i requisiti di sicurezza previsti dalla norma UNI EN 1317.

Tuttavia, come già accennato, l'iter normativo in ambito nazionale in materia di dispositivi di ritenuta stradale risulta alquanto complesso ed articolato in quanto si sono succedute nel corso degli anni numerosi decreti e diverse circolari ministeriali. Pertanto, nel seguito si cercherà di sintetizzare il quadro normativo nazionale evidenziando gli aspetti che riguardano in particolar modo i progetti di adeguamento delle barriere di sicurezza.

3.2.1 Il D.M. n. 223 del 18/2/1992

Le prime vere prescrizioni tecniche per la progettazione, validazione ed installazione delle barriere di sicurezza risalgono al 1992, anno in cui fu emanato il *"Regolamento recante istruzioni tecniche per la progettazione, l'omologazione e l'impiego delle barriere stradali di sicurezza"* [1].

Con il D.M. 223/92 il problema barriere di sicurezza viene affrontato per la prima volta da un punto di vista "prestazionale" in termini di:

- adeguatezza strutturale della barriera, senza distacco di elementi;
- contenimento del veicolo, senza ribaltamento a scavalcamento;
- sicurezza per gli occupanti del veicolo;
- traiettoria di rinvio del veicolo < 1/3 angolo di impatto.

Di seguito vengono sintetizzati gli articoli di maggiore interesse.

Art. 2 del D.M. n. 223 del 18/02/1992.
Si prevede che per le nuove strade pubbliche extraurbane e per quelle urbane con velocità di progetto maggiore o uguale a 70 km/h, nonché nei casi di adeguamento di tratti significativi di tronchi stradali esistenti, oppure nei casi di ricostruzione e riqualificazione di parapetti di ponti e viadotti situati in posizione "pericolosa per l'ambiente esterno alla strada e per l'utente stradale", i progetti esecutivi debbano essere obbligatoriamente dotati di un elaborato progettuale redatto da un ingegnere professionista.

Allegato 1 del D.M. n. 223 del 18/02/1992.
Di seguito sono sintetizzati i contenuti dell'allegato 1 del decreto, utili al progettista del PSS (Progetto di Sistemazione su Strada) ovvero dei dispositivi di ritenuta su un'infrastruttura stradale esistente o di nuova realizzazione:

- Art 1. Classificazione delle barriere di sicurezza in: Spartitraffico, Bordo Laterale, Bordo Ponte, punti singolari;
- Art 2. Finalità delle barriere stradali: "redirezione del mezzo e di assorbimento della aliquota più alta possibile dell'energia nell'urto";
- Art 3. Individuazione delle zone da proteggere;
- Art 4. Indice di severità degli impatti, ossia l'energia cinetica posseduta dal mezzo all'atto dell'impatto calcolata con riferimento alla componente della velocità ortogonale alla barriera: Is = ½ (P/g) (v·sen θ)^2;
- Art 5. Materiali costituenti le barriere;
- Art 6. Classificazione delle barriere in relazione all'"Indice di severità" A1, A2, A3, B1, B2, B3 con Is tra 5 e 1000 kNm;
- Art 7. Criteri di scelta delle barriere di sicurezza in ragione del Tipo di Traffico;
- Art 8. Procedure per l'omologazione;
- Art 9. Modalità di prova delle barriere e criteri di giudizio ai fini dell'omologazione.

3.2.2   Il D.M. del 3 giugno 1998

Le modifiche e le integrazioni introdotte da questa norma riguardano in particolare l'introduzione di nuovi sistemi di ritenuta, quali gli attenuatori d'urto e i terminali speciali. Inoltre, vengono definiti nuovi indici e parametri per la classificazione e la valutazione prestazionale dei dispositivi, primi fra tutti il Livello di contenimento (Lc) e l'Indice di severità dell'accelerazione (ASI), che saranno descritti in dettaglio nel seguito.

3.2.3   Il D.M. n. 2367 del 21/06/2004

Con questo decreto [2] viene introdotto un aggiornamento delle precedenti istruzioni tecniche e il recepimento ufficiale delle norme UNI EN 1317 (nelle parti 1, 2, 3, 4) che individuano la classificazione prestazionale dei dispositivi di sicurezza nelle costruzioni stradali, le modalità di esecuzione delle prove d'urto e i relativi criteri di accettazione.

Nello specifico, particolare attenzione riveste l'art. 4 che, ai fini della classificazione della severità degli impatti, prevede di utilizzare l'Indice di Severità della Accelerazione, A.S.I., l'Indice di Velocità Teorica della Testa, T.H.I.V. e l'Indice di Decelerazione della Testa dopo l'Impatto, P.H.D., così come definiti nelle norme UNI EN 1317, parte 1 e 2.

Art. 6 del D.M n. 2367 del 21/06/2004.
Si richiama l'attenzione su quanto prescritto dall'art. 6 delle Istruzioni Tecniche allegate al D.M. n. 2367 del 21/06/04, con particolare riferimento alle attività e alle verifiche che devono essere sviluppate dall'ingegnere progettista della sistemazione dei dispositivi di ritenuta. In particolare, nella fase di stesura degli elaborati, il progettista deve porre attenzione ai seguenti aspetti:

- ubicazione delle protezioni;
- definizione delle classi di contenimento;
- definizione del materiale;
- definizione delle modalità di installazione;
- definizione dei requisiti prestazionali;
- scelta dei dispositivi accessori;
- realizzazione dei drenaggi.

3.2.4   Circolare n. 104862 del 15/11/2007

In questa circolare vengono chiariti gli aspetti legati alla scadenza delle omologazioni dei dispositivi di ritenuta e della certificazione degli stessi.

Nello specifico, i dispositivi di ritenuta, che dovranno rispondere alle norme UNI
EN 1317, parti 1, 2, 3, 4, vengono certificati tramite i rapporti di crash test rilasciati
da enti certificatori e effettuati in campi prova dotati di certificazione secondo le
norme ISO EN 17025. Una trattazione più approfondita del tema sarà sviluppata
nel Cap. 8.

3.2.5 Circolare n. 0062032 del 21/07/2010

Con questa circolare il Ministero delle Infrastrutture e dei Trasporti ha chiarito alcune questioni sollevate dagli operatori del settore sulla corretta applicazione delle
norme relative alla progettazione, omologazione e impiego dei dispositivi di ritenuta
nelle costruzioni stradali. In particolare, gli aspetti trattati riguardano il campo di
applicazione del D.M. 18/2/1992, ovvero:

- le tipologie di barriere;
- la destinazione e gli sviluppi minimi delle installazioni;
- la classe minima del dispositivo;
- la corretta applicazione della larghezza operativa e dello spazio di lavoro;
- la protezione di punti singolari;
- l'adattamento dei dispositivi alla sede stradale e la conformità degli stessi e delle
  modalità di installazione (Manuale per l'utilizzo e l'installazione del prodotto).

3.2.6 Il D.M. 28/06/2011

Con il D.M. 28/06/2011 recante le *"Disposizioni sull'uso e l'installazione dei dispositivi di ritenuta stradale"* [3] è stata regolamentata la transizione verso la marcatura CE per la caratterizzazione dei prodotti. In questo decreto si si stabilisce che,
in virtù della norma europea armonizzata EN 1317, dal 01/01/2011 i dispositivi di
ritenuta utilizzati e installati debbono essere dotati di marcatura CE rilasciata da un
organismo notificato e di dichiarazione CE di conformità rilasciata dal produttore
o dal mandatario.

Il Decreto prevede anche l'aggiornamento delle Istruzioni tecniche per l'uso e
l'installazione dei dispositivi di ritenuta, riguardante anche i controlli in fase di accettazione e di installazione dei dispositivi medesimi, precisando che nel frattempo
restano in vigore le istruzioni del D.M. 21/06/2004.

Riferimenti bibliografici

[1] D.M. n. 223 del 18/2/1992. Istruzioni e prescrizioni per la progettazione, omologazione ed impiego delle barriere stradali di sicurezza

[2] D.M. 28/06/2011. Regolamento recante istruzioni tecniche per la progettazione, l'omologazione e l'impiego delle barriere stradali di sicurezza

[3] D.M. n. 2367 del 21/06/2004. Aggiornamento delle istruzioni tecniche per la progettazione, l'omologazione e l'impiego delle barriere stradali di sicurezza e le prescrizioni tecniche per le prove delle barriere di sicurezza stradale

Chapter 4
Classificazione dei dispositivi di ritenuta

Indice

4.1   Classificazione in base alla ubicazione. 41
4.2   Classificazione in base al materiale 42
4.3   Le barriere in acciaio 43
4.4   Le barriere in calcestruzzo 46
4.5   Considerazioni sui valori tipici dell'Indice ASI di barriere in acciaio e in
       calcestruzzo 49
4.6   Condizioni da soddisfare durante l'urto di un veicolo 53
       4.6.1   Considerazioni sulla decelerazione laterale del veicolo 54
       4.6.2   Equilibrio al ribaltamento del veicolo. 55
       4.6.3   Re-direzionamento del veicolo 56
Riferimenti bibliografici 56

Abstract *In questo capitolo, dopo aver classificato i dispositivi di ritenuta in base al contesto di inserimento ed al tipo di materiale utilizzato, si descrivono le risposte tipiche in termini di deformazione e di ASI delle barriere in acciaio ed in calcestruzzo conseguenti all'urto di un veicolo leggero o pesante. Sono inoltre forniti alcuni modelli semplificati che permettono di stimare le condizioni di equilibrio di un veicolo durante le fasi di interazione con una barriera di sicurezza.*

4.1   Classificazione in base alla ubicazione

È consuetudine classificare le barriere di sicurezza in relazione alla loro destinazione d'uso e alla loro ubicazione. Considerate le diverse zone che possono necessitare di una specifica protezione (Fig. 4.1), le barriere si distinguono in:

Fig. 4.1 Esempi di barriere per spartitraffico, bordo laterale e bordo ponte

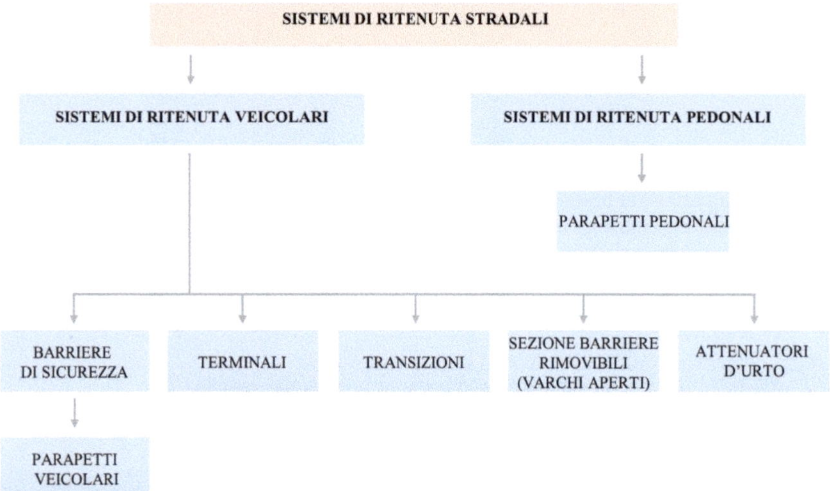

Fig. 4.2 Classificazione dei sistemi di ritenuta (fonte UNI EN 1317-1:2010)

- barriere centrali spartitraffico;
- barriere bordo laterale;
- barriere per opere d'arte (ponti, viadotti, sottovia, muri, ecc.);
- barriere per punti singolari come quelle utilizzate per la chiusura di varchi, attenuatori d'urto per ostacoli fissi, terminali speciali, dispositivi per zone di approccio ad opere d'arte, dispositivi per zone di transizione e simili.

Una classificazione più generale dei sistemi di ritenuta in base alla UNI EN 1317-1:2010 è riportata in Fig. 4.2.

4.2   Classificazione in base al materiale

È possibile classificare le barriere di sicurezza stradali in funzione del materiale utilizzato per la loro realizzazione. In Italia le barriere di sicurezza più diffuse sono senz'altro quelle in acciaio, a doppia o a tripla onda, e quelle in calcestruzzo con

Fig. 4.3 Esempi di barriere in acciaio, calcestruzzo e legno

profilo di tipo "New Jersey". In particolari contesti paesaggistici che richiedono una maggiore tutela ambientale, è possibile prevedere l'adozione di barriere in acciaio rivestite in legno.

Inoltre, esistono barriere di sicurezza innovative, realizzate con nuovi materiali o "abbinando", in modo appropriato, materiali tradizionalmente usati per la costruzione delle barriere stesse che si potrebbero definire di tipo "misto". Attualmente esistono importanti ricerche per la realizzazione di barriere in materiale composito o misto, alla luce anche dell'attuale problema del caro materiali e alla possibilità di utilizzare materie prime seconde, provenienti cioè dal riciclo di materiali da costruzione.

In funzione del materiale è possibile eseguire la seguente classificazione (Fig. 4.3):

- barriere in acciaio;
- barriere in calcestruzzo;
- barriere in legno (con anima in acciaio) laddove particolari esigenze ambientali e paesaggistiche lo richiedano;
- barriere composte da materiali speciali.

Per quanto riguarda le barriere metalliche, sono anche utilizzate barriere in acciaio Corten che ben si adattano principalmente ai contesti montani (vedasi ad es. l'adozione di questo tipo di barriera sull'Autostrada del Brennero).

4.3   Le barriere in acciaio

Nella loro configurazione più tradizionale, queste barriere sono costituite dai seguenti elementi strutturali:

- *montanti*: infissi su terra o vincolati con bulloni al supporto. In genere i montanti sono profilati in acciaio a U;
- *nastri*: generalmente costituiti da una o più lamiere sagomate a doppia o tripla onda;
- *correnti longitudinali*: elementi disposti parallelamente al nastro, inferiori (para ruota) o superiori (in corrispondenza delle opere d'arte);
- *distanziatori*: posti tra i nastri e i montanti ed aventi la duplice funzione di dissipare l'energia di urti leggeri e garantire l'effetto di risalita del nastro durante l'urto al fine di impedire lo scavalcamento della barriera;
- *diagonali di controvento* (se presenti);

- *bulloneria di collegamento*;
- *supporti per l'ancoraggio o per l'infissione dei montanti.*

Generalmente le barriere in acciaio presentano numerosi vantaggi in termini di sicurezza rispetto a quelle realizzate con altro materiale; questi vantaggi sono principalmente dovuti alla loro capacità di potersi ampiamente deformare. La deformazione della barriera a seguito di un urto consente, infatti, di dissipare parte dell'energia cinetica posseduta dal veicolo al momento dell'impatto. La resistenza all'urto di una barriera metallica, nel caso di barriere con paletti infissi nel terreno, dipende principalmente dalla resistenza offerta dal sistema "montante-terreno". Per queste barriere, è quindi necessario valutare con attenzione che:

- i paletti nelle fasi di infissione nel corpo del rilevato stradale non subiscano danneggiamenti;
- le caratteristiche del terreno siano idonee a sviluppare un'azione di contrasto ai carichi longitudinali e trasversali trasmessi in fase d'urto.

La dinamica dell'urto di un generico veicolo contro una barriera in acciaio può essere esaminata facendo riferimento allo schema di Fig. 4.4, nel quale sono indicate quattro distinte fasi, ovvero:

- *fase 1*: il veicolo impatta contro il dispositivo. L'interazione veicolo-barriera induce una decelerazione prevalentemente trasversale ed una cospicua accelerazione angolare. In questa fase la velocità trasversale dello spigolo anteriore del veicolo tende ad annullarsi ed il veicolo stesso ruota verso la barriera e procede longitudinalmente;
- *fase 2:* rappresenta la cosiddetta fase di affiancamento nella quale l'interazione fisica tra il veicolo e la barriera è molto debole;
- *fase 3:* lo spigolo posteriore del veicolo urta violentemente contro il dispositivo di ritenuta. In questa fase si registra la decelerazione trasversale del baricentro del veicolo e l'annullamento quasi totale del moto di imbardata innescatosi nella prima fase;
- *fase 4:* fine del contatto veicolo-barriera.

Come si può notare dalla forma assunta dalla barriera durante l'urto, il contenimento del veicolo in svio avviene essenzialmente grazie al comportamento di tipo funicolare della barriera metallica. La componente di deformazione flessionale si manifesta infatti principalmente nella prima fase dell'urto.

Ne scaturisce che la protezione di un eventuale ostacolo mediante il dispositivo di ritenuta, non deve essere limitata alla lunghezza dell'ostacolo stesso. Infatti, è necessario prevedere un'estensione della barriera, oltre l'ingombro longitudinale dell'ostacolo, al fine di permettere un'adeguata deformazione di tipo funicolare del dispositivo di ritenuta.

In alcune condizioni d'urto si può innescare una ulteriore fase, certamente indesiderata, che consiste nello sganciamento totale del gruppo nastro – distanziatore – dispositivo di sganciamento (Fig. 4.5). Tale meccanismo si innesca in genere solo per

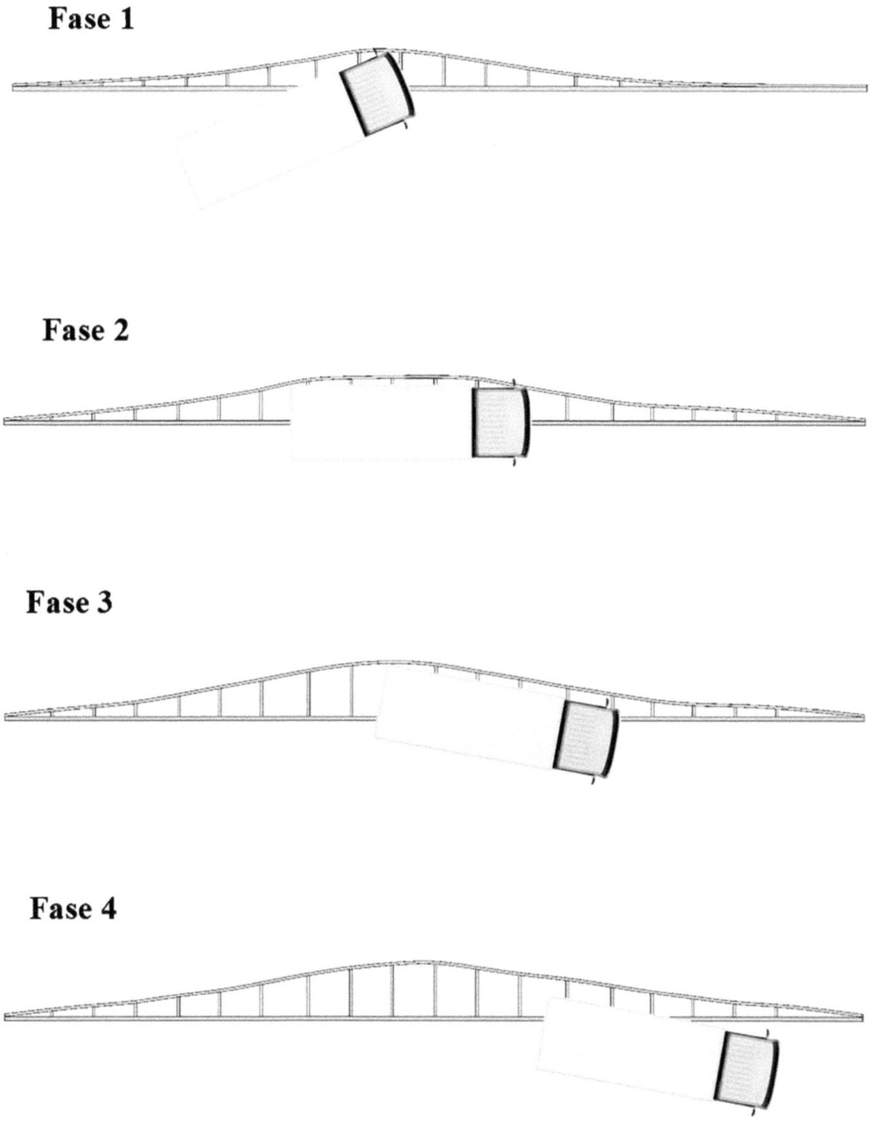

Fase 1

Fase 2

Fase 3

Fase 4

Fig. 4.4 Fasi elementari dell'urto di un veicolo contro una barriera in acciaio (è possibile constatare le tipiche deformazioni dei montanti e del nastro)

energie cinetiche molto alte, cioè per elevati valori di velocità e/o masse dei veicoli e/o angoli di impatto. Questa particolare modalità di comportamento consente in genere di contenere comunque i veicoli in svio, anche nel caso in cui la resistenza dei paletti di supporto sia stata completamente utilizzata.

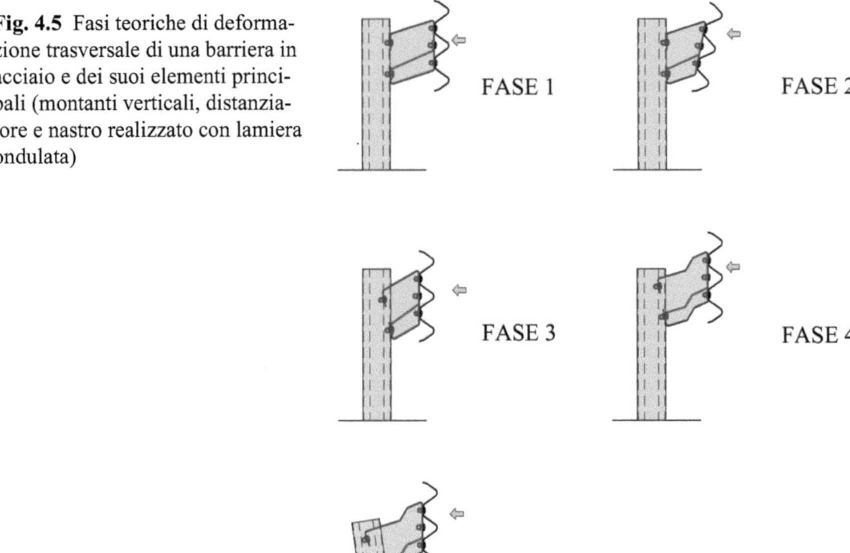

Fig. 4.5 Fasi teoriche di deformazione trasversale di una barriera in acciaio e dei suoi elementi principali (montanti verticali, distanziatore e nastro realizzato con lamiera ondulata)

4.4   Le barriere in calcestruzzo

Le barriere in calcestruzzo sono realizzate attraverso la posa in opera di moduli prefabbricati in calcestruzzo armato, che possono essere semplicemente appoggiati sulla pavimentazione stradale oppure ancorati a terra tramite diversi sistemi che verranno meglio descritti in seguito.

Il profilo di tipo *New Jersey* risulta quello più comunemente adottato e diffuso tra le barriere in calcestruzzo; di seguito si riporta una particolare sezione tipo della barriera NDBA (Fig. 4.6).

Se i singoli moduli delle barriere sono semplicemente appoggiati, la resistenza offerta all'urto viene sviluppata tramite le forze di attrito che si generano nell'area di contatto tra la barriera e la pavimentazione. Nel caso in cui i moduli sono collegati tra loro, la resistenza all'urto viene incrementata attraverso le forze di resistenza generate dalla funzione "catenaria" (barriera continua) dovuta alla mutua collaborazione tra i vari elementi modulari coinvolti durante l'urto.

Attraverso l'adozione di diversi sistemi e tipologie di ancoraggio, in funzione anche del tipo di supporto, la capacità di resistenza all'urto può essere notevolmente incrementata (come si vedrà in seguito in merito ad alcuni dispositivi di ritenuta più performanti attualmente disponibili in commercio).

Sul paramento interno delle barriere in calcestruzzo è generalmente possibile individuare tre zone d'urto, A-B-C, (Fig. 4.7), cui corrispondono particolari funzioni ai fini della dissipazione dell'energia cinetica posseduta da un veicolo al momento di un urto:

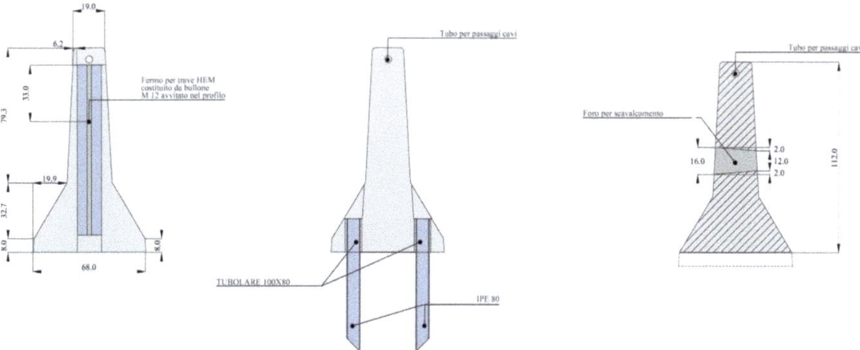

Fig. 4.6 Sezione tipo barriera in calcestruzzo NDBA

- *Zona d'urto A:* è la prima zona di contatto tra veicolo e barriera ed ha la funzione principale di generare uno smorzamento dell'energia cinetica con conseguente diminuzione di velocità del veicolo;
- *Zona d'urto B:* questa zona è caratterizzata da una determinata pendenza, variabile in funzione della sagoma della barriera. In quest'area, il veicolo tende ad "arrampicarsi" sulla barriera (incremento della quota del baricentro del mezzo), con conseguente dissipazione di una certa aliquota di energia d'urto soprattutto da parte del sistema pneumatico-sospensione;
- *Zona d'urto C:* quando le ruote del veicolo raggiungono quest'area, la sagoma rigida del profilo ne corregge la direzione; ne consegue un'azione di reindirizzamento o correzione della traiettoria del mezzo coinvolto (comportamento di tipo "redirettivo").

Si precisa che non è propriamente corretto definire le barriere in calcestruzzo come "rigide". È più appropriato affermare che esse sono costituite da "elementi" o "moduli rigidi", la cui sequenza longitudinale determina però un comportamento caratterizzato da una certa deformabilità (Fig. 4.8).

Fig. 4.7 Superfici di contatto tra veicoli ed il paramento interno di una barriera in calcestruzzo di tipo NDBA

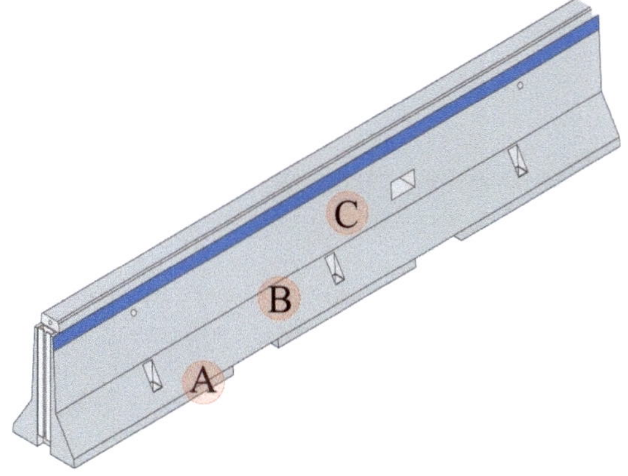

Fig. 4.8 Esempi di comportamento di una barriera in calcestruzzo in seguito ad un impatto

Si riporta di seguito una descrizione schematica della dinamica di un urto di un veicolo contro una generica barriera in calcestruzzo semplicemente appoggiata, quindi priva di ancoraggi.

In sintesi, le barriere in calcestruzzo si contraddistinguono dai seguenti principali aspetti:

- la superficie è continua per tutta l'altezza della barriera;
- l'intradosso presenta profilo inclinato;
- l'energia del veicolo viene in parte dissipata dalle forze di attrito che si generano tra l'intradosso inferiore della barriera e il piano di posa quando, in seguito all'urto, gli elementi modulari che la compongono subiscono uno spostamento (ciò si verifica se non sono presenti vincoli tra barriera e piano di posa);
- nelle tradizionali barriere possono presentarsi elementi di "debolezza" del sistema a causa delle giunzioni fra i diversi moduli.

In linea generale, si può affermare che i dispositivi di ritenuta in calcestruzzo, rispetto a quelli in acciaio, presentano i seguenti vantaggi:

- consentono di attutire l'urto nella fase iniziale di un impatto;
- per angoli d'impatto bassi e velocità ridotte, consentono di reindirizzare il veicolo in carreggiata evitando danni significativi sia per la carrozzeria del veicolo, sia per la barriera stessa (quindi con minori costi di manutenzione ordinaria delle barriere).

Di contro, per certe dinamiche d'urto, le barriere in calcestruzzo possono risultare molto pericolose perché tendono a far ribaltare i veicoli, soprattutto quelli leggeri, a causa del rischio di risalita della ruota anteriore sulla superficie del dispositivo di ritenuta (fase di "arrampicamento").

4.5   Considerazioni sui valori tipici dell'Indice ASI di barriere in acciaio e in calcestruzzo

In generale, l'Indice di Severità dell'Accelerazione (ASI, cfr. Cap. 8) desunto durante le prove di crash test di barriere in calcestruzzo tradizionali è quasi sempre maggiore di quello misurato durante i crash test eseguiti su barriere in acciaio (Fig. 4.9; [1]).

Recenti innovazioni in tema di barriere in calcestruzzo hanno permesso di conseguire indici ASI più piccoli di quelli delle barriere tradizionali con profilo New Jersey e del tutto paragonabili, o addirittura inferiori, ai valori delle barriere in acciaio. È questo il caso delle barriere in cls NDBA (Cap. 15).

Le Fig. 4.10 e 4.11 mostrano i risultati di una crash test eseguito con veicolo leggero (Test TB 11), evidenziando i valori di ASI misurati sperimentalmente per una barriera NDBA nelle diverse fasi d'urto. Le Fig. 4.12 e 4.13 mostrano invece gli esiti di un'analoga prova TB 11 eseguita su barriera in acciaio H4 ST DSM (Cap. 15).

Come si evince chiaramente dal confronto di Fig. 4.14, l'indice ASI ottenuto per la barriera in calcestruzzo risulta inferiore di quello della barriera in acciaio. Si precisa che il confronto è stato eseguito considerando due barriere aventi la stessa destinazione d'uso (spartitraffico) ma, appunto, realizzate con materiali differenti (cls e acciaio) e geometrie diverse.

Ricordando che l'indice ASI viene determinato tramite misure di accelerazione del veicolo, e che risulta quindi correlato all'accelerazione alla quale sono sottoposti

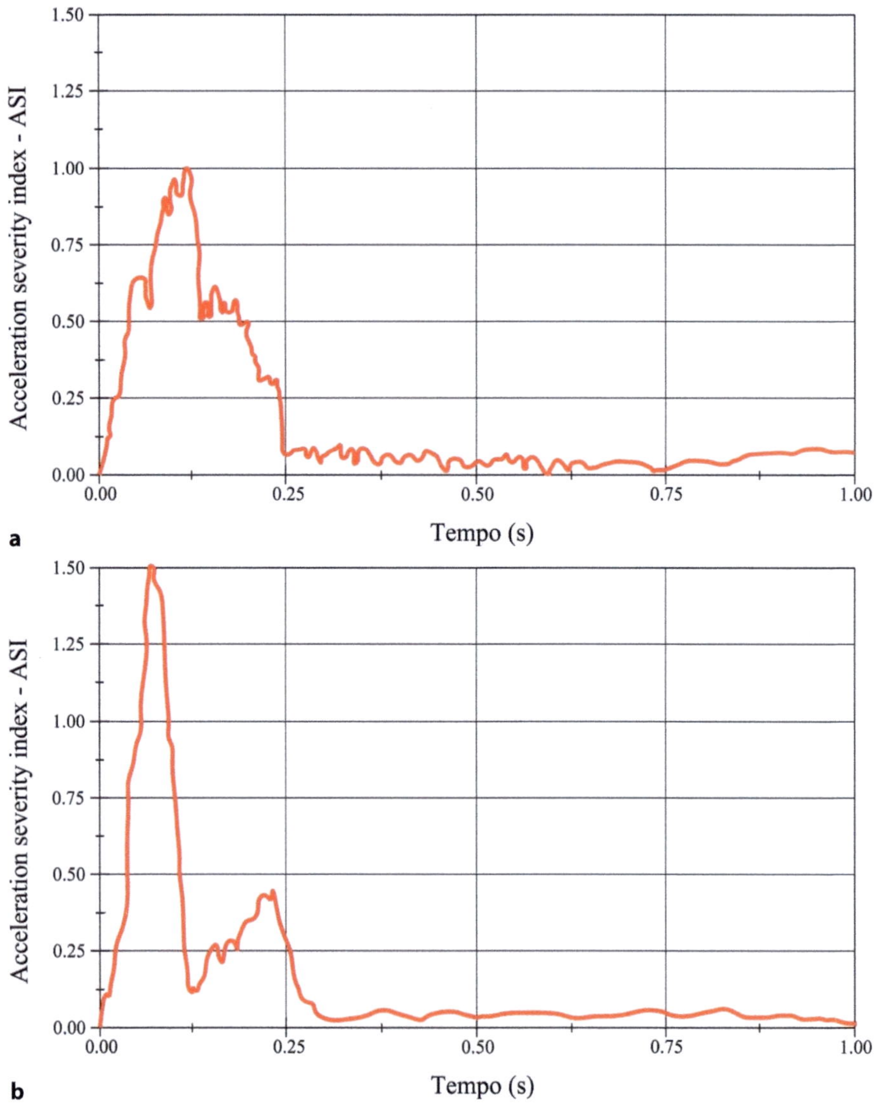

Fig. 4.9 Esempi di caratteristiche dell'indice (ASI) per barriere in acciaio (a) e barriere calcestruzzo tradizionali (b)

i passeggeri del veicolo stesso, si può concludere che la barriera NDBA determina un importante innalzamento dei livelli di sicurezza rispetto a quelle in calcestruzzo tradizionali e una inversione di tendenza nell'attribuzione della sicurezza offerta da barriere in calcestruzzo ed in acciaio.

La Fig. 4.15 mostra il confronto tra i valori di larghezza utile W e deflessione dinamica D (indicatori di sicurezza) della nuova barriera in calcestruzzo "NDBA" e della barriera in acciaio "H4 ST DSM" [1], ottenuti sempre per via sperimentale.

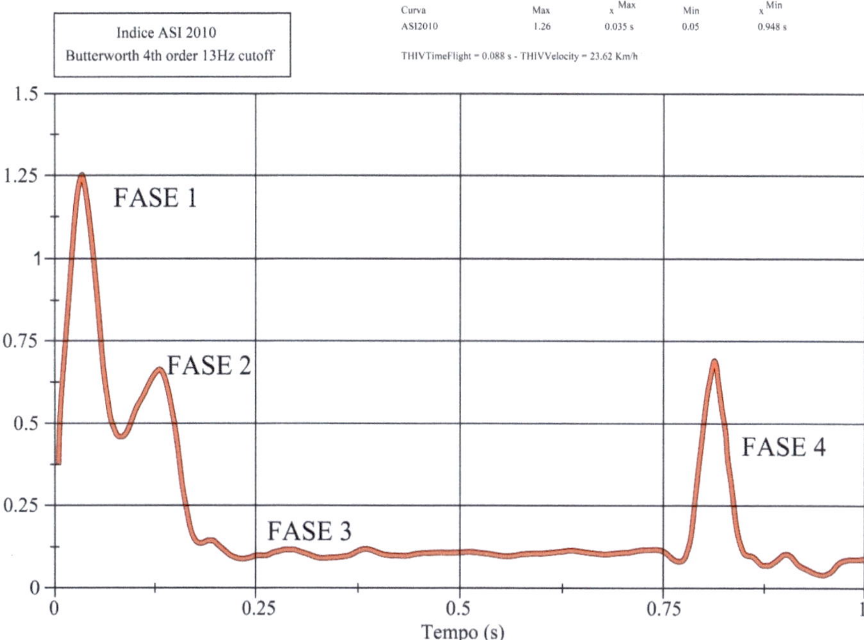

Fig. 4.10 ASI(t), test TB 11. Barriera in calcestruzzo NDBA

Fig. 4.11 Fasi di impatto di un veicolo leggero, test TB 11 eseguito su barriera NDBA

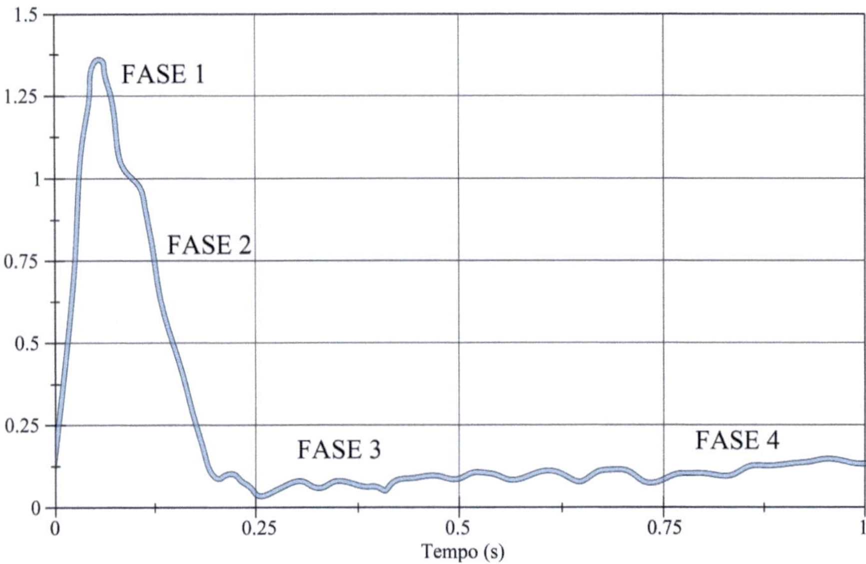

Fig. 4.12 ASI(t), test TB 11. Barriera in acciaio H4 ST DSM

Fig. 4.13 Fasi di impatto di un veicolo leggero, test TB 11 eseguito su barriera in acciaio H4 ST DSM

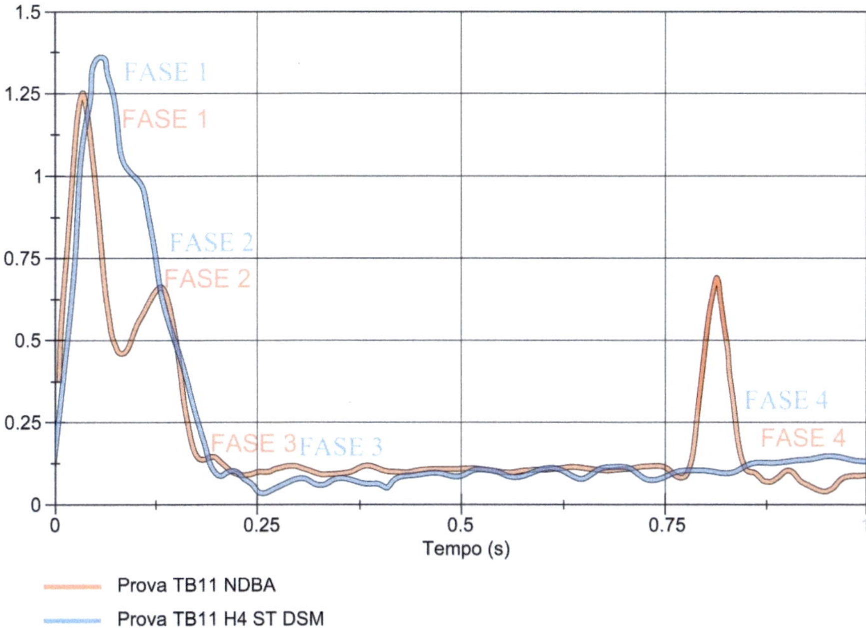

Fig. 4.14 Sovrapposizione delle curve ASI di barriere NDBA e H4 ST DSM

Fig. 4.15 Confronto tra gli indicatori di sicurezza della nuova barriera in calcestruzzo NDBA e la barriera in acciaio H4 ST DSM

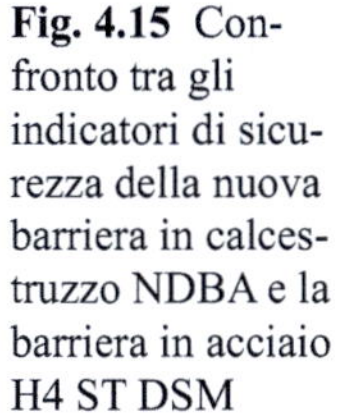

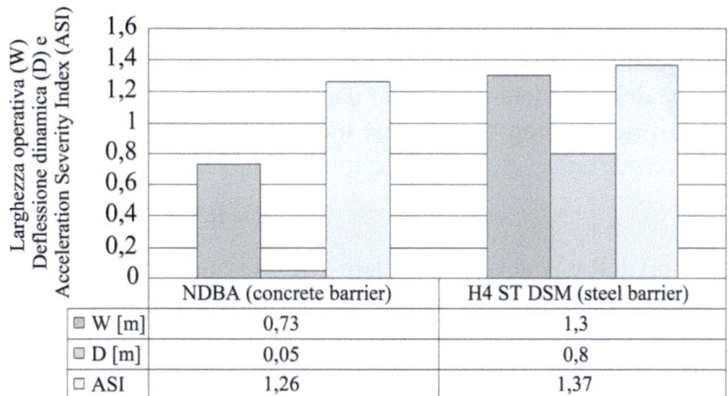

	NDBA (concrete barrier)	H4 ST DSM (steel barrier)
W [m]	0,73	1,3
D [m]	0,05	0,8
ASI	1,26	1,37

4.6   Condizioni da soddisfare durante l'urto di un veicolo

In questo paragrafo si forniscono alcuni modelli semplificati da poter utilizzare in prima approssimazione per valutare come un veicolo decelera durante l'interazione con il dispositivo di ritenuta e le condizioni che una barriera deve soddisfare affinché non si verifichi il ribaltamento del veicolo. Questo tipo di incidente, infatti, il più delle volte produce conseguenze molto gravi o letali per gli occupanti di un veicolo e deve pertanto essere entro certi limiti scongiurato attraverso un'adeguata progettazione del dispositivo di ritenuta.

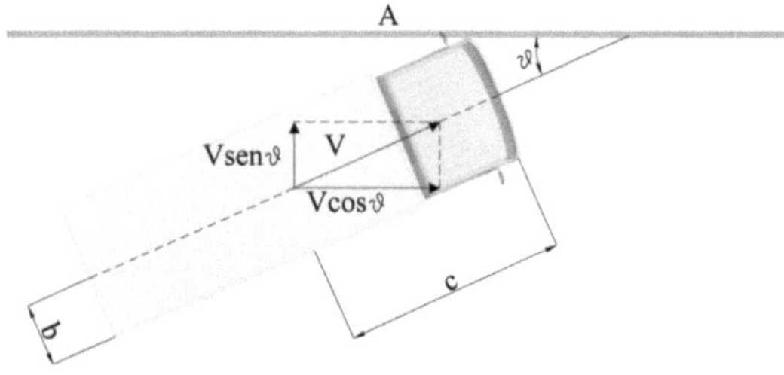

Fig. 4.16 Schema dell'urto di un veicolo contro una barriera [2]

4.6.1 Considerazioni sulla decelerazione laterale del veicolo

Con riferimento alle condizioni di impatto descritte in Fig. 4.16, è utile considerare che durante la prima fase dell'urto il veicolo ruota intorno al punto A, dove si ha la deformazione iniziale del veicolo e della barriera. Al momento dell'impatto il veicolo possiede un'energia cinetica trasversale, pari a [2]:

$$E = 1/2M(v \cdot \text{sen}\,\theta)^2 = (P/(2g))(v \cdot \text{sen}\,\theta)^2 \qquad (4.1)$$

Essendo:

- P = Peso del veicolo
- v = Velocità di impatto
- θ = angolo di impatto

Questa energia (E) deve essere dissipata durante il tempo di contatto tra veicolo e barriera. La decelerazione del veicolo è sostanzialmente dovuta alla sola deformazione della barriera. Indicando con R il valore medio della forza di reazione barriera-veicolo e con W la freccia trasversale massima della barriera, la componente trasversale della velocità del veicolo si annullerà se risulta soddisfatta la condizione:

$$E = R \cdot W \qquad (4.2)$$

I valori di R e W devono rispettare delle specifiche condizioni. In particolare, **R** deve generare valori di decelerazione del veicolo accettabili per la salute degli occupanti e W deve essere compatibile con lo spazio utile che si trova oltre la barriera. Va adesso considerato che a parità di R, un veicolo decelera con un valore di decelerazione inversamente proporzionale al proprio peso; pertanto, durante la fase di contatto con la barriera i veicoli leggeri dovranno essere sottoposti ad una forza R minore di quella accettabile per i veicoli pesanti. Per questo motivo si cerca di non mantenere R costante, ma di far crescere il suo valore all'aumentare della deformazione trasversale del dispositivo di ritenuta, rendendo così la medesima barriera compatibile, in termini di sicurezza, con gli impatti sia di veicoli leggeri, sia di veicoli pesanti.

Fig. 4.17 Condizioni di equilibrio
al ribaltamento [2]:

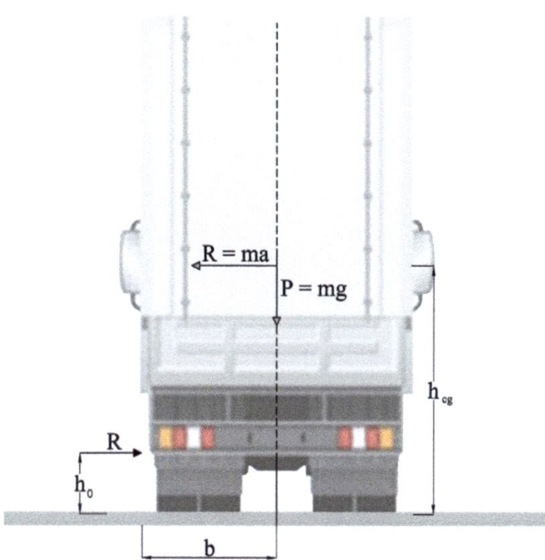

4.6.2   Equilibrio al ribaltamento del veicolo

Le barriere devono ridurre il più possibile il rischio che dopo l'urto un veicolo possa accidentalmente ribaltarsi. Questa condizione pone alcune limitazioni all'altezza delle barriere e al valore massimo della forza di reazione barriera-veicolo.

Considerando la Fig. 4.17; [2] le forze che agiscono sul veicolo sono:

- R: reazione della barriera a seguito dell'impatto del veicolo;
- P: peso del veicolo;
- h_{cg}: altezza del baricentro;
- h_0: altezza della barriera;
- b: distanza trasversale tra il baricentro del veicolo ed il punto più esterno dello pneumatico.

Assumendo che il veicolo si comporti come un corpo rigido, la condizione di equilibrio al ribaltamento intorno al punto più esterno dello pneumatico è data dalla relazione:

$$P \cdot b = R \cdot (h_{cg} - h_0) \tag{4.3}$$

la reazione R può essere pensata come prodotto della massa m del veicolo per la decelerazione subita dal veicolo durante l'impatto a_R. Quindi, si ottiene:

$$m \cdot g \cdot b = m \cdot a_R \cdot (h_{cg} - h_0) \tag{4.4}$$

il valore limite della decelerazione vale:

$$a_R = \frac{g \cdot b}{(h_{cg} - h_0)} \tag{4.5}$$

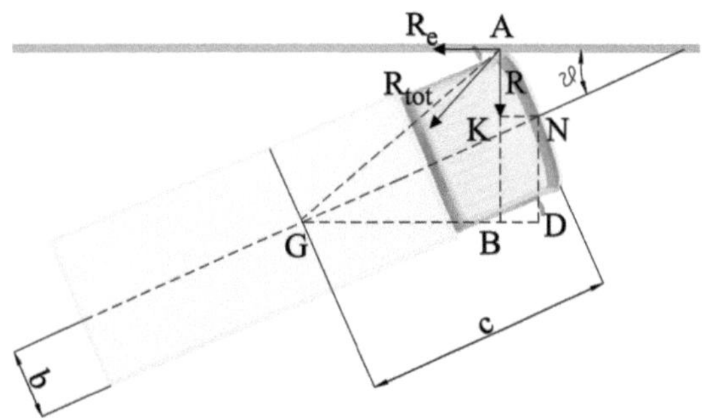

Fig. 4.18 Forze orizzontali agenti durante l'urto [2]

Dalla Eq. (4.5) si deduce che affinché il veicolo non ribalti durante la fase di interazione con la barriera è necessario che la sua decelerazione sia inferiore del valore limite a_R.

4.6.3 Re-direzionamento del veicolo

La forza che si produce al momento dell'urto di un veicolo contro una barriera di sicurezza ha sul piano orizzontale le seguenti due componenti:

- R = componente normale alla direzione dell'asse della barriera;
- R_e = componente parallela alla direzione dell'asse della barriera (dovuta all'attrito);

La barriera deve reindirizzare adeguatamente il veicolo evitando che si generi una manovra di "testa coda". Quindi, la forza di reazione deve evitare che il veicolo ruoti attorno al punto A in senso antiorario.

Si consideri il sistema di forze di Fig. 4.18; [2]. Esprimendo le distanze GB e AB in funzione di b, c, θ e considerando che $R_e = f \cdot R$, dove f è il coefficiente d'attrito fra veicolo e barriera, affinché il veicolo non ruoti in senso antiorario deve essere soddisfatta la condizione:

$$\frac{R_e}{R} = f < \frac{c \cdot \cos\theta - b \cdot \sin\theta}{c \cdot \sin\theta + b \cdot \cos\theta} \tag{4.6}$$

La Eq. (4.6) fornisce una relazione semplificata tra la capacità di reindirizzamento della barriera, l'angolo d'impatto del veicolo e le sue dimensioni.

Riferimenti bibliografici

[1] Dinnella N, Chiappone S, Guerrieri M (2020) The innovative "NDBA" concrete safety barrier able to withstand two subsequent TB81 crash tests. Eng Fail Anal 115:104660

[2] Pappalardo G, Leonardi S (2000) Analisi critica delle caratteristiche prestazionali delle barriere di sicurezza. Quaderno n° 110. Istituto di Strade Ferrovie ed Aeroporti, Università degli Studi di Catania

Chapter 5
Procedura tecnica per la scelta dei dispositivi di ritenuta

Indice

5.1 Riferimenti normativi per i progetti esecutivi 58
5.2 La scelta dei dispositivi di ritenuta. 60
    5.2.1 Considerazioni sulla scelta di barriere con classe di contenimento superiore a quella minima. 64
5.3 Individuazione delle tratte stradali da proteggere ai sensi delle norme 64
5.4 Indicazioni AASHTO. 66
5.5 Individuazione degli ostacoli fissi da proteggere 68
5.6 Verifica della corretta distanza tra barriera e ostacolo 69
5.7 Considerazioni sui cigli e sul terreno del corpo stradale 70
5.8 Verifica delle distanze di visibilità 74
    5.8.1 Distanza di visibilità per l'arresto. 76
    5.8.2 Distanza di visibilità per il sorpasso 80
5.9 Soluzioni progettuali per garantire la visibilità per l'arresto anche in presenza di barriere di sicurezza. 81
    5.9.1 Soluzione 1: allargamento della piattaforma. 82
    5.9.2 Soluzione 2: allargamento dell'arginello 83
5.10 Configurazione della sezione stradale su opera d'arte 83
5.11 Lunghezze minime di installazione delle barriere di sicurezza 85
5.12 Elaborati progettuali per i progetti esecutivi 87
Riferimenti bibliografici. 90

Abstract *In questo capitolo viene esposto un approccio sistematico, basato sulle vigenti norme di settore, da poter adottare per la scelta dei dispositivi di ritenuta più appropriati in relazione ad uno specifico contesto infrastrutturale. Viene inoltre trattato il tema delle verifiche delle condizioni di visibilità e delle tecniche da adottare per garantire la distanza di visibilità per l'arresto in curva anche in presenza di barriere di sicurezza di altezza tale da costituire un potenziale ostacolo alla visibilità degli utenti. Infine, sono elencati e descritti i contenuti essenziali degli elaborati tecnici relativi al progetto dei dispositivi di ritenuta da produrre in fase di progettazione esecutiva.*

N. Dinnella, M. Guerrieri (Hrsg.), *I dispositivi di ritenuta e le barriere di sicurezza stradali*,
https://doi.org/10.1007/978-3-032-10710-7_5

5.1   Riferimenti normativi per i progetti esecutivi

Di seguito viene proposto un approccio sistematico da seguire per la redazione di un progetto esecutivo relativo alla nuova installazione di barriere e/o di ammodernamento dei dispositivi di ritenuta già presenti su strade esistenti.

Prima di introdurre questa procedura è opportuno richiamare il campo di applicazione della normativa italiana ed in particolare l'art. 2.1 del D.M. 223/92 che recita testualmente quanto segue: "*i progetti esecutivi relativi alle strade pubbliche extraurbane ed urbane con velocità di progetto ≥ a 70 km/h devono contenere un apposito allegato progettuale a firma di un ingegnere riguardante l'installazione delle barriere di sicurezza*".

L'art. 2.3 della suddetta norma, inoltre, contemplai due casi ben distinti:

- l'adeguamento di tratti significativi;
- la ricostruzione e riqualificazione di parapetti di ponti e viadotti situati in posizione pericolosa per l'ambiente esterno alla strada o per l'utente stradale.

Inoltre, la Direttiva Ministeriale 3065 del 25/8/2004 e la Circolare Ministeriale Prot. 0062032 del 21/7/2010 (Cap. 4) specificano che:

- l'art. 2.1 di cui al DM 223/92 definisce "Il campo di applicazione della normativa in materia di progettazione, certificazione ed impiego dei dispositivi di ritenuta";
- l'obbligo di redigere uno specifico elaborato progettuale per individuare i punti da proteggere rispetto al rischio di fuoriuscita dei veicoli, i tipi di barriera o di altri dispositivi da adottare e le opere complementari connesse, si applica ai sensi del già citato art. 2 del D.M. 223/92, anche per gli interventi di adeguamento di tratti significativi di tronchi stradali esistenti;
- sono espressamente escluse dal campo di applicazione della norma in argomento le progettazioni inerenti alle strade extraurbane ed urbane con velocità di progetto inferiore a 70 km/h;
- nei progetti relativi a strade ad uso pubblico che non rientrano invece nel campo di applicazione della norma, qualora sia previsto un intervento sui margini o sui dispositivi di ritenuta, il progettista dovrà comunque valutare le situazioni ove si rendano necessarie le protezioni.

Per quanto sopra esposto, le prescrizioni del D.M. 223/92 e ss.mm.ii. non si applicano quindi ai seguenti casi:

- progetti di nuove strade con velocità di progetto Vp < 70 km/h;
- adeguamenti (siano essi "significativi" o "non significativi" come intesi dal legislatore) di strade esistenti con Vp < 70 km/h dove i vincoli esterni (accessi, punti singolari, ecc...) sono sicuramente maggiori rispetto a quelli una strada nuova;
- ponti con Vp < 70 km/h "ritenuti non pericolosi".

In Tab. 5.1 si riassumono i casi nei quali la vigente normativa richiede la redazione del PSS (progetto di sistemazione su strada dei dispositivi di sicurezza passiva).

Tabella 5.1 Casi nei quali è necessario prevedere un PSS ai sensi del D.M. 223/92 e ss.mm.ii

Velocità di progetto	Livello di progetto	Tipologia di progetto	Tipologia di strade	Elaborato
V > 70 km/h	Esecutivo	1) Nuova realizzazione 2) Adeguamento di tratti significativi 3) Ricostruzione e riqualificazione di parapetti di ponti e viadotti situati in posizione pericolosa	Extraurbane e Urbane	Progetto di scelta e collocazione delle barriere di sicurezza
V < 70 km/h	–	–	–	Non occorre redigere il progetto

La Tab. 5.1 mostra che l'elemento discriminante per la redazione dell'elaborato progettuale delle barriere di sicurezza è la *velocità di progetto* (Vp) ovvero la velocità con cui vengono dimensionati i vari elementi geometrici del tracciato plano-altimetrico e della piattaforma stradale ai sensi del D.M. 5/11/2001.

Quando la velocità di progetto è Vp < 70 km/h non è pertanto indispensabile redigere il progetto di installazione delle barriere e quindi il PSS.

Nei progetti di strade ad uso pubblico che non rientrano nel campo di applicazione delle norme prima richiamate, tenuto conto delle specifiche condizioni locali in termini di configurazione dello stato dei luoghi e di traffico, qualora sia previsto anche un intervento sui margini o sui dispositivi di ritenuta, è sempre necessario valutare le situazioni di potenziale pericolo per gli utenti e le strategie di mitigazione dei rischi.

In definitiva, volendo interpretare in modo estensivo l'argomento, emerge la necessità di uno studio progettuale puntuale dei sistemi di sicurezza stradale anche per le strade progettate con velocità di progetto Vp < 70 km/h.

Si fa poi notare che le disposizioni dell'art. 2 del D.M. 223/92 (progetto di installazione delle barriere di sicurezza) sono relative alla sola fase di progettazione e non costituiscono un criterio di verifica delle condizioni di pericolosità delle strade in esercizio (Circolare Prot. 0062032 del 21/7/2010); pertanto, esse non possono essere usate come "linee guida" per valutare i livelli di sicurezza delle infrastrutture stradali esistenti.

La verifica delle condizioni di sicurezza delle infrastrutture stradali esistenti è di fatto prescritta dall'art. 47 comma 1, della legge n. 120 del 29/7/2010, di modifica del NCS, che obbliga gli enti proprietari e concessionari delle strade e delle autostrade nelle quali si registrano elevati tassi di incidentalità, ad effettuare specifici interventi di manutenzione straordinaria tra i quali si annoverano i lavori di *sostituzione, di ammodernamento, di potenziamento, di messa a norma delle barriere di sicurezza* volti a ridurre tali tassi.

Infine, tra i numerosi dettami normativi vigenti in materia di barriere di sicurezza occorre ricordare che la Direttiva del Ministero delle Infrastrutture e dei Trasporti del

25 agosto 2004 n. 3065 "Criteri di progettazione, installazione, verifica e manutenzione dei dispositivi di ritenuta nelle costruzioni stradali", recita testualmente quanto segue: *"Per le stradi esistenti, che non sono oggetto di interventi di adeguamento e per le quali pertanto non vige l'obbligo di applicare il D.M. 223/92 e di sostituire le barriere eventualmente non omologate o non rispondenti ai requisiti previsti dalle istruzioni tecniche allegate allo stesso D.M., si richiama tuttavia l'attenzione degli enti proprietari e gestori sui compiti agli stessi assegnati dall'art. 14 del nuovo Codice della Strada in merito al controllo dell'efficienza tecnica della strada e delle pertinenze stradali tra le quali sono compresi tutti i dispositivi di ritenuta".*

Con questa direttiva, gli enti proprietari e concessionari delle strade e delle autostrade sono stati invitati a verificare, lungo la rete stradale di propria competenza, le condizioni di efficienza e di manutenzione dei dispositivi di ritenuta, con particolare riferimento alle modalità di installazione e, laddove tali condizioni non siano ritenute sufficienti, provvedere all'adeguamento secondo le disposizioni dell'art. 2 del D.M. 223/92.

5.2   La scelta dei dispositivi di ritenuta

In Fig. 5.1 si riporta un diagramma di flusso che sintetizza i vari passaggi che deve seguire il progettista per individuare la classe del dispositivo di ritenuta da adottare, in conformità con le prescrizioni del D.M. 21/06/2004 (Cap. 4).

Va in primo luogo ricordato che le barriere di sicurezza vengono classificate essenzialmente in base al livello di contenimento L_c che rappresenta l'energia cinetica posseduta dal veicolo in condizioni di impatto standardizzate (cioè, con data massa del veicolo, velocità e angolo di impatto dipendenti dal tipo di barriera) e calcolata con riferimento alla componente della velocità ortogonale all'asse longitudinale della barriera; in termini analitici:

$$Lc = \tfrac{1}{2} \cdot M \cdot (v \operatorname{sen} \phi)^2 \tag{5.1}$$

essendo:

Lc   livello di contenimento (kJ)
M   massa del veicolo (t)
v   velocità d'impatto del veicolo (m/s)
ϕ angolo d'impatto del veicolo rispetto all'asse longitudinale della barriera

In base al livello di contenimento, le barriere sono così classificate:

- Classe N1 contenimento minimo (Lc = 44 kJ – autovettura);
- Classe N2 contenimento medio (Lc = 82 kJ – autovettura);
- Classe H1 contenimento normale (Lc = 127 kJ – autocarro);
- Classe H2 contenimento elevato (Lc = 288 kJ – autocarro);
- Classe H3 contenimento elevatissimo (Lc = 463 kJ – autocarro);
- Classe H4a contenimento per tratti ad altissimo rischio (Lc = 572 kJ – autocarro);
- Classe H4b contenimento per tratti ad altissimo rischio (Lc = 724 kJ – autocarro).

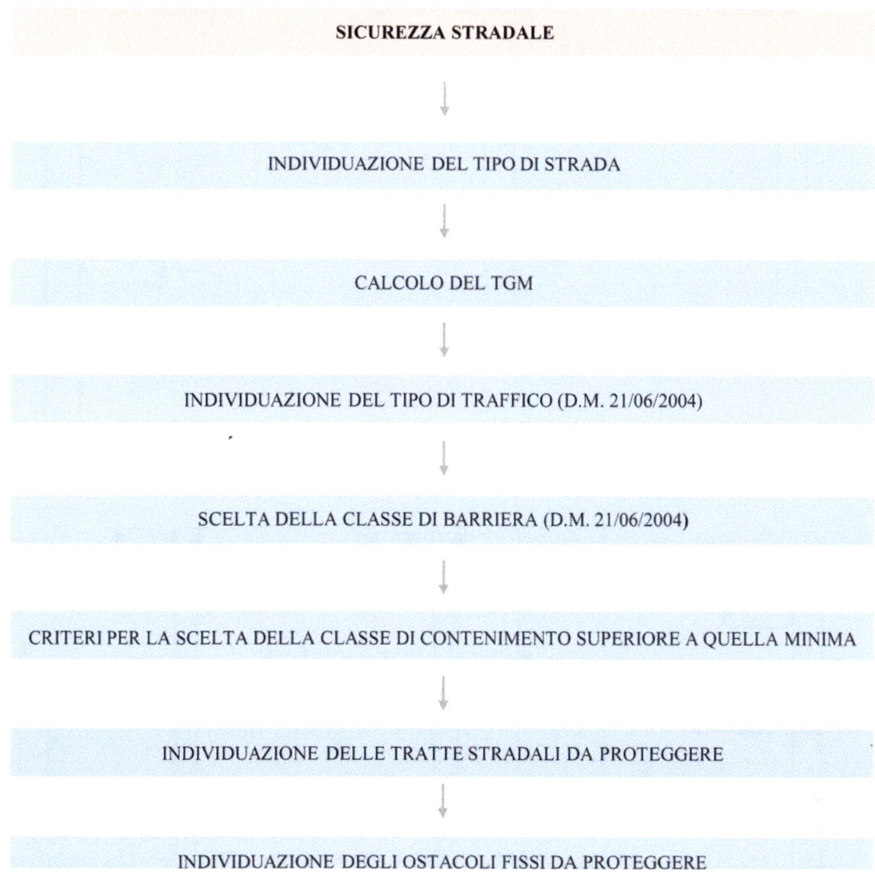

Fig. 5.1 Diagramma di Flusso per la scelta della classe della barriera

In Fig. 5.2, sono rappresentati alcuni esempi di barriere per bordo laterale in acciaio. Si nota immediatamente che al crescere della classe, e quindi del livello di contenimento aumenta, l'altezza della barriera e diminuisce la distanza reciproca tra i montanti (paletti).

Ciò premesso il primo passaggio per operare la scelta della barriera da dover utilizzare in un certo contesto è l'individuazione della categoria e del tipo di strada. A questo proposito si può fare riferimento alla classificazione funzionale e geometrica del Cap. 1 tratta principalmente dal D.M. 05/11/2001.

Deve essere poi misurato o stimato il traffico giornaliero medio TGM (nei due sensi) e la percentuale "p" di mezzi pesanti che, secondo la norma, sono quelli con massa superiore a 3,5 t. Noti i valori di TGM e p (Cap. 1), si può dedurre il "tipo di traffico".

Nello specifico, in base alla Tab. 5.2 del D.M. 21/06/2004, il traffico viene suddiviso nei seguenti tipi:

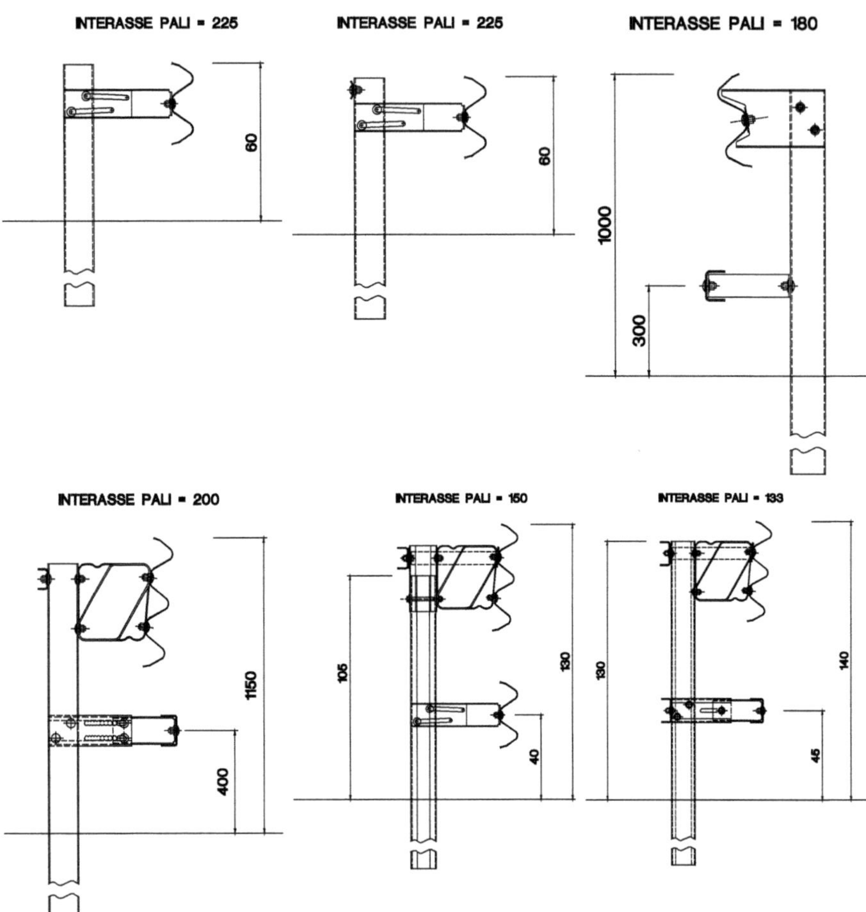

Fig. 5.2 Esempi di barriere in acciaio di diversa classe

Tabella 5.2 Tipi di traffico ai sensi del D.M. 21/06/2004

Tipo di Traffico	TGM	% veicoli con massa > 3,5 t
I	≤ 1000	Qualsiasi
I	> 1000	≤ 5
II	> 1000	5 < n ≤ 15
III	> 1000	> 15

- *Traffico tipo I*: quando il TGM è minore o uguale a 1000 con qualsiasi percentuale di veicoli merci o maggiore di 1000 con presenza di veicoli di massa superiore a 3500 kg minore o uguale al 5% del totale;
- *Traffico tipo II*: quando, con TGM maggiore di 1000, la presenza di veicoli di massa superiore a 3500 kg sia maggiore del 5% e minore o uguale al 15% sul totale;

Tabella 5.3 Scelta della classe minima di contenimento della barriera

TIPO DI STRADA	TIPO DI TRAFFICO	BARRIERE SPARTI-TRAFFICO	BARRIERE BORDO LATERALE	BARRIERE BORDO PONTE[1]
Autostrade (A) e strade extra-urbane principali (B)	I	H2	Hl	H2
	II	H3	H2	H3
	III	H3-H4 [2]	H2-H3 [2]	H3-H4 [2]
Secondarie (C) e strade Urbane di scorrimento (D)	I	Hl	N2	H2
	II	H2	Hl	H2
	III	H2	H2	H3
Strade urbane di quartiere (E) e strade locali (F)	I	N2	N1	H2
	II	Hl	N2	H2
	III	Hl	Hl	H2

[1] Per ponti o viadotti si intendono opere di luce superiore a IO metri; per luci minori sono equiparate al bordo laterale
[2] La scelta tra le due classi sarà determinata dal progettista

- *Traffico tipo III*: quando, con TGM maggiore di 1000, la presenza di veicoli di massa superiore a 3500 kg sia maggiore del 15% del totale.

La Tab. 5.3 riporta, in funzione del tipo di traffico e del tipo di strada in esame, le classi minime dei dispositivi di ritenuta stradali (da N1 a H4), individuate dal D.M. 21/06/2004, che il progettista deve adottare nei vari contesti di inserimento, ovvero spartitraffico, bordo laterale e bordo ponte.

Si precisa che le barriere per bordo ponte vanno adottate per opere di *luce superiore a 10 m* mentre per luci inferiori a questo valore si richiedono dispositivi per bordo laterale. In presenza di due classi ammesse (cfr. Tab. 5.3) il progettista potrà adottare quella ritenuta più adeguata al contesto di inserimento. In particolare, con le dovute motivazioni, potranno essere utilizzati dispositivi con classi superiori a quella minima richiesta dalla norma, come verrà descritto successivamente.

Si rappresenta, inoltre, che le prescrizioni suddette valgono per l'asse stradale principale e per le zone di svincolo.

Per altre installazioni esterne all'asse stradale sono previste le seguenti protezioni:

- le rampe degli svincoli delle autostrade e delle strade extraurbane principali sono equiparate a strade extraurbane secondarie. Nel caso di rampe monodirezionali si dovrà fare riferimento al TGM che interessa la specifica rampa. Per l'individuazione del livello di traffico si devono dimezzare i valori indicati in Tab. 5.2 (tratta dalla norma) perché sono riferiti a strade bidirezionali;
- per le pertinenze stradali, quali aree di servizio, di parcheggio e le stazioni autostradali, salvo casi particolari, la classe minima è N2;
- le rotatorie e le intersezioni con circolazione rotatoria (D.M. 19 aprile 2006) sono escluse dal campo di applicazione del D.M. n. 223/1992 e, pertanto, eventuali protezioni devono essere definite a cura del progettista della sistemazione dei dispositivi di ritenuta.

5.2.1 Considerazioni sulla scelta di barriere con classe di contenimento superiore a quella minima

Una volta individuata la classe minima di protezione da adottare (Tab. 5.3), bisogna valutare anche l'opportunità di installare sui luoghi dispositivi di classe superiore. Preme precisare che nelle circolari esplicative viene ribadito di *non eccedere i limiti prescritti dalla normativa* al fine di non irrigidire infruttuosamente il dispositivo e quindi aumentare le decelerazioni subite dai veicoli leggeri in occasione di impatti contro il dispositivo stesso. A questo proposito, si ricorda che la capacità di contenimento delle barriere di sicurezza è definita in termini di Severità dell'Impatto IS (Indice di Severità) che rappresenta l'energia cinetica trasversale del veicolo impattante calcolata con riferimento alla componente della velocità ortogonale alla barriera (equivalente al Livello di Contenimento Lc definito dalle norme italiane sulle barriere).

Nel caso dei veicoli leggeri, il contenimento garantito dalla barriera non garantisce l'incolumità per gli occupanti del veicolo; infatti, questi potrebbero subire gravi traumi dovuti principalmente alle accelerazioni cui sono sottoposti durante l'urto. Le barriere devono quindi essere idonee ad assorbire parte dell'energia di cui è dotato il veicolo in movimento, limitando contemporaneamente gli effetti d'urto sui passeggeri dei veicoli leggeri. Nel caso di veicoli pesanti, potrebbe invece capitare che a seguito dell'urto, il mezzo si ribalti al di là del dispositivo di ritenuta.

In definitiva, il progettista del PSS dovrà valutare attentamente e giustificare di volta in volta se, in base alle situazioni specifiche, si rende necessario prevedere dei dispositivi di ritenuta aventi un livello di contenimento superiore rispetto a quello minimo prescritto dalla norma (Tab. 5.3).

5.3 Individuazione delle tratte stradali da proteggere ai sensi delle norme

Nella scelta dei dispositivi di ritenuta e nelle modalità di installazione anche su strade esistenti, si suole spesso far riferimento al cosiddetto "incidente più probabile". A questo proposito, l'art. 6 del DM 21/06/2004 recita testualmente *"Per le strade esistenti o per allargamenti in sede di strade esistenti il progettista potrà prevedere la collocazione dei dispositivi con uno spazio di lavoro (inteso come larghezza del supporto a tergo della barriera) necessario per la deformazione più probabile negli incidenti abituali della strada da proteggere, indicato come una frazione del valore della massima deformazione dinamica rilevato nei crash test; detto spazio di lavoro non sarà necessario nel caso di barriere destinate a ponti e viadotti, che siano state testate in modo da simulare al meglio le condizioni di uso reale, ponendo un vuoto laterale nella zona di prova; considerazioni analoghe varranno per i dispositivi da bordo laterale testati su bordo di rilevato e non in piano, fermo restando il rispetto delle condizioni di prova".*

Tabella 5.4 Configurazioni che necessitano di dispositivi di ritenuta

CONFIGURAZIONI CHE NECESSITANO DI UNA SPECIFICA PROTEZIONE CON I DISPOSITIVI DI RITENUTA			
SITUAZIONE STRADALE	Trincea	Cunetta di piattaforma trapezoidale	SI
		Cunetta di piattaforma triangolare	NO
	Ponti, sovrappassi, viadotti, ecc.	La protezione è sempre necessaria indipendentemente dall'altezza ed estensione dell'opera	SI
	Galleria	Sempre necessario profilo redirettivo	SI
	Rilevato	Altezza arginello dal piano di campagna H < 1,00 m	NO se la pendenza della scarpata è < 2/3
			SI se la pendenza della scarpata è > 2/3
		Altezza arginello dal piano di campagna H > 1,00 m	SI
	Spartitraffico ove presente	Sempre se vengono adottate le larghezze di cui al DM 5/11/2001	SI
	Ostacoli fissi	La protezione va valutata in base al rischio (caratteristiche degli ostacoli e distanza dal margine della piattaforma)	

Si ritiene quindi opportuno fornire nel seguito alcune utili indicazioni in merito ai casi nei quali occorre far ricorso a questa specifica prescrizione.

Evidentemente la normativa presuppone che per le strade esistenti venga prodotto uno specifico studio di traffico e quello di incidentalità relativo al tronco analizzato che tenga conto della effettiva massa dei mezzi leggeri e pesanti nonché della stima delle velocità operative; solo attraverso queste informazioni è possibile effettuare una previsione dell'incidente più probabile in termini di tipo di veicolo coinvolto e velocità di impatto.

A prescindere da tale valutazione, in Tab. 5.4 vengono indicate, in funzione della sezione stradale, le configurazioni che necessitano di una specifica protezione con i dispositivi di ritenuta, così come richiesto dalle vigenti normative di settore.

In base a quanto previsto dal D.M. 2367 del 21/06/2004, e come sintetizzato in Tab. 5.4, i dispositivi di ritenuta vanno previsti nelle seguenti zone da proteggere:

- nei bordi delle opere d'arte (estendendosi nelle zone che precedono e seguono l'opera per uno sviluppo tale da poter escludere il rischio di conseguenze gravi derivanti dalla fuoriuscita del veicolo dalla piattaforma stradale);
- nello spartitraffico (ove presente);
- sui bordi laterali:
  - nelle sezioni in rilevato con pendenza maggiore o uguale a 2/3 e altezza del rilevato superiore a un metro.
  - nelle sezioni in rilevato con pendenza minore a 2/3 dove sussistono situazioni di potenziale pericolosità in rapporto alla pendenza ed all'altezza della scarpata, nonché alla distanza ed alla natura di ostacoli fissi eventualmente presenti;

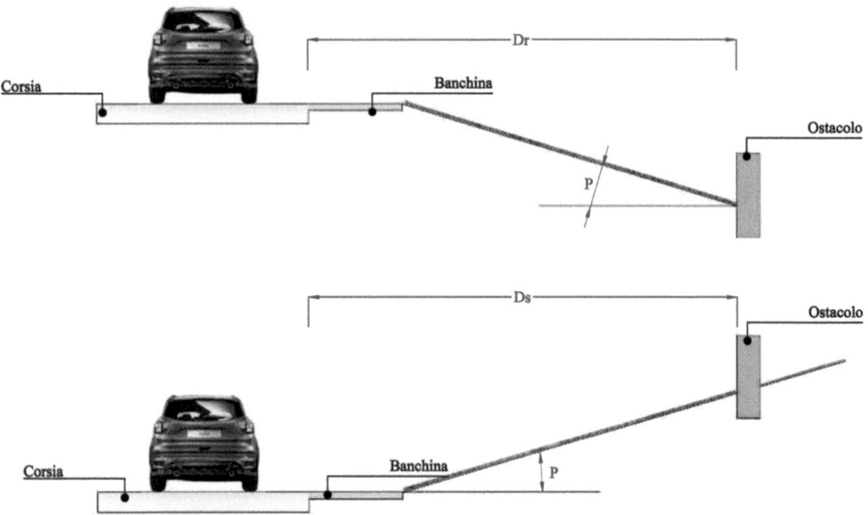

Fig. 5.3 Presenza di ostacoli fissi in sezione tipo in rilevato ed in trincea

- in presenza di ostacoli fissi che potrebbero costituire pericolo per gli utenti della strada in caso di urto (per es. pile di ponti, rocce affioranti, opere di drenaggio non attraversabili, alberature, pali di illuminazione, supporti per segnaletica non cedevoli) e di oggetti che in caso di urto potrebbero comportare pericolo per i non utenti della strada (per es. edifici privati, scuole ospedali ecc.) che si trovano ad una distanza dal ciglio esterno della carreggiata inferiore ad una opportuna distanza di sicurezza che risulta funzione dei seguenti principali parametri: velocità di progetto, volume di traffico, raggio di curvatura dell'asse stradale, pendenza della scarpata e pericolosità dell'ostacolo.

5.4   Indicazioni AASHTO

Nel presente paragrafo si introducono sinteticamente alcuni utili riferimenti tecnici tratti dalle linee guida AASHTO "Roadside design guide" [1] che specificano se e come effettuare la protezione dei margini stradali con dispositivi di ritenuta.

In particolare, in Fig. 5.3 vengono riportate due sezioni tipo, la prima in rilevato e la seconda in trincea e le relative distanze Dr e Ds tra il ciglio della carreggiata e l'ostacolo fisso, cioè le distanze prive di ostacoli (clear zone).

In Tab. 5.5, vengono invece riportati i valori degli spazi Dr e Ds liberi da ostacoli rispettivamente per sezioni in rilevato ed in trincea. Il simbolo "p" rappresenta la pendenza delle scarpate. Con riferimento alla sezione in rilevato, le scarpate con pendenza inferiore o uguali a 1/4 vengono definite "recuperabili" in quanto il mezzo che fuoriesce dalla carreggiata stradale può arrestarsi lungo la stessa scarpata o eventualmente rientrare in carreggiata senza particolari problemi [1, 2]. Per valori di pendenza della

Tabella 5.5 Valori degli spazi laterali Dr e Ds liberi da ostacoli [1]

ZONE DA PROTEGGERE SECONDO LE LINEE GUIDA AASHTO "ROADSIDE DE-SIGN GUIDE"

V (km/h)	TGM (veic/ giorno)	SPAZI LATERALI (m)					
		RILEVATI (Dr)			–	TRINCEE (Ds)	
		$p \leq 1/6$	$1/5 \leq p < 1/4$	$p = 1/3$	$p = 1/3$	$1/5 \leq p < 1/4$	$p \leq 1/6$
60 o meno	<750	2,0 + 3,0	2,0 + 3,0	–	2,0 + 3,0	2,0 + 3,0	2,0 + 3,0
	750 + 1500	3,0 + 3,5	3,5 + 4,5	–	3,0 + 3,5	3,0 + 3,5	3,0 + 3,5
	1500 + 6000	3,5 + 4,5	4,5 + 5,0	–	3,5 + 4,5	3,5 + 4,5	3,5 + 4,5
	oltre 6000	4,5 + 5,0	5,0 + 5,5	–	4,5 + 5,0	4,5 + 5,0	4,5 + 5,0
70–80	< 750	3,0 + 3,5	3,5 + 4,5	–	2,5 + 3,0	2,5 + 3,0	3,0 + 3,5
	750 + 1500	4,5 + 5,0	5,00 + 6,0	–	3,0 + 3,5	3,5 + 4,5	4,5 + 5,0
	1500 + 6000	5,0 + 5,5	3,5 + 4,5	–	3,5 + 4,5	4,5 + 5,0	5,0 + 5,5
	oltre 6000	6,0 + 6,5	7,5 + 8,5	–	4,5 + 5,0	5,5 + 6,0	6,0 + 6,5
90	< 750	3,5 + 4,5	4,5 + 5,5	–	2,5 + 3,0	3,0 + 3,5	3,0 + 3,5
	750 + 1500	5,0 + 5,5	6,0 + 7,0	–	3,0 + 3,5	4,5 + 5,0	5,0 + 5,5
	1500 + 6000	6,0 + 6,5	7,5 + 9,0	–	4,5 + 5,0	5,0 + 5,5	6,0 + 6,5
	oltre 6000	6,5 + 7,5	8,0 + 10,0	–	5,0 + 5,5	6.0 + 6,5	6,5 + 7,5
100	< 750	5,0 + 5,5	6,0 + 7,5	–	3,0 + 3,5	3,5 + 4,5	4,5 + 5,0
	750 + 1500	6,0 + 7,5	8,0 + 10,0	–	3,5 + 4,5	5,0 + 5,5	6,0 + 6,5
	1500 + 6000	8,0 + 9,0	10,0 + 12,0	–	4,5 + 5,5	5,5 + 6,5	7,5 + 8,0
	Oltre 6000	9,0 + 10,0	11,0 + 13,5	–	6,0 + 6,5	6.5 + 7.5	8,0 + 8,5
110	< 750	5,5 + 6,0	6,0 + 8,0	–	3,0 + 3,5	4,5 + 5,0	4,5 + 5,0
	750 + 1500	7,5 + 8,0	8,5 + 11,0	–	3,5 + 5,0	5,5 + 6,0	6,0 + 6,5
	1500 + 6000	8,5 + 10,0	10,5 + 13,0	–	5,0 + 6,0	6,5 + 7,5	8,0 + 8,5
	oltre 6000	9,0 + 10,5	11,5 + 14,0	–	6,5 + 7,5	8,0 + 9,0	8,5 + 9,0

scarpata in rilevato maggiori di 1/4, la zona viene definita "non recuperabile", pertanto non vengono forniti valori della "clear zone" ovvero della zona libera da ostacoli.

Gli schemi di Fig. 5.4 e 5.5 mostrano invece due situazioni particolari nelle quali, sempre in base al valore della distanza D tra il margine esterno della carreggiata

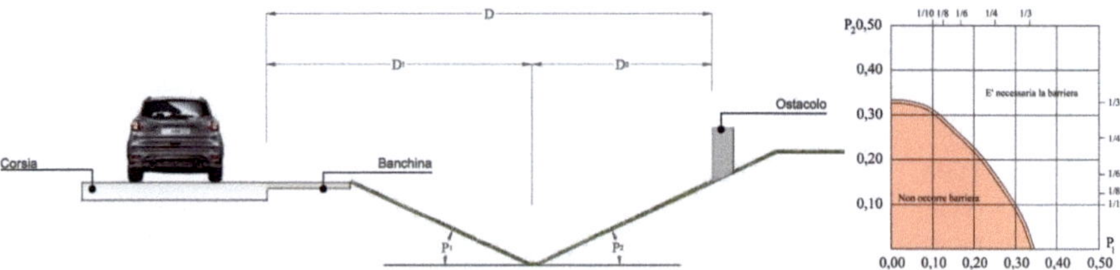

Fig. 5.4 Caso 1 – scarpate adiacenti [1]

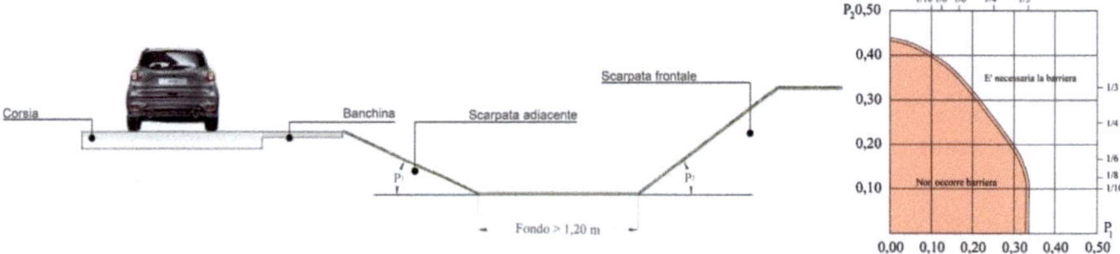

Fig. 5.5 Caso 2 – scarpate separate da un fondo $\geq$ 1,20 m [1].

e l'ostacolo fisso, tramite il grafico P1-P2 si individuano i casi che necessitano di protezione mediante l'impiego di dispositivi di ritenuta.

I diagrammi riportati nella Fig. 5.4 e nella Fig. 5.5 possono essere considerati un utile riferimento per determinare se occorre o meno prevedere l'installazione di una barriera di sicurezza in presenza di cunette o fossi laterali ovvero in situazioni simili a quella riportate nelle stesse figure. Per maggiori dettagli sulla procedura qui brevemente descritta si rimanda alle linee guida AASHTO [1].

5.5   Individuazione degli ostacoli fissi da proteggere

Una fase particolarmente delicata nel progetto di sistemazione su strada dei dispositivi di sicurezza passiva riguarda l'attenta individuazione e classificazione degli ostacoli fissi inamovibili presenti in prossimità della piattaforma stradale. Tra gli ostacoli fissi, si annoverano tutti i margini delle opere d'arte all'aperto, lo spartitraffico, le opere di drenaggio non attraversabili, le alberature, i corsi d'acqua, edifici, ecc. Essi costituiscono elementi di pericolo per gli utenti della strada in caso d'urto o di fuoriuscita degli stessi dalla sede stradale. Per altri tipi di ostacoli fissi, può essere utile prendere in esame le seguenti indicazioni:

- *pali cedevoli per illuminazione pubblica, segnaletica, semafori e cartellonistica pubblicitaria*: trattasi di ostacoli molto leggeri progettati per piegarsi in caso di impatto con un veicolo. Non sono in grado di influenzare il funzionamento delle barriere durante l'urto. Per questi ostacoli non è richiesta alcuna specifica protezione e se è prevista una barriera di sicurezza, si mantiene il tipo e la classe richiesta da norma indipendentemente dalla sua distanza dall'ostacolo;

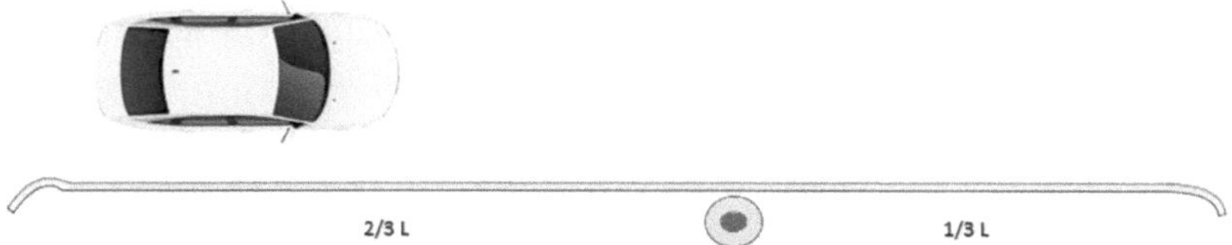

Fig. 5.6 Schema di installazione di una barriera in presenza di punto singolare/ostacolo fisso

- *montanti verticali della segnaletica e pali di illuminazione non cedevoli*: per nuove opere, questi ostacoli devono essere ubicati ad una distanza non inferiore alla larghezza di lavoro W della barriera in modo da non interferire con il suo corretto funzionamento (cioè, con la libera deformazione) in caso d'urto. Per strade esistenti, in mancanza di un idoneo spazio che consenta la libera deformazione della barriera di sicurezza, è opportuno eliminare o spostare questi ostacoli; se ciò non sarà possibile, nel PSS dovranno essere specificate le soluzioni tecniche per proteggere gli utenti da questi tipi di ostacoli;
- *punti singolari*: si tratta di ostacoli per i quali risulta di fatto impossibile posizionare la barriera ad una distanza adeguata a garantire il corretto funzionamento in caso di un urto. Essi devono essere trattati caso per caso. In riferimento ai punti singolari come pile da ponte senza spazio laterale disponibile, si potranno eccezionalmente adottare anche dispositivi in parte difformi da quelli normalmente previsti, avendo però estrema cura nella risoluzione dei rischi riguardanti gli urti frontali. In questi casi, le protezioni potranno essere di tipo a muretto in cemento e saranno definite dal progettista; esse non dovranno essere necessariamente corrispondenti ad uno specifico prodotto omologato o assoggettato a crash test.

Laddove occorra installare un dispositivo di ritenuta lineare per la protezione di ostacoli (punti singolari), questo dovrà avere una estensione pari a quella indicata nel certificato di marcatura CE (Cap. 8). Il dispositivo di ritenuta dovrà svilupparsi per circa due terzi della sua lunghezza complessiva prima dell'ostacolo (Fig. 5.6) e dovrà inoltre essere integrato, tramite eventuali ancoraggi, con i terminali semplici indicati nel rapporto di prova che ha permesso di ottenere la marcatura CE. Per una trattazione più dettagliata di questi aspetti, si rimanda il lettore al Cap. 13.

5.6   Verifica della corretta distanza tra barriera e ostacolo

Una fase progettuale particolarmente importante e delicata riguarda l'attenta valutazione della reciproca distanza tra la barriera e l'ostacolo o gli ostacoli da proteggere presenti lungo lo sviluppo del tracciato stradale.

Il progettista, ai fini delle verifiche dovrà tenere in considerazione soprattutto i valori di Larghezza operativa (Wm), Deflessione dinamica (Dm) e Intrusione del

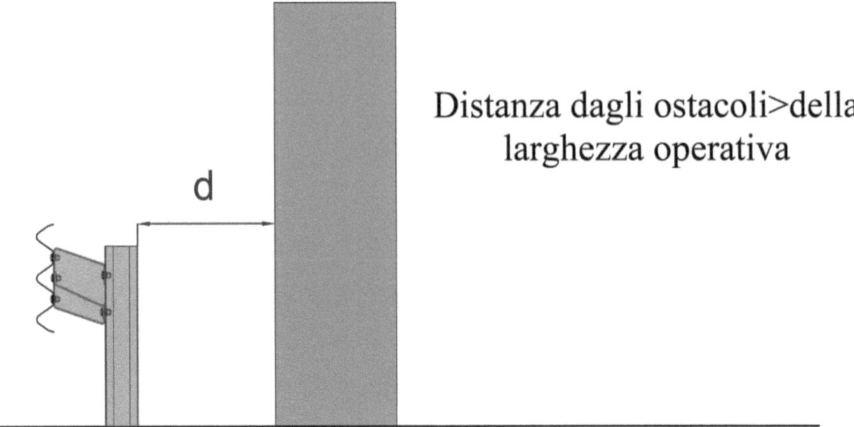

Fig. 5.7 Esempio di corretto distanziamento tra barriera e ostacolo (d > Wm)

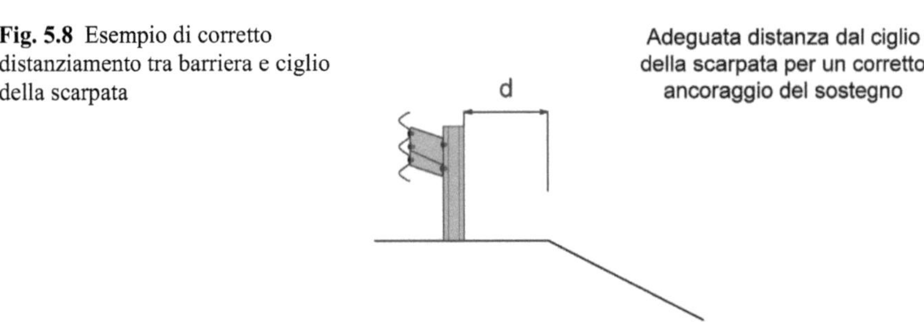

Fig. 5.8 Esempio di corretto distanziamento tra barriera e ciglio della scarpata

veicolo (VIm) che debbono essere confrontati con la distanza (d) che il dispositivo di ritenuta ha dagli ostacoli effettivamente presenti sui luoghi (Fig. 5.7 e Fig. 5.8). Una puntuale definizione delle predette grandezze è fornita nel Cap. 8.

In definitiva, il progettista della sistemazione dei dispositivi dovrà stabilire la "distanza minima" tra barriera e ostacolo (almeno pari alla larghezza operativa) in modo da poter consentire alla barriera stessa di potersi deformare liberamente in caso d'urto, così come avvenuto nelle prove di crash test. Questo criterio è di carattere generale e quindi riguarda le barriere bordo laterale, bordo ponte e spartitraffico.

5.7   Considerazioni sui cigli e sul terreno del corpo stradale

Si ritiene opportuno richiamare quanto specificato dall'art. *6 del D.M. 21/06/2004* che con riferimento alle strade esistenti o per allargamenti in sede di strade esistenti richiede che *"il progettista potrà prevedere la collocazione dei dispositivi con uno spazio di lavoro (inteso come larghezza del supporto a tergo della barriera) necessario per la deformazione più probabile negli incidenti abituali della strada da proteggere, indicato come una frazione del valore della massima deformazione dinamica rilevato nei crash test; detto spazio di lavoro non sarà necessario nel caso di barriere destinate a ponti e viadotti, che siano state testate in modo da simulare al meglio le condizioni di uso reale, ponendo un vuoto laterale nella zona di prova; considerazioni analoghe varranno per i dispositivi da bordo laterale testati su bordo di rilevato e non in piano, fermo restando il rispetto delle condizioni di prova."*

Si rammenta poi che, ai sensi dello stesso decreto, le barriere di sicurezza devono essere installate nelle medesime condizioni previste in fase di esecuzione delle prove di crash test. Per le barriere bordo laterale, queste prove sono generalmente eseguite su terreni pianeggianti, con una estensione dietro la barriera che, rispetto alle dimensioni di quest'ultima, può essere considerata di valore infinito. Le terre sono inoltre caratterizzate da proprietà geotecniche ottime; infatti, generalmente si tratta di terre di classe A1-a ben compattate (Tab. 5.6).

Tuttavia, le condizioni dei crash test non sono spesso riscontrabili su strade già in servizio che, invece, generalmente presentano larghezze dell'arginello molto contenute e corpo stradale con terre aventi caratteristiche meccaniche assai più scadenti di quelle considerate nelle prove d'urto al vero. Per esempio, in molti casi, le barriere stradali per bordo laterale vanno installate su terreni composti da una coltre vegetale o materiale di riporto che non assicura prestazioni meccaniche analoghe a quelle delle prove di crash test.

A questo proposito, si ricorda che, come prescritto dal D.M. 05/11/2001, oltre la carreggiata stradale, deve essere presente uno spazio denominato "arginello" posto all'esterno della banchina. Tale spazio risulta formato da due parti, una denominata c_r (ciglio), avente dimensione variabile in funzione della tipologia della strada, e l'altra costituita dall'elemento di raccordo della scarpata con il rilevato (d) (Fig. 5.9). La dimensione del ciglio nelle strade di tipo A, B, C, D, come riportato nel D.M. 05/11/2001, può essere incrementata in modo da risultare compatibile con il funzionamento del sistema di ritenuta, cioè, ampliata fino al raggiungimento della larghezza operativa delle barriere (Wm).

Per garantire il buon funzionamento delle barriere di sicurezza anche con terreni aventi caratteristiche meccaniche non elevate, e/o in caso di arginello di ampiezza limitata sono stati recentemente ideati dispositivi utilizzabili sui cosiddetti terreni "Soft" e arginello "0" (cfr. Cap. 15).

Sempre con riferimento alle indicazioni fornite dal D.M. 05/11/2001, si riporta in Fig. 5.10 un particolare relativo agli elementi marginali delle sezioni in trincea. È utile ricordare che se la cunetta di piattaforma ha sezione triangolare (cunetta alla francese) non risulta necessaria una specifica protezione con dispositivi di ritenuta.

Da quanto sin qui esaminato, è del tutto evidente che il progetto di installazione delle barriere di sicurezza non si deve limitare alla scelta della classe della barriera ma deve anche riguardare la risoluzione di eventuali problematiche di tipo geometrico e geotecnico (adeguata profondità di infissione dei montanti, idonea larghezza dello spazio di appoggio delle barriere in calcestruzzo, ecc.). In particolare, è indispensabile verificare che le caratteristiche del supporto della barriera siano

Tabella 5.6 Classificazione delle terre secondo la norma UNI 10006 (non è riportata la classe A8 costituita da torbe e terre inorganiche palustri perché certamente non presente nel corpo stradale)

Classificazione generale (AASHTO M 145-82)	Materiali granulari passanti al setaccio n. 200 (0,075 mm) uguale o minore del 35%							Materiali granulari passanti al setaccio n. 200 (0,075 mm) superiore al 35%			
Gruppi di classificazione	A1		A3	A2				A4	A5	A6	A7
	A1-a	A1-b		A2-4	A2-5	A2-6	A-2-7				A-7-5 A-7-6
Analisi granulometrica % passante al setaccio											
2,00 mm (n. 10)	50 max	...	...	...	...	...	...	...	...	...	...
0,425 (n. 40)	30 max	50 max	51 min	...	...	...	...	...	...	...	...
0.075 (n. 200)	15 max	25 max	10 max	35 max	35 max	35 max	35 max	36 min	36 min	36 min	36 min
Caratteristiche delle frazioni passanti al n. 40 (0,425 mm)											
Limite di liquidità W_L	...		...	40 max	41 min	40 max	41 min	40 max	41 min	40 max	41 min
Indice di plasticità I_P	6 max		N.P.	10 max	10 max	11 min	11 min	10 max	10 max	11 min	11 min*
Tipi usuali dei materiali principali	Frammenti di roccia, ghiaia o sabbia	Sabbia fine	Ghiaia limosa o argillosa e sabbia					Terre limose			Terre argillose
Giudizio per impiego come sottofondo	Da eccellente a buono							Da buono a povero			

*L'indice di plasticità I_P del sottogruppo A7-5 è uguale o minore del limite di liquidità W_L-30, mentre per il sottogruppo A7-6 I_P è maggiore del limite di liquidità W_L-30

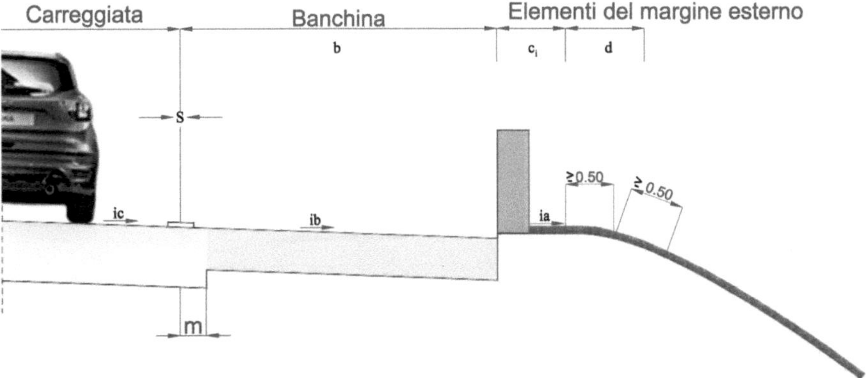

Fig. 5.9 Ubicazione della barriera stradale su un rilevato

Tabella 5.7 Elementi del margine esterno stradale (Fig. 5.9)

ELEMENTO	DENOMINAZIONE	CATEGORIA DELLA STRADA	DIMENSIONE
s	striscia di delimitazione	A-B C-D-E F	0,25 m 0,15 m 0,12 m
m	bordo carreggiata	tutte	≥ 0,30 m
i_c	– Pendenza trasversale car- reggiata in rettifilo – in curva	tutte	2,5% in curva ≥ 2,5%
i_b	pendenza trasversale banchina	tutte	= ic
c_r	ciglio o arginello in rilevato	A-B-C-D E-F	* 0,75% ≥ 0,5%
d	raccordo	ove previsto	1,00 m
c_s	ciglio in scavo	ove previsto	come c_r
i_a	pendenza trasversale	tutte	4%
l_c	larghezza cunetta	tutte	≥ 0,80 m
p_c	profondità cunetta	tutte	vedi figure 4.3.4.b/c del D.M. 5/11/2001
b	banchina	Vedi tab. 3.4.a del D.M. 5/11/2001	

* dipende dallo spazio richiesto per il funzionamento del dispositivo di ritenuta

confrontabili con quelle delle prove di crash test. In caso di difformità significative devono essere definiti gli eventuali adattamenti tecnici che si rendono necessari per rendere il "sistema di fondazione" equivalente a quello utilizzato nelle prove di crash test.

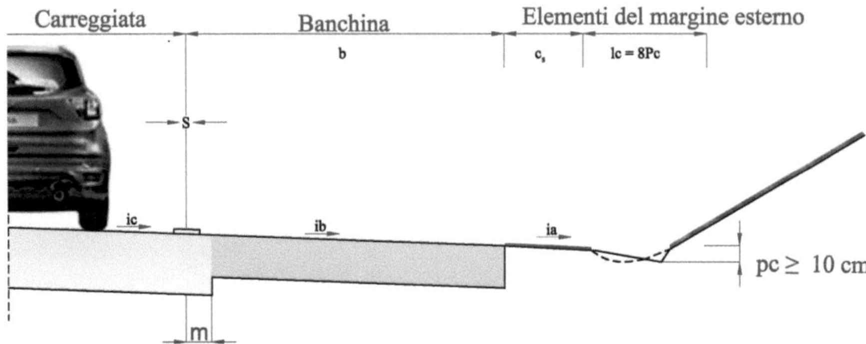

Fig. 5.10 Parte marginale della sede stradale in presenza di cunetta triangolare (sezione in trincea)

5.8   Verifica delle distanze di visibilità

Le barriere di sicurezza in molti casi possono rappresentare un serio impedimento alla visibilità per il sorpasso e/o per l'arresto, tenuto conto che la loro altezza spesso supera 1,10 m (Fig. 5.11), valore che convenzionalmente viene assegnato all'altezza dell'occhio del conducente (D.M. 5/11/2001). Risulta quindi necessario esaminare i provvedimenti tecnici utilizzabili per garantire che in ogni punto del tracciato la visuale libera dell'utente sia sempre maggiore della distanza di visibilità per l'arresto anche nel caso in cui sui margini stradali siano presenti barriere di sicurezza di altezza maggiore di 1,10 m.

Le "Norme funzionali e geometriche per la costruzione delle strade" (D.M. 5/11/2001), definiscono come "distanza di visuale libera" la lunghezza del tratto di strada che il conducente riesce a vedere davanti a sé senza considerare l'influenza del traffico, delle condizioni atmosferiche e di illuminazione della strada.

In particolare, per fare in modo che la circolazione stradale lungo un'infrastruttura si svolga in modo sicuro, la distanza di visuale libera deve essere confrontata con le seguenti distanze:

- distanza di visibilità per l'arresto, pari allo spazio minimo necessario perché un conducente possa arrestare il veicolo in condizione di sicurezza davanti ad un ostacolo imprevisto;
- distanza di visibilità per il sorpasso, pari alla lunghezza del tratto di strada occorrente per compiere una manovra di completo sorpasso in sicurezza, quando non si possa escludere l'arrivo di un veicolo in senso opposto;
- distanza di visibilità per la manovra di cambiamento di corsia, pari alla lunghezza del tratto di strada occorrente per il passaggio da una corsia a quella ad essa adiacente nella manovra di deviazione in corrispondenza di punti singolari (intersezioni, uscite, ecc.).

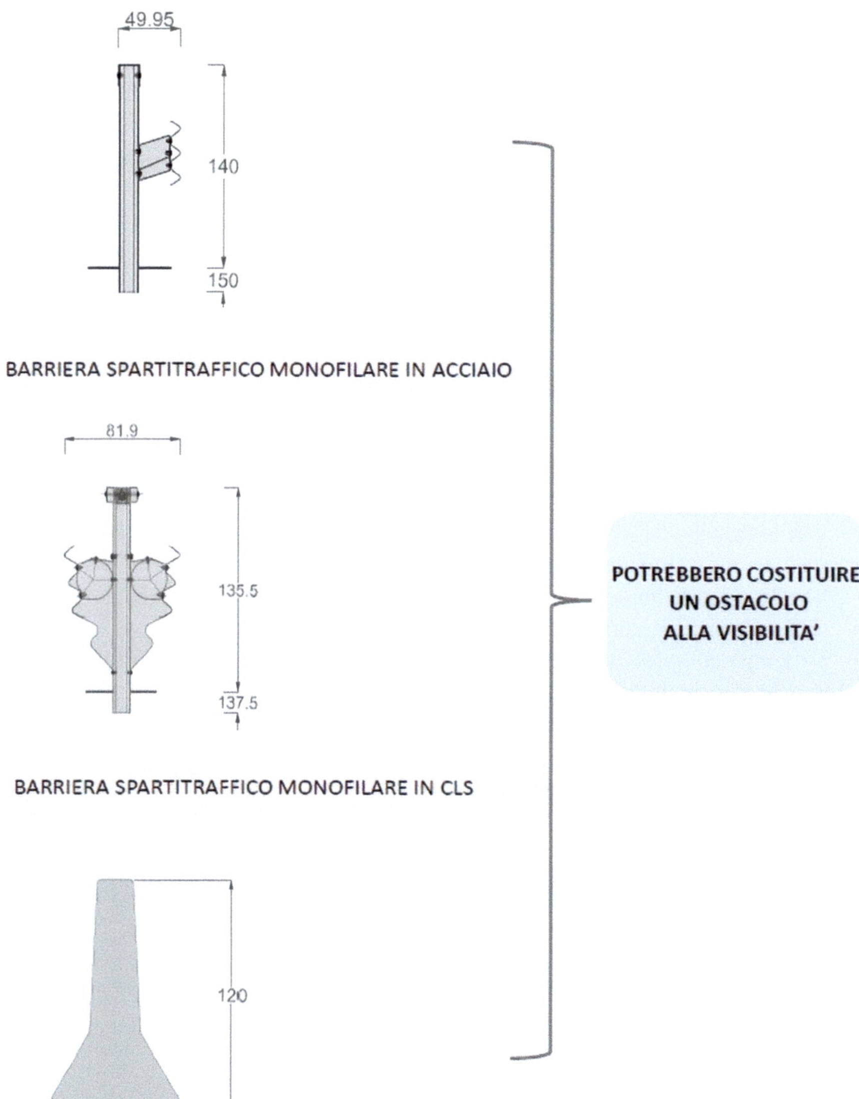

Fig. 5.11 Esempi di barriere con altezza tale da costituire un ostacolo per la visibilità

5.8.1 *Distanza di visibilità per l'arresto*

La procedura per calcolare la distanza di arresto si basa sull'ipotesi che l'utente stia guidando il proprio autoveicolo con velocità pari a quella di progetto, in condizione di pavimentazione bagnata ma pulita. In tali circostanze l'utente, dopo aver percepito la presenza di un oggetto fisso lungo la propria corsia di marcia, deve potere arrestare il proprio veicolo in condizioni di sicurezza, evitando di investire l'ostacolo.

La distanza di visibilità si ottiene con l'espressione:

$$D_A = D_1 + D_2 = \frac{V_0}{3{,}6} \cdot \tau - \frac{1}{3{,}6^2} \int_{V_0}^{V_1} \frac{V}{g \cdot \left[f_1(V) \pm \frac{i}{100}\right] + \frac{R_a(V)}{m} + r_o(V)} dV \quad (m) \quad (5.2)$$

dove:

- D_1, è la distanza percorsa dal veicolo dall'istante in cui il conducente vede l'ostacolo all'istante in cui ha inizio la frenata:
- D_2 è la distanza di frenatura necessaria per arrestare il veicolo, che viaggia alla velocità di progetto, prima di raggiungere l'ostacolo fisso;
- V_0 è la velocità del veicolo all'inizio della frenatura, pari alla velocità di progetto desunta puntualmente dal diagramma delle velocità (km/h);
- V_1 è la velocità finale del veicolo, ($V_1 = 0$ in caso di arresto) (km/h);
- i = pendenza longitudinale del tracciato (%);
- τ = tempo complessivo di percezione e reazione (s);
- g = accelerazione di gravità (m/s^2);
- R_a = resistenza aerodinamica (N);
- M = massa del veicolo (kg);
- f_l = quota limite del coefficiente di aderenza impegnabile longitudinalmente per la frenatura;
- r_0 = resistenza unitaria al rotolamento, trascurabile (N/kg).

La resistenza aerodinamica R_a si valuta con la seguente espressione:

$$R_a = \frac{1}{2 \cdot 3{,}6^2} \cdot \rho \cdot C_x \cdot S \cdot V^2 \tag{5.3}$$

dove:

- C_x = coefficiente aerodinamico;
- S = superficie resistente (m^2);
- R = massa volumica dell'aria in condizioni standard (kg/m^3).

Per f_l possono adottarsi i valori di Tab. 5.8. Questi valori sono compatibili anche con superficie stradale leggermente bagnata (spessore del velo idrico sino a 0,5 mm).

A parità di velocità, per le autostrade i valori di f_l sono maggiori di quelli delle altre strade. I valori di f_l riferiti alle autostrade possono essere adottati anche per le strade extraurbane principali (tipo B) qualora lo stato della pavimentazione risulti paragonabile a quello delle strade di tipo A e sia mantenuto tale nel tempo.

Tabella 5.8 Coefficienti di aderenza longitudinale

Velocità km/h	25	40	60	80	100	120	140
f_l Autostrade	–	–	–	0,44	0,40	0,36	0,34
f_l Altre strade	0,45	0,43	0,35	0,30	0,25	0,21	–

Si precisa che in base a quanto definito nello stesso D.M. 5/11/2001, le distanze così calcolate valgono sia in rettifilo che in curva.

Per il tempo complessivo di percezione e reazione si assumono valori linearmente decrescenti con la velocità ottenuti con la relazione:

$$\tau = (2,8 - 0,01\mathrm{V}) \quad (\mathrm{s}) \tag{5.4}$$

dove V è la velocità espressa in km/h.

Inoltre, in situazioni particolari quali incroci o tratti di difficile lettura ed interpretazione (intersezioni complesse, innesti o deviazioni successive ecc.) il tempo ottenuto con la Eq. (5.4) va maggiorato di 1 secondo nel caso di strada extraurbana e fino a 3 secondi in ambito urbano.

Le Fig. 5.12, 5.13 e 5.14 riportano le distanze di visibilità per l'arresto calcolate come sopra, in funzione di un valore costante di pendenza longitudinale. In caso di variabilità di tale pendenza (raccordi verticali), si può assumere per essa il valore medio.

Le curve rappresentate nelle Fig. 5.13 e 5.14 sono state ottenute per il caso di arresto di una autovettura le cui caratteristiche di resistenza aerodinamica (con riferimento ad una autovettura media) sono:

- C_X = coefficiente aerodinamico = 0,35
- S = superficie resistente = 2,1 (m^2)
- m = massa del veicolo = 1250 (kg)
- r = massa volumica dell'aria in condizioni standard = 1,15 $(\mathrm{kg/m}^3)$

In queste condizioni, esprimendo la velocità V in km/h si ottiene la seguente espressione contemplata dal D.M. 05/11/2001:

$$\frac{\mathrm{Ra}}{\mathrm{m}} = 2,61 \times 10^{-5} \times \mathrm{V}^2 \quad (\mathrm{N/kg}) \tag{5.5}$$

Tenuto conto della complessità della Eq. (5.2), la distanza di arresto può essere calcolata con la seguente espressione semplificata [2] che fornisce valori sostanzialmente identici a quelli stimabili con le Fig. 5.13 e 5.14:

$$\mathrm{D_A} = 0,78 \cdot \mathrm{V} - 0,0028 \cdot \mathrm{V}^2 + \frac{\mathrm{V}^2}{254 \cdot (\mathrm{f_e} \pm i)} \tag{5.6}$$

Essendo f_e il coefficiente equivalente i cui valori sono riportati in Tab. 5.9 in funzione del tipo di strada e della velocità di progetto V.

Fig. 5.12 Quota del coefficiente di aderenza disponibile longitudinalmente su strade di varie categorie (D.M. 05/11/2001)

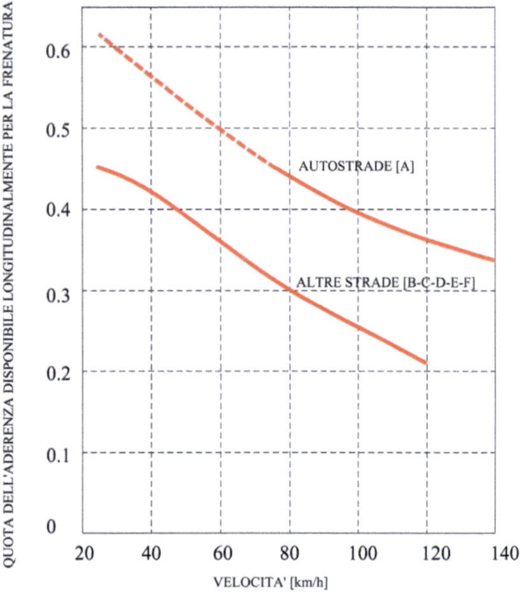

Fig. 5.13 Valori della distanza di visibilità per l'arresto per le autostrade

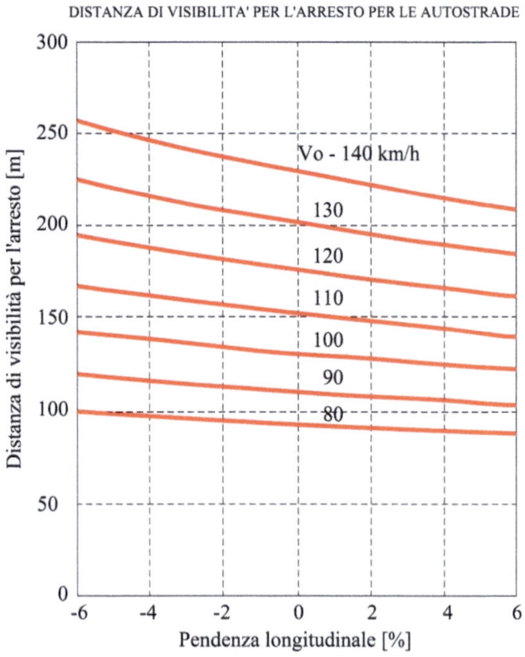

Fig. 5.14 Valori della distanza di visibilità per l'arresto per le altre strade

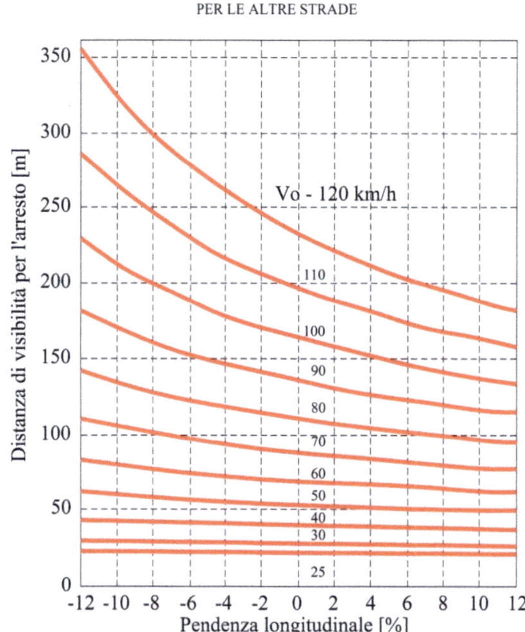

Tabella 5.9 Valori del coefficiente equivalente

V (km/h)	Coefficiente equivalente f_e	
	Autostrade	Altre strade
30	–	0,51
40	–	0,48
50	–	0,46
60	–	0,43
70	–	0,40
80	0,51	0,38
90	0,49	0,36
100	0,47	0,35
110	0,46	0,33
120	0,45	0,31
130	0,44	–
140	0,43	–

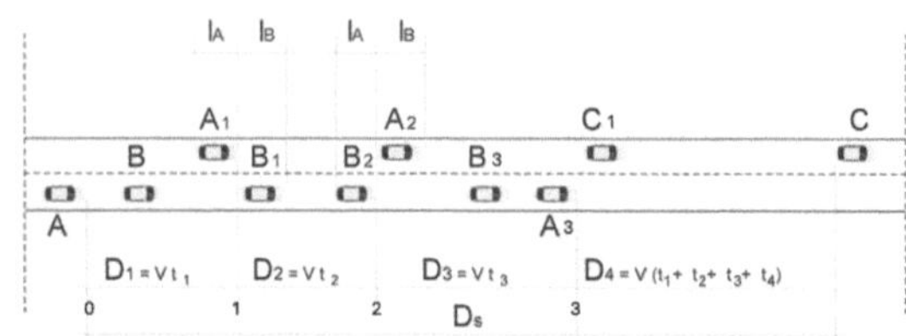

Fig. 5.15 Schema della manovra di sorpasso in velocità

5.8.2 Distanza di visibilità per il sorpasso

Nelle strade extraurbane ad unica carreggiata con doppio senso di marcia, la distanza di visibilità per il sorpasso deve essere garantita per una opportuna e determinata percentuale di sviluppo del tracciato, in relazione al flusso di traffico che può essere smaltito con il livello di servizio assegnato ed in misura, comunque, non inferiore al 20%.

La distanza di visibilità per il sorpasso si valuta con la seguente espressione:

$$Ds = 20 \cdot v = 5,5 \cdot V \quad (m) \tag{5.7}$$

dove:

v (m/s) e V(km/h) indicano la velocità di progetto desunta puntualmente dal diagramma delle velocità di progetto. La velocità di progetto viene assunta come valore di velocità tenuta dal veicolo sorpassante (A) e dal veicolo proveniente dal senso di marcia opposto (C).

La distanza Ds deriva dalla valutazione dei seguenti tratti elementari (Fig. 5.15):

- D_1 = distanza percorsa dal veicolo A che effettua il sorpasso, dall'inizio della manovra fino alla posizione 1 (A1) nella quale il suo paraurti anteriore è allineato con quello posteriore del veicolo B che sta per essere sorpassato. Il modello ipotizza che questa fase abbia una durata t1 = 4 secondi;
- D_2 = distanza percorsa dalla posizione precedente fino alla posizione 2 in cui il paraurti posteriore del veicolo A (posizione A2) è allineato con quello anteriore del veicolo B (posizione B2). Questa distanza è percorsa in un tempo t2 che dipende dalla lunghezza l_A e l_B dei due veicoli coinvolti e dalla differenza tra le loro velocità Δv. La norma italiana assume t2 = 2 secondi
- D_3 = distanza percorsa dal veicolo A dalla posizione 2 fino al rientro nella corsia di marcia. La norma assume t3 = 4 secondi.

In definitiva, tenuto conto anche dello spazio percorso dal veicolo C durante il tempo di sorpasso del veicolo A, si ottiene Ds = D_1 + D_2 + D_3 + D_4 = 2 · v · (4 + 2 + 4) = 20 · v, ovvero l'Eq. (5.7).

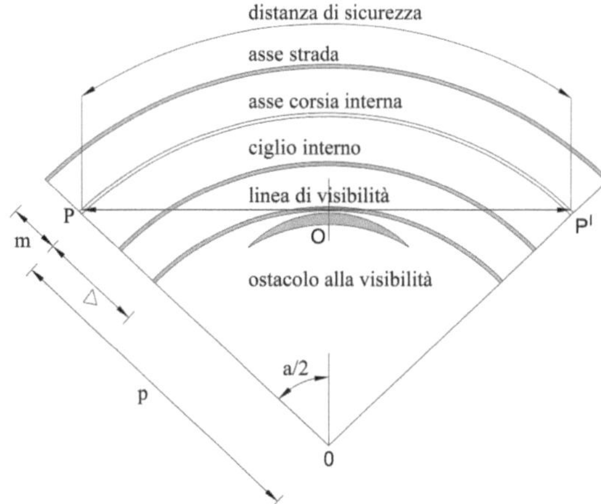

Fig. 5.16 Controllo della visibilità in curva

5.9 Soluzioni progettuali per garantire la visibilità per l'arresto anche in presenza di barriere di sicurezza

Il D.M. 5/11/2001 precisa che indipendentemente dal tipo di strada e dall'ambito (extraurbano o urbano), lungo tutto il tracciato deve essere assicurata la distanza di visibilità per l'arresto in condizioni ordinarie.

Il suddetto D.M. precisa inoltre che, ai fini delle verifiche delle visuali libere, la posizione del conducente deve essere sempre considerata al centro della corsia da lui impegnata e l'altezza del suo occhio è convenzionalmente posta a 1,10 m dal piano viabile. Nella valutazione della distanza di visibilità per l'arresto, l'ostacolo va collocato ad un'altezza di 0,10 m dal piano viabile e sempre lungo l'asse della corsia del conducente.

Per la distanza di visibilità per il sorpasso, l'ostacolo mobile va invece collocato nella corsia opposta, ipotizzando un'altezza pari a 1,10 m.

Ciò premesso, al fine di poter garantire la visibilità per l'arresto, può essere necessario distanziare in modo opportuno la barriera dal ciglio della carreggiata, considerato che la sua altezza (Fig. 5.2) spesso risulta maggiore di quella dell'occhio del conducente (1,10 m) e quindi in molti casi la barriera costituisce un vero e proprio ostacolo alla visibilità.

A tal riguardo si può fare riferimento alla Fig. 5.16; [2] nella quale si evidenzia la distanza Δ tra asse corsia interna alla curva e l'ostacolo (in questo caso la barriera), richiesta affinché si possa assicurare la distanza di visibilità desiderata D (distanza di arresto Da o in certi casi di sorpasso Ds) desunta in base alla velocità di progetto della curva.

Il valore di Δ può essere calcolato con l'espressione [2]:

$$\Delta = p\left(1 - \cos\frac{D}{2p}\right) \tag{5.8}$$

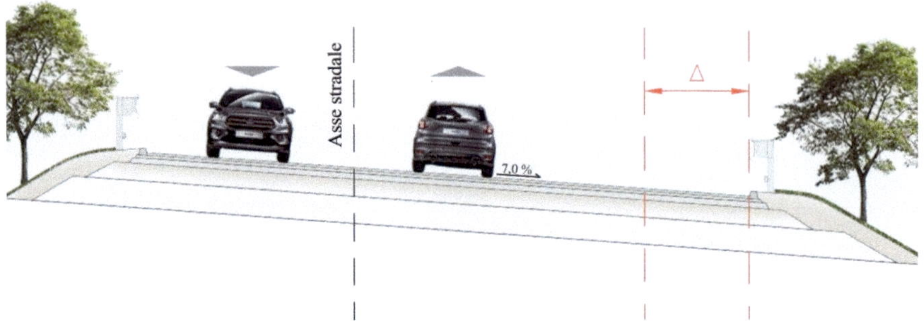

Fig. 5.17 Schema di allargamento della piattaforma

Essendo p il raggio in asse corsia ed m la semi larghezza della corsia (p = R − m, essendo R il raggio in asse strada). Nel caso in cui si voglia garantire la visuale libera per l'arresto, nella Eq. (5.8) si deve porre D = Da.

Le soluzioni attuabili per garantire che le condizioni di visibilità siano soddisfatte in presenza di barriere poste sui cigli stradali di sezioni in rilevato sono principalmente due, realizzabili principalmente su strade di nuova costruzione, ovvero:

- allargamento della piattaforma (soluzione meno onerosa);
- allargamento dell'arginello.

Le due soluzioni geometriche sono descritte più in dettaglio nei successivi paragrafi.

5.9.1 *Soluzione 1: allargamento della piattaforma*

Un possibile intervento tecnico è quello di prevedere l'allargamento della piattaforma sino al raggiungimento del valore "Δ" richiesto dalla verifica di visibilità. Si precisa che in questo caso con Δ si indica il valore dell'allargamento della piattaforma (Fig. 5.17) rispetto alla originaria larghezza prescritta per la categoria stradale di appartenenza della strada in studio (cfr. Cap. 1). La zona allargata Δ deve essere opportunamente trattata con segnaletica orizzontale e/o con trattamenti superficiali della pavimentazione e/o con l'apposizione di delineatori di margine, in modo da mantenere invariata la larghezza originaria della banchina ed evitare che la fascia in allargamento possa essere utilizzata in modo improprio dagli utenti; si deve, cioè, evitare che tale zona allargata possa essere invasa e percorsa dai veicoli.

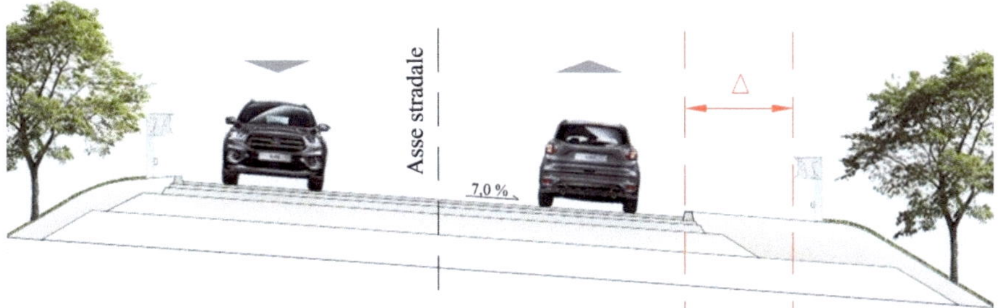

Fig. 5.18 Schema di allargamento dell'arginello

5.9.2   Soluzione 2: allargamento dell'arginello

La seconda soluzione, in genere più impegnativa sia a livello economico che tecnico, prevede di allargare l'arginello esistente (o prescritto da norma, cfr. Tab. 5.7) in modo da ottenere il valore "Δ" desiderato e consentire in tal modo di poter garantire la distanza di visibilità per l'arresto. Si precisa che adesso con Δ si indica la distanza laterale tra il ciglio della piattaforma (limite banchina, Fig. 5.18) e la posizione della barriera.

5.10   Configurazione della sezione stradale su opera d'arte

In merito all'installazione dei dispositivi di ritenuta su ponti e viadotti, di seguito si riportano le prescrizioni del D.M. 5/11/2001:

   "*A margine della piattaforma delle strade extraurbane e delle autostrade urbane devono essere predisposti dispositivi di ritenuta e/o parapetti di altezza non inferiore a m. 1,00*" (Fig. 5.19).

   "*Inoltre, deve essere valutata l'opportunità di predisporre una adeguata protezione del traffico sottostante, sia esso stradale o ferroviario, con l'adozione di reti di conveniente altezza. Qualora si tratti di strade urbane di tipo D, occorre introdurre sul lato destro di ciascuna carreggiata e al di là della banchina un marciapiede, di larghezza adeguata ma non minore di metri 1,50, delimitato verso la banchina da un ciglio sagomato e protetto da dispositivo di ritenuta invalicabile*" (Fig. 5.20).

   "*Il ciglio in figura può essere eliminato qualora si adottino barriere continue in calcestruzzo.*

   Nelle strade tipo E ed F in ambito urbano e nelle strade di servizio delle autostrade urbane e delle strade di scorrimento, il marciapiede sarà delimitato verso la banchina da un ciglio non sormontabile sagomato (cordolo se marciapiede a raso), di altezza non superiore a 15 cm e con parapetto o barriera parapetto al limite esterno" (Fig. 5.21).

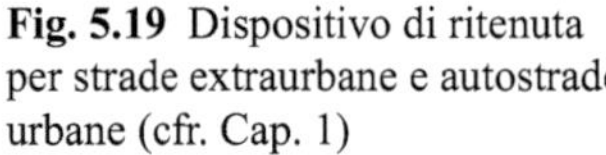

Fig. 5.19 Dispositivo di ritenuta per strade extraurbane e autostrade urbane (cfr. Cap. 1)

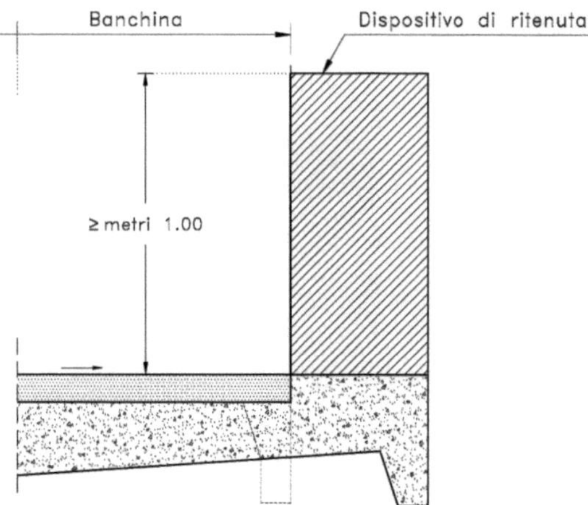

Fig. 5.20 Dispositivo di ritenuta per strade urbane di tipo D in presenza di marciapiede pedonale (cfr. Cap. 1)

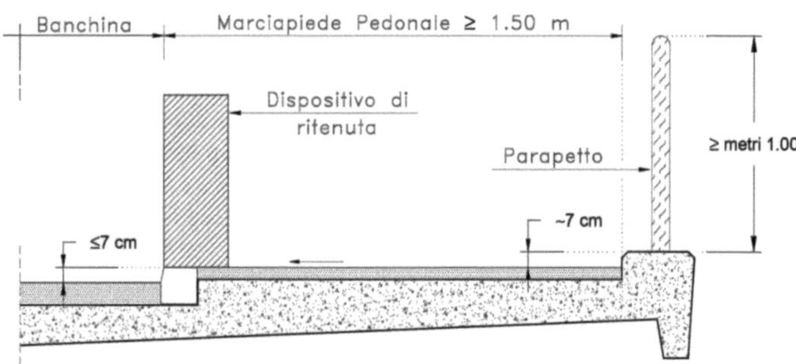

Un altro utile riferimento normativo è costituito dalle NTC2018 e ss.mm.ii. [3, 4] che specifica quanto segue:

"Le barriere di sicurezza stradali e gli elementi ai quali sono collegate devono essere dimensionati in funzione della classe di contenimento richiesta per l'impiego specifico dalle normative nazionali applicabili. Al fine di garantire il rispetto del requisito di resistenza meccanica e stabilità, si potranno utilizzare solo dispositivi di ritenuta stradale in possesso di idonea qualificazione ai sensi della normativa comunitaria o nazionale applicabile. Nella progettazione dell'impalcato si dovrà tenere conto:

- *della tipologia di barriera di sicurezza prescelta;*
- *della necessità di garantire uno spazio di lavoro tale da permettere la traslazione e il sostegno del veicolo in svio ed anche dei moduli di barriera coinvolti prevedendo una prosecuzione del cordolo per una larghezza trasversale retro-barriera almeno pari a quella utilizzata nella prova di qualificazione;*
- *delle modalità di ancoraggio e di funzionamento della barriera prescelta e della sua compatibilità, anche nel caso di impalcato non rettilineo, al fine di garantire un funzionamento "a catena" dell'intera tratta minima individuata nei test dal vero.*

Nella progettazione esecutiva andranno altresì recepite tutte le prescrizioni di installazione e manutenzione contenute nel documento di qualificazione del dispositivo. Per tutte le operazioni di sostituzione o adeguamento dei dispositivi di ritenuta

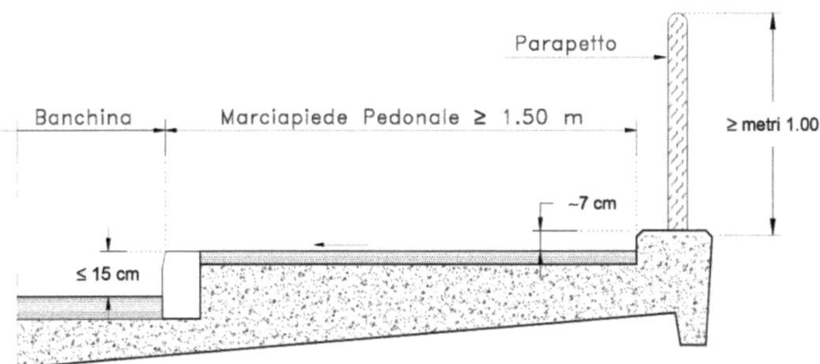

Fig. 5.21 Configurazione della piattaforma per strade tipo E ed F in ambito urbano e nelle strade di servizio delle autostrade urbane e delle strade di scorrimento (cfr. Cap. 1)

stradale valgono le prescrizioni precedenti. In caso di ripristino di parti localizzate di un sistema di ritenuta, danneggiate a seguito di eventi incidentali, prima di procedere al ripristino con elementi identici o equivalenti ma comunque compatibili con quelli già installati, si rende necessaria da parte del progettista una valutazione del comportamento offerto dalla barriera nell'evento che ha causato il danneggiamento, per valutarne l'efficacia in termini di prestazioni ai sensi della normativa nazionale vigente e tenuto conto della effettiva composizione prevalente del traffico e della conseguente classe di contenimento.

Utile e immediato a garantire le richieste minime di resistenza al piede della barriera è la riproduzione delle tipologie di vincolo effettivamente utilizzate nella positiva sperimentazione documentata da prove eseguite ai sensi della UNI EN 1317-2."

Per una puntuale valutazione delle forze agenti sui dispositivi di ritenuta ai fini delle verifiche strutturali dei ponti si rimanda alle stesse NTC2018 e ss.mm.ii. [3, 4]. Infine, si ricorda che anche nelle sezioni stradali su opera d'arte devono essere soddisfatte le condizioni di visibilità prescritte dal D.M. 5/11/2001. Su queste particolari sezioni stradali, la visuale libera potrebbe essere limitata proprio dalla presenza delle barriere bordo ponte e pertanto talvolta si richiedono specifici allargamenti della sezione trasversale per garantire la distanza di visibilità per l'arresto, calcolata come specificato al precedente § 5.8.1.

5.11   Lunghezze minime di installazione delle barriere di sicurezza

Le barriere di sicurezza, una volta installate sulle strade di nuove realizzazioni o su quelle esistenti, devono avere una estensione minima (compresi gli eventuali ancoraggi previsti durante le prove di crash) almeno pari a quella indicata nella documentazione prodotta per il rilascio della marcatura CE (cfr. Cap. 8), compatibilmente con i vincoli locali e con l'effettiva estensione della zona da proteggere che deve essere definita dal progettista della sistemazione dei dispositivi.

Nei casi in cui non risulti possibile installare la barriera nel rispetto della lunghezza minima del dispositivo di ritenuta, così come indicato nei rapporti di prova, nel progetto dovrà essere indicato il tratto in "deroga" giustificando le ragioni legate all'adozione di una lunghezza ridotta (generalmente legate, nel caso di strade esistenti, alla morfologia, alla geometria, o alle condizioni critiche di impianto). A questo riguardo, si rammenta che, ai sensi della norma UNI EN 1317-5, la lunghezza minima di installazione di un dispositivo deve essere costituita da un tratto centrale e da *due ali* (tratto di inizio e fine) che consentono al tratto centrale di esplicare in pieno le sue funzioni in tutto il suo sviluppo nella configurazione di prova. Lo sviluppo delle ali viene assunto pari ad 1/3 della estensione minima del dispositivo indicata nella documentazione relativa alla marcatura CE, ad eccezione dei casi nei quali questa documentazione indichi valori diversi.

Le parti estreme delle "ali" del dispositivo sono in generale costituite dai terminali di avvio che potranno essere dimensionati anche per assolvere, se previsto nelle prove di crash, alla funzione di ancoraggio. Il progettista potrà prevedere la *sostituzione dei terminali di avvio con terminali speciali* testati (cfr. Tabella C – Terminali speciali testati di cui al DM 21/06/2004), in particolare laddove la posizione dei terminali risulti inadeguata per l'inserimento di un terminale di avvio. A tal riguardo, è utile far riferimento alle indicazioni dell'art. 6 del D.M. 2367 del 21/06/2004: *"laddove non sia possibile installare un dispositivo con una lunghezza minima pari a quella effettivamente testata (per esempio ponti o ponticelli aventi lunghezze in alcuni casi sensibilmente inferiori all'estensione minima del dispositivo), sarà possibile installare una estensione di dispositivo inferiore a quella effettivamente testata, provvedendo però a raggiungere la estensione minima attraverso un dispositivo diverso (per esempio testato con pali infissi nel terreno), ma di pari classe di contenimento (o di classe ridotta – H3 – nel caso di affiancamento a barriere bordo ponte di classe H4), garantendo inoltre la continuità strutturale. L'estensione minima che il tratto di dispositivo "misto" dovrà raggiungere sarà costituita dalla maggiore delle lunghezze prescritte nelle omologazioni dei due tipi di dispositivo da impiegare."*

Nel caso in cui sia previsto l'accoppiamento di barriere bordo ponte (dispositivo principale) con barriere bordo rilevato (dispositivo secondario), sarà possibile prevedere una estensione del dispositivo principale inferiore a quella effettivamente testata, provvedendo però a raggiungere l'estensione minima collegando al dispositivo principale, mediante una idonea transizione, un dispositivo secondario diverso (per esempio testato con pali infissi nel terreno), ma di pari classe di contenimento e garantendo inoltre la continuità strutturale almeno degli elementi longitudinali principali, costituendo in questo modo un "dispositivo misto". Analogamente le "ali" del dispositivo da porre a monte/valle della zona da proteggere potranno essere realizzate mediante un dispositivo misto. Il dispositivo misto potrà essere costituito da un dispositivo principale connesso ad un dispositivo secondario di una classe immediatamente inferiore solo a condizione che la classe adottata per il dispositivo principale risulti superiore a quella minima prevista dal DM 21/06/2004 (Tab. 5.3). L'estensione minima che il tratto di dispositivo misto dovrà raggiungere è pari alla maggiore delle estensioni minime indicate nella documentazione prodotta per il rilascio della marcatura CE dei due tipi di dispositivo impiegati.

Nel caso in cui, per particolari condizioni locali, non sia possibile prevedere una barriera di lunghezza almeno pari alla lunghezza minima di funzionamento o sui luoghi non si può installare una lunghezza delle "ali" pari ad almeno 1/3 della lunghezza minima di funzionamento, il progettista della sistemazione dei dispositivi dovrà prevedere idonei sistemi di ancoraggio delle parti terminali atti a compensare l'effetto della ridotta lunghezza della barriera (come, ad esempio, l'infittimento dei montanti). L'estensione complessiva della barriera non potrà comunque essere inferiore alla lunghezza della parte deformata rilevata durante la prova del veicolo pesante, salvo risoluzione di particolari condizioni locali opportunamente motivata dal progettista della sistemazione dei dispositivi.

Anche le analisi in simulazioni possono costituire un valido strumento per la verifica della funzionalità dei dispositivi di ritenuta nei casi in cui non risulti possibile installare sui luoghi una barriera avente lunghezza almeno pari a quella minima desunta dalle prove al vero. Queste analisi saranno descritte più ampiamente nel Cap. 9.

5.12   Elaborati progettuali per i progetti esecutivi

Il Decreto del Ministero dei Lavori Pubblici n° 223 del 18 febbraio 1992 e ss.mm. ii (Cap. 3) all'art. 2 stabilisce che "*i progetti esecutivi relativi alle strade pubbliche extraurbane e a quelle urbane con velocità di progetto maggiore o uguale a 70 km/h devono comprendere un apposito allegato progettuale, completo di relazione motivata sulle scelte, redatto da un ingegnere, riguardante i tipi delle barriere di sicurezza da adottare, la loro ubicazione e le opere complementari connesse (fondazione, supporti, dispositivi di smaltimento delle acque, ecc.), nell'ambito della sicurezza stradale*".

Nello specifico, gli elaborati tecnici relativi ai dispositivi di ritenuta da redigere in fase di progettazione esecutiva (cfr. Nuovo Codice Appalti, D.Lgs. 36/2023) sono i seguenti:

- *relazione tecnica sui dispositivi di ritenuta* nella quale sono elencati gli ostacoli presenti ai margini della strada (trincee, opere di scolo della acque, portali della segnaletica, pali di illuminazione non cedevoli, presenza di spalle di ponti o pile, ecc.) e la loro ubicazione, le ragioni che hanno portato a proteggere certi tratti stradali, le barriere adottate (specificando le classi – scelte sulla scorta degli studi sul traffico – ed i livelli di larghezza utile) ed il loro posizionamento, la risoluzione delle problematiche legate alla visibilità, ecc. In sintesi, la Relazione tecnica sui dispositivi di ritenuta stradale (detta anche Relazione del PSS) deve contenere e trattare almeno i seguenti argomenti:
  - i riferimenti normativi pertinenti al caso trattato;
  - indicazione della categoria di strada ai sensi dell'art. 2 del CdS (D.Lvo 285/92 e s.m.i.);
  - indicazione sul TGM e sulla percentuale di mezzi pesanti di massa superiore a 3,5 t;
  - specificazione delle diverse classi di barriere da utilizzare sui diversi tratti elementari, desunte in funzione del tipo di strada e del tipo di traffico come definito nella tabella A del D.M. 21/06/2004 (Tab. 5.3);

Tabella 5.10 Esempio di tabulato sintetico riguardante l'ubicazione dei dispositivi di ritenuta

PROGRESSIVE CHILOMETRICHE		TIPO E CLASSE BARRIERA STRADALE (DM 21/06/2004)	DESCRIZIONE	LUNGHEZZA (m)	NOTE
PK INIZIALE	PK FINALE				
x + xxx	x + xxx	H1,...H4 BL/BP/ SPT	...	...	...
x + xxx	x + xxx	H1,...H4 BL/BP/ SPT	...	...	...
x + xxx	x + xxx	H1,...H4 BL/BP/ SPT	...	...	...
...	...	......	......	......	......

- breve descrizione dell'intervento sulle barriere da effettuare (manutenzione straordinaria o nuova opera);
- descrizione delle condizioni al contorno al fine di verificare in particolare la congruenza delle barriere con il tipo di supporto, il tipo di strada, le manovre ed il traffico prevedibile su di essa e le condizioni geometriche esistenti;
- descrizione degli eventuali interventi di adeguamento del supporto (cordolo o terreno di infissione);
- descrizione della geometria e delle condizioni dell'arginello al fine di poter giustificare l'uso di particolari soluzioni tecniche qualora le condizioni del supporto esistente siano non paragonabili a quelle rilevate nel corso delle prove al vero.

In Tab. 5.10 si riporta un esempio di tabulato utile alla identificazione dell'ubicazione delle barriere nella tratta oggetto di intervento, da redigere unitamente agli elaborati grafici ed in particolare alla "Planimetria di Progetto dei dispositivi di ritenuta".

Con riferimento alle scelte progettuali inerenti i punti singolari, deve sempre essere dimostrato, con calcoli e considerazioni tecniche, l'eventuale necessità di adattamento della soluzione marcata CE, o definita nei rapporti di prova, alle condizioni del caso in esame. Per i seguenti punti singolari occorre fornire la documentazione appresso evidenziate in grassetto:

- zone di rilevato con spazi a tergo inferiori a quelli indicati nei rapporti di prova;
- lunghezza ridotta delle protezioni per motivi di spazio esistente, sempre in rapporto a quelle di prova;
- giunti dei ponti;
- transizioni;
- terminali semplici e speciali.
- **piano di indagini geognostiche del supporto** (cfr. Cap. 12) di barriere con paletti infissi nel terreno, ed indagini strutturali sui manufatti per le barriere su opera d'arte (ponti e viadotti).
- **schede di rilievo delle barriere di sicurezza esistenti:** elaborati integrativi, in varie scale di rappresentazione, in cui devono essere riportate informazioni relative almeno alla tipologia e alla classe della barriera installata.

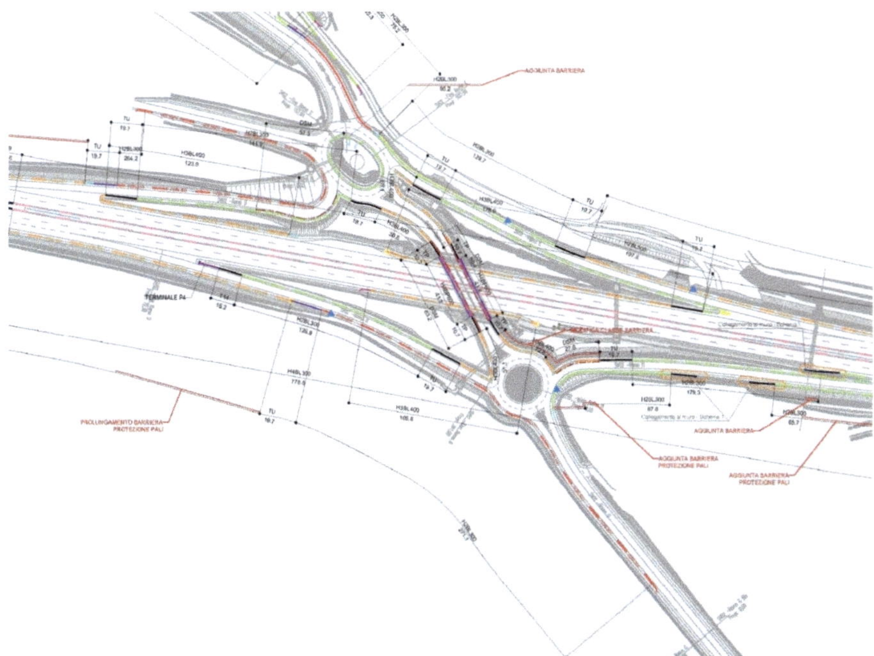

Fig. 5.22 Esempio di planimetria di progetto delle barriere e della segnaletica stradale

- **planimetria dello stato di fatto** in cui si dovrà riportare l'indicazione di inizio e fine delle tratte di applicazione dei dispositivi di ritenuta esistenti con evidenza almeno della tipologia e della classe di contenimento qualora sia riscontrabile in base alla documentazione e ai rilievi disponibili.
- **planimetria delle barriere di sicurezza** nella quale sono specificati: tipi di barriere (classe in base ai Lc su rilevato, ponte, galleria) e loro estensione (lunghezza), progressiva iniziale e progressiva finale; tipi di attenuatori d'urto e loro ubicazione, sistemazione dei dispositivi in corrispondenza di punti singolari quali pile e spalle di ponti, intersezioni ed accessi, ecc. La planimetria deve essere redatta in scala 1:1000 o 1:2000 (Fig. 5.22);
- **eventuale monografia delle barriere di sicurezza** nella quale vanno riportate informazioni analoghe a quelle descritte per la planimetria, ma in questo caso la rappresentazione prevede la linearizzazione dell'asse stradale (Fig. 5.23);
- **sezioni tipo stradali e particolari costruttivi** in cui sono riportati (in scala 1:50) il posizionamento della barriera in sezione corrente (rilevato, trincea, viadotti e gallerie) ed in corrispondenza di punti singolari. In esse devono essere evidenti gli spazi disponibili a tergo della barriera e le soluzioni eventualmente adottate per garantire la congruità con i parametri dei rapporti di prova.
- **schemi tipologici delle barriere:** in questi schemi sono desumibili importanti informazioni quali i disegni tipologici delle barriere, delle transizioni e dei terminali.

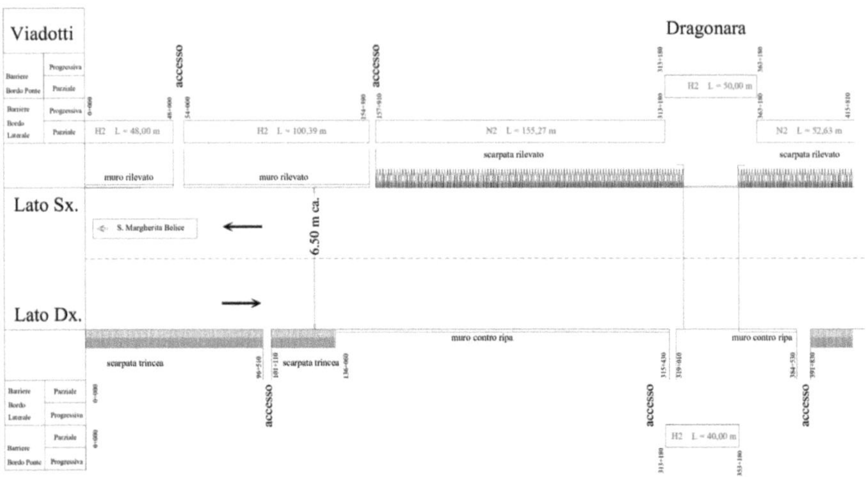

Fig. 5.23 Esempio di monografia delle barriere di sicurezza

Inoltre, per i seguenti dispositivi è necessario fornire ulteriori informazioni, ovvero:
- **per gli attenuatori d'urto:**
  - tipologia (redirettivo/non-redirettivo);
  - classe di prestazione e di severità dell'urto;
  - larghezza dell'attenuatore (in relazione alla larghezza dell'ostacolo);
  - lunghezza globale dell'attenuatore (ingombro);
- **per i terminali speciali:**
  - tipologia funzionale (assorbente energia o non-assorbente energia);
  - caratteristica (unidirezionale/bidirezionale; iniziale/finale):
  - classe di prestazione e di severità dell'urto;
  - lunghezza globale del terminale (ingombro);
  - lunghezza minima della barriera collaborante.

Oltre agli elaborati sopra elencati, fanno ovviamente parte del progetto gli ulteriori elaborati previsti dalla normativa che definisce i documenti minimi componenti il progetto esecutivo (D.lgs. 31 marzo 2023 n. 36 [5]).

Riferimenti bibliografici

[1] AASHTO (2011) Roadside design guide, 4 edn.
[2] Esposito T, Mauro R, Corradini M (2022) La progettazione geometrica delle strade. Edizioni Efesto
[3] D.M. 14/01/2008 Norme tecniche per le costruzioni (NTC 2018)
[4] D.M. 17/1/2018 Aggiornamento delle "Norme tecniche per le costruzioni" (G.U. n. 42 del 20 febbraio 2018 – S.O. n. 8)
[5] D.lgs. 31 marzo 2023n . 36. Codice dei contratti pubblici in attuazione dell'articolo 1 della legge 21 giugno 2022, n. 78

Chapter 6
Le figure coinvolte nei progetti dei dispositivi di ritenuta

Indice

6.1 Alcune considerazioni preliminari in tema di responsabilità 92
6.2 Il Progettista... 93
6.3 Il Direttore dei Lavori 93
6.4 Il Responsabile del Procedimento 94
6.5 Il Collaudatore 95
Riferimenti bibliografici.. 96

Abstract *In questo capitolo si descrivono i principali compiti e le responsabilità dei diversi soggetti coinvolti nelle fasi di progettazione dei dispositivi di ritenuta, con un particolare focus alle figure del progettista, del direttore dei lavori, del responsabile dei lavori e del collaudatore.*

Le risorse professionali che partecipano a vario titolo alla progettazione e alla realizzazione del PSS (progetto di sistemazione su strada dei dispositivi di sicurezza passiva) operano nel rispetto di principi gerarchici, funzionali, relazionali, produttivi e deontologici che, sebbene richiamati dalle norme, possono essere facilmente sintetizzati mediante l'elaborazione di una matrice RAM (Responsibility Assignment Matrix) dedotta dalla combinazione di due strutture: la struttura del lavoro (Work Breakdown Structure – WBS) e la struttura organizzativa (Organization Breakdown Structure – OBS) (Fig. 6.1).

Con riferimento alla tipologia di interventi in argomento, la struttura organizzativa (OBS) è generalmente composta dalle seguenti figure:

* Responsabile del procedimento (R.P.);
* Coordinatore della Sicurezza in fase di Esecuzione (C.S.E.);
* Direttore dei Lavori (D.L);
* Direttore Operativo (D.O.);
* Ispettore di Cantiere (I.C.);

N. Dinnella, M. Guerrieri (Hrsg.), *I dispositivi di ritenuta e le barriere di sicurezza stradali*,
https://doi.org/10.1007/978-3-032-10710-7_6

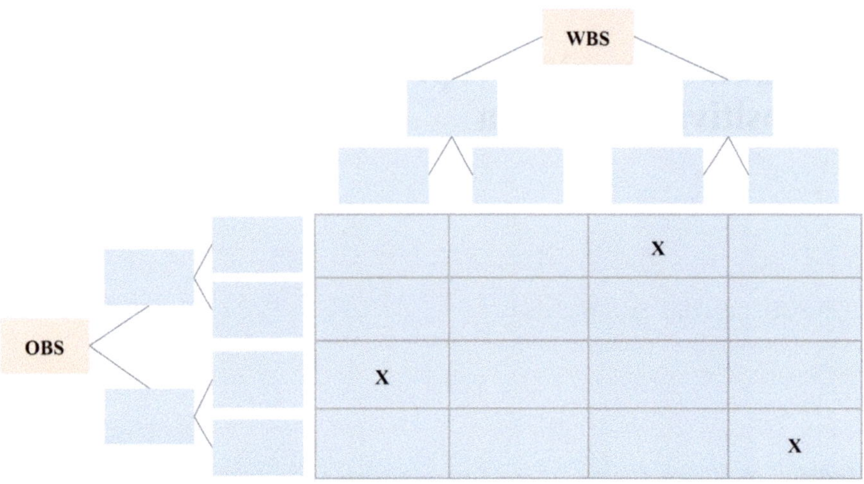

Fig. 6.1 Esemplificazione di OBS e WBS

- Progettista;
- Direttore Tecnico Impresa Esecutrice (D.T.);
- Collaudatore.

La scomposizione della struttura del lavoro (WBS), invece, intesa come esplicitazione dei principali compiti e responsabilità affidati ad ognuna delle suddette risorse tecniche, è dettagliata nei prossimi paragrafi.

6.1   Alcune considerazioni preliminari in tema di responsabilità

Il frequente coinvolgimento nei procedimenti civili e penali di soggetti e di figure coinvolte a vario titolo nel progetto dei dispositivi di ritenuta impone una inderogabile necessità di ridurre il più possibile i rischi legati all'accertamento delle responsabilità (conseguenti ad incidenti stradali con esito grave), conseguenti a una non idonea o non corretta installazione delle barriere di sicurezza.

Fatta questa doverosa premessa, si ritiene auspicabile:

- eliminare ogni incertezza in merito alla certificazione di corretta installazione e montaggio, in quanto tale incertezza può rallentare o bloccare il collaudo, e determinare l'insorgere di contenziosi;
- individuare e informare le diverse figure professionali sui rischi derivanti da verifiche parziali o addirittura mai effettuate;
- standardizzare le procedure di verifica propedeutiche per il rilascio della certificazione di cui all'art. 79, c. 17, del d.P.R. n. 207/2010, all'art. 18, c. 22, dell'Allegato II.12 al d. lgs n. 36/2023 e all'art. 15, c. 1, lett. p), dell'Allegato II.14 al medesimo decreto.

6.2   Il Progettista

Il Progettista rappresenta la prima figura coinvolta nel processo progettuale ed ha il compito di redigere il Progetto Esecutivo dei Dispositivi di Ritenuta, comprensivo del cosiddetto PSS.

In base all'art. 2 del DM 223/92, il Progettista ha l'onere di contestualizzare il sito o l'opera in cui saranno installati i dispositivi di ritenuta. Egli dovrà valutare, tra gli altri, i seguenti principali aspetti:

- elenco dei tratti da proteggere con dispositivi di ritenuta;
- classe minima di contenimento nei vari tratti;
- lunghezza d'installazione, lunghezza di ancoraggio, tratto per tratto;
- lunghezze di ancoraggio ridotte e tipologia dei terminali (in terreno o rigido);
- larghezza di lavoro dei dispositivi di ritenuta;
- considerazioni sulla resistenza del terreno in relazione a quella di crash test;
- resistenza del cordolo in relazione a quella di crash test;
- caratteristiche dei supporti in c.a. mediante calcoli strutturali;
- transizioni tra le varie barriere e con eventuali barriere esistenti;

Il progettista dovrà inoltre redigere la planimetria esplicativa delle tipologie e delle lunghezze di posa. Per ognuno dei suddetti elementi dovranno essere presentate le indicazioni normative e le valutazioni tecniche supportate da calcoli o da simulazioni computazionali.

6.3   Il Direttore dei Lavori

Il Direttore dei Lavori (DL) è la figura che risulta coinvolta nel processo che va dalla progettazione fino al collaudo dei lavori. Nello specifico, il Direttore dei Lavori ha il compito di verificare che quanto previsto dal progetto di sistemazione su strada dei dispositivi di ritenuta sia attuabile; controlla inoltre che l'installazione da parte dell'impresa esecutrice avvenga secondo le indicazioni riportate nel progetto esecutivo.

In particolare, con riferimento alle condizioni di installazione dei dispositivi di ritenuta, il DL deve porre particolare attenzione a:

- lunghezza minima di installazione;
- zone di transizione tra diverse tipologie e classi di barriere stradali;
- ubicazione corretta dei terminali semplici e/o terminali speciali.

Inoltre, qualsiasi azione che alteri o introduca elementi diversi da quelli di progetto, deve essere dettagliata da un elaborato progettuale e/o nota descrittiva.

Altri compiti di rilevante importanza sono i seguenti:

- verificare la validità dei Certificati CE dei dispositivi di ritenuta;
- verificare il comportamento del dispositivo dai rapporti di prova;
- adattare il dispositivo alla installazione prevista.

È utile poi evidenziare che *"Alla fine dei lavori di posa in opera dei dispositivi, entro quindici giorni salvo diversa disposizione contrattuale, il Direttore dei lavori dovrà dare corso ad una specifica accettazione relativa alla fornitura e posa in opera dei dispositivi di ritenuta, tenendo conto sia del contenuto del progetto sia di quanto indicato nel manuale di installazione che dovrà essere conforme alle prescrizioni del Decreto Ministeriale 28 giugno 2011. Il Direttore dei lavori, fatti salvi gli adempimenti della fase di collaudo, ha facoltà di richiedere all'esecutore dei lavori la documentazione o gli ulteriori accertamenti ritenuti necessari."*

Nell'ambito di un lavoro di manutenzione straordinaria eseguito su barriere stradali, il Direttore dei Lavori dovrà anche redigere il verbale di corretta posa in opera, previsto dall'art. 5 del DM 21/06/2004 [1], che dovrà successivamente trasmettere al Responsabile del Procedimento.

6.4   Il Responsabile del Procedimento

Il responsabile del Procedimento (RP) è il soggetto nominato dal Committente per svolgere i compiti a lui attribuiti dall'art. 31 del D. Lgs. 50/2016 [2] nonché dalla Legge 7 agosto 1990, n. 241 e dalle Linee Guida n. 3 dell'A.N.A.C (Delibera n. 1096 del 26 ottobre 2016), ovvero la gestione della programmazione, progettazione, affidamento ed esecuzione delle opere afferenti all'appalto affidato. Oltre ai compiti specificamente previsti dalle norme, al RP spettano anche i seguenti adempimenti:

- formulare proposte e fornire dati e informazioni per predisporre il programma contrattuale;
- curare, in ciascuna fase di attuazione degli interventi, il controllo sui livelli di prestazione, qualità e prezzo determinati in coerenza alla copertura finanziaria e ai tempi di realizzazione pianificati;
- sorvegliare l'efficiente gestione economica dell'intervento;
- proporre al committente la conclusione di un accordo di programma, ai sensi delle norme vigenti, quando si rende necessaria l'azione integrata e coordinata di diverse amministrazioni;
- proporre l'indizione o, ove competente, indire la conferenza di servizi ai sensi della legge 7 agosto 1990, n. 241, quando sia necessaria o utile per l'acquisizione di intese, pareri, concessioni, autorizzazioni, permessi, licenze, nulla osta, assensi, comunque denominati;
- accertare la libera disponibilità di aree necessarie alla esecuzione degli interventi;
- curare il corretto e razionale svolgimento delle procedure;
- verificare e vigilare sul rispetto delle prescrizioni contrattuali;
- segnalare eventuali disfunzioni, impedimenti, ritardi nell'attuazione degli interventi;
- aggiornare il committente relativamente alle principali fasi di svolgimento dell'attuazione dell'intervento, necessari per l'attività di coordinamento, indirizzo e controllo di sua competenza.

Per quanto attiene le certificazioni di cui all'art. 79, c. 17, del d.P.R. n. 207/2010, all'art. 18, c. 22, dell'Allegato II.12 al d. lgs n. 36/2023 e all'art. 15, c. 1, lett. p), dell'Allegato II.14 al medesimo decreto e all'art. 5 del D.M. 21/06/2004 n. 2367, un adeguato flusso logico delle procedure, prevederebbe che il Responsabile del procedimento abbia l'onere di trasmettere la documentazione ricevuta al Collaudatore ai fini del Collaudo delle opere.

6.5   Il Collaudatore

Le funzioni del Collaudatore sono disciplinate dal D.P.R. n. 207 del 05.10.2010 [3]. Inoltre, il Collaudatore riceve la documentazione dal RUP ed interviene sia nelle fasi intermedie, Collaudo in Corso d'opera, sia nella fase finale di Collaudo in base alla normativa vigente in materia (D.Lgs. 36/2023).

Nel merito quindi, prescindendo dalla fase temporale in cui interviene, la normativa prevede a carico del Collaudatore l'assolvimento dei seguenti principali adempimenti:

- accertare che le procedure espropriative poste a carico dell'appaltatore siano state espletate tempestivamente e diligentemente;
- effettuare, in conformità con quanto previsto all'art. 221 del D.P.R. 207/2010, visite periodiche presso il cantiere per accertare la regolare esecuzione dei lavori;
- verificare e certificare che l'opera o il lavoro sono eseguite a regola d'arte e secondo le prescrizioni tecniche prestabilite, in conformità del contratto, delle varianti e dei conseguenti atti di sottomissione o aggiuntivi debitamente approvati;
- controllare che le prove eseguite sui materiali o sui singoli componenti dei dispositivi di ritenuta stradale siano state effettuate da laboratori accreditati secondo la Norma ISO 17025;
- acquisire dal DL lo stato di consistenza e redigere il verbale di accertamento tecnico e contabile, riscontrando che i dati risultanti dalla contabilità e dai documenti giustificativi corrispondono fra loro e con le risultanze di fatto, non solo per dimensioni, forma e quantità, ma anche per qualità dei materiali, dei componenti e delle provviste;
- redigere il Certificato di Regolare Esecuzione entro 3 (tre) mesi dalla data di ultimazione dei lavori, così come previsto dalla dall' art. 237 del D.P.R 207/2010;
- se l'intervento oggetto del collaudo prevede la realizzazione di opere per le quali la normativa vigente dispone l'obbligo di collaudo statico, il collaudatore osserverà le disposizioni della Legge n. 1086/71 e delle Norme Tecniche per le costruzioni vigenti.
- esecuzione collaudo finale dei lavori;
- in caso di determinazione di lavori non collaudabili, comunicazione al RUP e gestione secondo quanto disposto dalla normativa vigente (D.Lgs. 50/2016, D.P.R. 207/2010);
- emissione del certificato di collaudo, entro e non oltre sei mesi dall'ultimazione dei lavori (dodici mesi nei casi previsti dalla legge) e trasmissione dello stesso all'impresa per accettazione, in conformità con quanto previsto dall'art. 233 del D.P.R. 207/2010.

Inoltre, le prove di qualifica eseguite ad integrazione della Marcatura CE (Cap. 8), nonché le prove di collaudo o verifica eseguite sui materiali o sui singoli componenti dei dispositivi di ritenuta stradale, dovranno essere effettuate da laboratori accreditati secondo la Norma ISO 17025 da Ente ACCREDIA, o comunque da Enti equivalenti europei affiliati all'associazione degli organismi di accreditamento europei EA (http://www.europeanaccreditation.org).

Riferimenti bibliografici

[1] D.M. 21.06.2004 n. 2367. Aggiornamento delle istruzioni tecniche per la progettazione, l'omologazione e l'impiego delle barriere stradali di sicurezza e le prescrizioni tecniche per le prove delle barriere di sicurezza stradale
[2] D. Lgs. 50/2016. Codice dei contratti pubblici
[3] D.P.R. n. 207 del 05.10.2010 – Regolamento di esecuzione ed attuazione del Codice dei contratti pubblici relativi a lavori, servizi e forniture in attuazione delle direttive 2004/17/CE e 2004/18/CE

Chapter 7
I documenti necessari per il collaudo

Indice

7.1   Il documento di riferimento per l'emissione del certificato del Produttore 98

     7.1.1   Procedura di emissione del certificato di corretto montaggio ed
istallazione del Produttore (Art. 79, c. 17, del d.P.R. n. 207/2010,
all'art. 18, c. 22, dell'Allegato II.12 al d. lgs n. 36/2023 e all'art. 15,
c. 1, lett. p), dell'Allegato II.14 al medesimo decreto................. 99

     7.1.2   Il certificato di corretta posa in opera dei dispositivi di sicurezza
stradale (Art. 5 del D.M. n. 2367 del 21/06/2004) 100

Riferimenti bibliografici.. 102

Abstract *Questo capitolo descrive i documenti necessari per il collaudo delle opere relative alla installazione dei dispositivi stradali di ritenuta ai sensi di quanto prescritto in particolare dal D.M. n. 2367 del 21/06/2004 e dal nuovo Codice dei contratti pubblici, D.Lgs. 36/2023.*

Al termine dell'installazione dei dispositivi di ritenuta, tenuto conto di tutte le prove e verifiche effettuate, ai fini del collaudo delle opere, si procederà alla certificazione delle operazioni di fornitura e posa in opera dei dispositivi attraverso la redazione di due appositi certificati. A questo proposito, tra i principali riferimenti normativi, si citano i seguenti articoli:

- Art. 79, c. 17, del d.P.R. n. 207/2010, all'art. 18, c. 22, dell'Allegato II.12 al d. lgs n. 36/2023 e all'art. 15, c. 1, lett. p), dell'Allegato II.14 al medesimo decreto – stabilisce che *"Per i lavori della categoria OS 12-A, ai fini del collaudo, l'esecutore presenta una certificazione del produttore dei beni oggetto della categoria attestante il **corretto montaggio e la corretta installazione** degli stessi"*;
- Art. 5 del D.M. n. 2367 del 21/06/2004 [1] prevede, che *"Alla fine della posa in opera dei dispositivi, dovrà essere effettuata una verifica in contraddittorio da*

parte della ditta installatrice, nella persona del suo Responsabile Tecnico, e da parte del committente, nella persona del Direttore Lavori anche in riferimento ai materiali costituenti il dispositivo. Tale verifica dovrà risultare da un certificato di **corretta posa in opera** *sottoscritto dalle parti"*.

L'art. 79 comma 17 del DPR 207/2010 è stato integrato e aggiornato con l'introduzione del nuovo Codice dei contratti pubblici, **D.Lgs. 36/2023** [2] **dall'art. 18, c. 22, dell'Allegato II. 12 e dall'art. 15, c. 1, lett. p, dell'Allegato II. 14**.

7.1   Il documento di riferimento per l'emissione del certificato del Produttore

Per l'emissione del certificato del Produttore, il documento di riferimento è il Manuale di installazione [3], redatto dallo stesso produttore e fornito all'esecutore in accompagnamento al dispositivo di sicurezza stradale; il Manuale è inoltre indispensabile per:

- il conforme montaggio e l'installazione in cantiere;
- l'adattamento alle condizioni di installazione sulla strada;
- la manutenzione durante la vita utile.

A tal riguardo, la ditta installatrice ed il Direttore dei lavori devono attenersi alle disposizioni contenute nel Manuale di installazione, fatte salve le modeste variazioni di adattamento alla natura del terreno di supporto o alla morfologia della strada che dovessero essere necessarie, come disciplinato dall'art. 5 dell'Allegato al D.M. 21/06/2004, n. 2367, e il certificato di corretta posa in opera dei dispositivi di sicurezza stradale deve dare evidenza dell'avvenuto rispetto delle predette indicazioni.

Il certificato che il Produttore è tenuto a rilasciare ai fini del collaudo riguarda quindi le attività di montaggio ed installazione del dispositivo, dove si intende per:

- montaggio, l'assemblaggio dei vari componenti del dispositivo, da eseguire secondo le istruzioni che il Produttore ha raccolto nel Manuale;
- installazione, l'inserimento del dispositivo nel corpo stradale con riferimento alle caratteristiche specifiche del sito a cui è destinato.

L'attività di installazione può richiedere adattamenti del prodotto alle condizioni specifiche del sito. Tali adattamenti devono essere gestiti in base alle indicazioni del Manuale e sono da distinguere dalle "modifiche di prodotto" apportate prima dell'immissione sul mercato e valutate dall'Ente Notificato in base alle indicazioni della norma EN 1317-5 Appendice A.

Le due fasi, di montaggio e di installazione, non sono necessariamente distinte temporalmente e non è detto che il montaggio anticipi sempre l'installazione; in alcuni casi, infatti, non è possibile ultimare il montaggio del dispositivo prima di procedere con l'installazione.

7.1.1   *Procedura di emissione del certificato di corretto montaggio ed istallazione del Produttore (Art. 79, c. 17, del d.P.R. n. 207/2010, all'art. 18, c. 22, dell'Allegato II.12 al d. lgs n. 36/2023 e all'art. 15, c. 1, lett. p), dell'Allegato II.14 al medesimo decreto*

In base all'enunciato dell'articolo di legge, la certificazione di corretto montaggio ed installazione è da intendersi riferita a tutti i prodotti e componenti forniti dal medesimo produttore nell'ambito della categoria OS 12-A.

La dichiarazione di corretto montaggio ed installazione dei dispositivi di sicurezza stradale è resa dal Produttore in base all'acquisizione di evidenze, anche documentali, relative al rispetto di tutte le indicazioni contenute nel Manuale.

Per i prodotti immessi sul mercato con marcatura CE, la norma tecnica armonizzata indica i contenuti del Manuale.

Per i prodotti o componenti per i quali non è prevista la marcatura CE (transizioni, varchi, dispositivi salva motociclisti, ecc.), si fa riferimento gli elaborati tecnici (disegni, relazioni tecniche, istruzioni) predisposti nell'ambito del progetto dell'installazione in accompagnamento al prodotto.

Tali evidenze dovranno essere rese al Produttore dall'Esecutore dei Lavori, mediante la compilazione di apposite schede di controllo. Le predette schede andranno compilate in ogni parte e dovranno riguardare:

- gli elaborati di progetto di sistemazione dei dispositivi su strada (schede compilate dalla Direzione Lavori);
- la conferma da parte dell'installatore del rispetto delle indicazioni di montaggio ed installazione (schede compilate dall'Installatore), corredata dalle prove effettuate in cantiere.

In particolare, con riferimento alle attività progettuali, l'Esecutore dei Lavori dovrà fornire evidenze del corretto espletamento delle attività che la legge prescrive per la sistemazione su strada dei dispositivi individuati. A titolo esemplificativo e non esaustivo, queste evidenze devono riguardare:

- la corretta esecuzione;
- le attività preliminari di progettazione stradale consistenti nell'individuazione delle zone da proteggere e le classi di protezione da adottare in base alla tipologia di strada e ai volumi di traffico;
- l'adattamento dei dispositivi scelti alla specificità del supporto (cordoli e rilevati);
- la corretta protezione degli ostacoli fissi ed il rispetto dello spazio di lavoro delle barriere;
- la corretta gestione delle parti terminali di barriera, dei varchi e delle transizioni, dei collegamenti, da progettare, tra dispositivi di sicurezza o tra elementi del corpo stradale posti in successione;
- le prove effettuate preliminarmente all'installazione.

Con riferimento, invece, alle attività di cantiere, l'Esecutore dei Lavori dovrà fornire:

- evidenze del rispetto di tutte le indicazioni relative al montaggio dei dispositivi (rispetto della sequenza di montaggio dei componenti, applicazione delle coppie di serraggio dei collegamenti bullonati, ecc.);
- evidenze della corretta installazione in relazione alle indicazioni del Manuale e delle indicazioni relative alla sistemazione su strada dei dispositivi;
- informazioni relative alle attrezzature impiegate ed agli esiti delle prove effettuate su strada che confermano il rispetto delle prescrizioni riportate nel Manuale del Produttore.

Le evidenze fornite dall'Esecutore dei Lavori mediante le schede di controllo di cui sopra sono a supporto della certificazione del Produttore che pertanto potrà essere rilasciata solo in esito ad una verifica dei contenuti delle evidenze acquisite.

In ultimo, si precisa che il certificato di corretto montaggio ed installazione dei dispositivi, rilasciato dal Produttore, *deve essere emesso da un tecnico qualificato e dotato di rappresentanza legale dell'azienda produttrice*, requisito quest'ultimo che va comprovato mediante idonea documentazione da allegare al certificato.

In relazione al requisito di qualificazione tecnica, tale soggetto *dovrà essere in possesso di laurea magistrale in ingegneria ed iscritto all'albo professionale* nel pertinente settore.

7.1.2 *Il certificato di corretta posa in opera dei dispositivi di sicurezza stradale (Art. 5 del D.M. n. 2367 del 21/06/2004)*

Il certificato di corretta posa in opera dei dispositivi di sicurezza stradale costituisce un'evidenza aggiuntiva, a supporto della certificazione del Produttore. Ad ogni modo l'emissione di quest'ultima non è vincolata al rilascio del primo. Si tratta, infatti, di due "strumenti" che si collocano su piani e in momenti diversi dell'iter dell'appalto e non è stabilito tra loro alcun nesso di successione temporale.

In ogni caso, il predetto certificato non potrà essere rilasciato a fronte di documentazioni incomplete. Esso rappresenta garanzia di funzionamento del dispositivo al momento del collaudo. La garanzia del funzionamento del dispositivo durante tutta la durata della sua vita utile presuppone il regolare espletamento delle attività di manutenzione da parte del gestore/concessionario della strada, secondo le indicazioni riportate nel Manuale del Produttore.

La certificazione del Produttore è prodromica all'emissione del certificato di collaudo, e comunque deve essere resa prima dell'apertura al traffico, anche quando ciò avvenga con presa in consegna anticipata delle aree da parte della stazione appaltante in pendenza dell'emissione del certificato di collaudo.

Secondo l'Art. 2 del D.M del 18.02.1992 [4] possono presentarsi due differenti condizioni in fase progettuale, in funzione della velocità di progetto dell'infrastruttura. Nel caso in cui questa velocità risulti superiore a 70 km/h è necessaria la redazione di un apposito allegato progettuale, completo di relazione motivata sulle scelte,

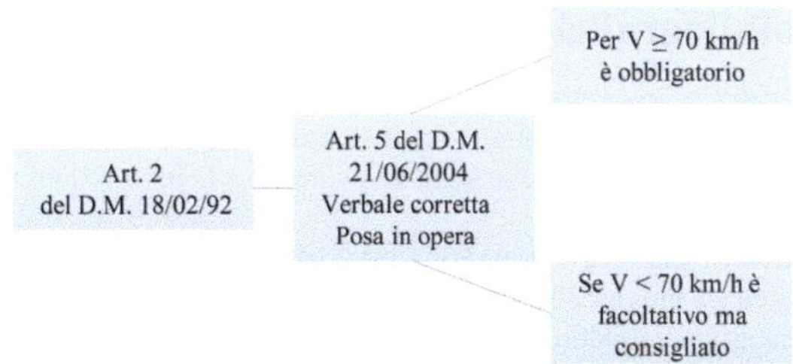

Fig. 7.1 Riferimenti normativi riguardanti la redazione del verbale di corretta posa in opera

redatto da un tecnico, riguardante le tipologie di barriere di sicurezza da adottare, la loro ubicazione e le opere complementari connesse (fondazioni, supporti, dispositivi di smaltimento delle acque, ecc.), nell'ambito della sicurezza stradale.

Ne deriva anche una duplice situazione relativa all'obbligatorietà del verbale di corretta posa in opera (Fig. 7.1): nel caso di velocità superiori a 70 km/h il verbale di corretta posa in opera risulta necessario ed obbligatorio mentre nel caso di velocità inferiori a 70 km/h il verbale è facoltativo, ma la sua redazione è fortemente consigliata.

La redazione del verbale garantisce una notevole tutela sia per il Direttore Lavori che per la ditta installatrice poiché dà conferma ufficiale della conformità dei dispositivi e della loro corretta installazione.

A titolo esemplificativo si elencano alcune delle dichiarazioni che le due parti dovranno sottoscrivere, specificando che, pur dovendo far riferimento a progetti e manuali di installazione, non dovranno assumersi responsabilità di altre figure.

La *ditta installatrice* è tenuta a dichiarare:

- di non aver tagliato i pali infissi;
- di aver serrato e verificato la bulloneria alle coppie di serraggio previste;
- di avere montato gli elementi come da manuale di installazione;
- di non aver modificato asole o fori;
- di non aver sostituito elementi strutturali costituenti le barriere;
- di non aver utilizzato elementi costituiti da materiali con caratteristiche differenti da quelle prescritte;

Inoltre, il *Direttore dei Lavori* dovrà dichiarare di aver fatto riferimento al progetto di installazione e di aver verificato i seguenti elementi:

- le distanze dai limiti delle scarpate, le dimensioni dei cordoli e le lunghezze di installazione;
- la corrispondenza delle caratteristiche dei supporti a quelle indicate nel progetto di installazione delle barriere;
- di aver verificato che siano stati utilizzati materiali (ad esempio calcestruzzo e acciaio) di caratteristiche prestazionali prescritte;
- di aver verificato e recepito eventuali relazioni specialistiche che verifichino il funzionamento delle barriere in caso di installazioni difformi rispetto a quanto indicato nei manuali di installazione.

Riferimenti bibliografici

[1] D.M. 21.06.2004 n. 2367. Aggiornamento delle istruzioni tecniche per la progettazione, l'omologazione e l'impiego delle barriere stradali di sicurezza e le prescrizioni tecniche per le prove delle barriere di sicurezza stradale

[2] Decreto legislativo 31 marzo 2023, n. 36 "Codice dei contratti pubblici in attuazione dell'articolo 1 della legge 21 giugno 2022, n. 78", recante delega al Governo in materia di contratti pubblici come integrato e modificato dal decreto legislativo 31 dicembre 2024, n. 209

[3] Agenzia Nazionale per la Sicurezza delle Ferrovie e delle Infrastrutture Stradali e Autostradali. Comunicazione del 7 febbraio 2025 della Direzione generale per la sicurezza delle infrastrutture stradali e autostradali

[4] D.M. 18.02.1992 n. 223. Regolamento recante istruzioni tecniche per la progettazione, l'omologazione e l'impiego delle barriere stradali di sicurezza

Chapter 8
I Crash test per la marcatura CE dei dispositivi di ritenuta

Indice

8.1   Considerazioni preliminari.   103
    8.1.1   Prove Iniziali di tipo ITT   106
    8.1.2   Controllo della Produzione in Fabbrica (FPC)   106
    8.1.3   Il livello di contenimento Lc.   107
    8.1.4   I livelli di severità dell'urto   110
    8.1.5   Il VCDI (Vehicle Cockpit Deformation Index).   113
    8.1.6   Deflessione dinamica, larghezza operativa e intrusione   115
8.2   Il manuale di installazione delle barriere   117
Riferimenti bibliografici.   118

Abstract *Le prove di crash test effettuate sui dispositivi di ritenuta sono necessarie per verificare, tra le altre cose, la capacità di contenimento, il corretto rinvio del veicolo sulla corsia di marcia in seguito all'urto e i potenziali rischi di lesioni per gli occupanti dei mezzi leggeri. Tali aspetti sono descritti nel presente capitolo unitamente alle prescrizioni normative per la marcatura CE dei dispositivi di ritenuta.*

8.1   Considerazioni preliminari

In accordo con le normative europee che richiedono la marcatura CE, i dispositivi di ritenuta devono essere sottoposti, preliminarmente al loro impiego, a diversi crash test che ne certifichino le prestazioni, raffrontandole ai requisiti imposti dalle norme stesse. Nello specifico, il riferimento normativo è rappresentato dalla Norma Europea EN 1317 – 5: 2007 che stabilisce i "Requisiti di prodotto e valutazione di conformità per sistemi di trattenimento veicoli".

© The Author(s), under exclusive license to Springer Nature Switzerland AG 2026   103
N. Dinnella, M. Guerrieri (Hrsg.), *I dispositivi di ritenuta e le barriere di sicurezza stradali*,
https://doi.org/10.1007/978-3-032-10710-7_8

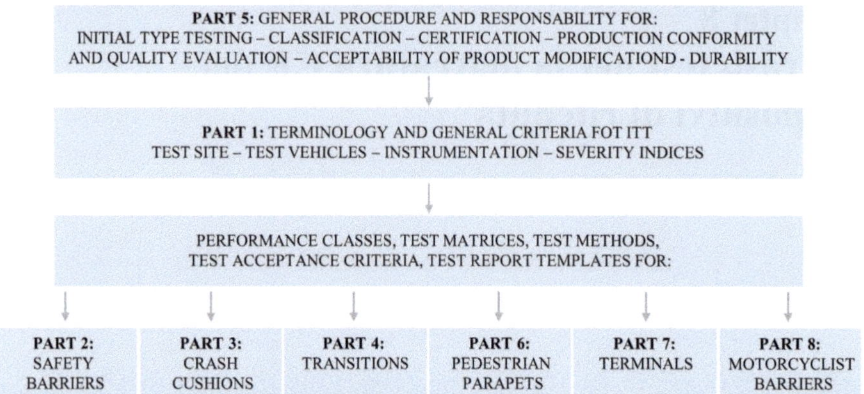

Fig. 8.1 Struttura Norma Europea EN 1317

La norma EN 1317 (Fig. 8.1) indica i requisiti di prestazione per i sistemi di contenimento, ne definisce le classi di prestazione e i criteri di accettazione per le prove d'urto (crash test), ai fini della marcatura CE.

Le prove di crash test sono necessarie a verificare i seguenti requisiti fondamentali che un dispositivo di ritenuta deve essere in grado di offrire:

- la capacità di contenimento del veicolo, avente prefissate caratteristiche;
- il corretto rinvio del veicolo sulla carreggiata in seguito all'urto;
- la minimizzazione dei rischi di lesioni per gli occupanti dei mezzi leggeri attraverso la limitazione delle decelerazioni.

Per il contenimento dei veicoli pesanti la barriera di sicurezza deve garantire che:

- non si abbia lo sfondamento della barriera;
- non si abbia lo scavalcamento della barriera;
- non si abbia il ribaltamento del veicolo.

Ai fini del contenimento dei veicoli leggeri, con particolare riferimento ai dispositivi di ritenuta in acciaio, occorre fare in modo che:

- non si abbia l'urto "significativo" delle ruote contro i paletti;
- non si abbia l'incastro del veicolo sotto la barriera;
- non si abbia il superamento della barriera per scivolo del veicolo su di essa;
- gli indici ASI, THIV e PHD siano più piccoli di prefissati valori di soglia (§ 8.1.4).

Questi ultimi costituiscono dei parametri di giudizio molto importanti in quanto danno un'idea dei potenziali traumi che rischiano gli utenti occupanti il mezzo leggero coinvolto in un urto, permettendo così di stimarne la gravità.

La barriera deve inoltre svolgere un ruolo di contenimento attivo del veicolo, riportandolo in carreggiata senza che esso possa creare un pericolo agli altri veicoli in circolazione [1]. È chiara, quindi, l'importanza che riveste nell'esecuzione delle prove d'urto dal vero il controllo della traiettoria assunta dal veicolo dopo l'urto.

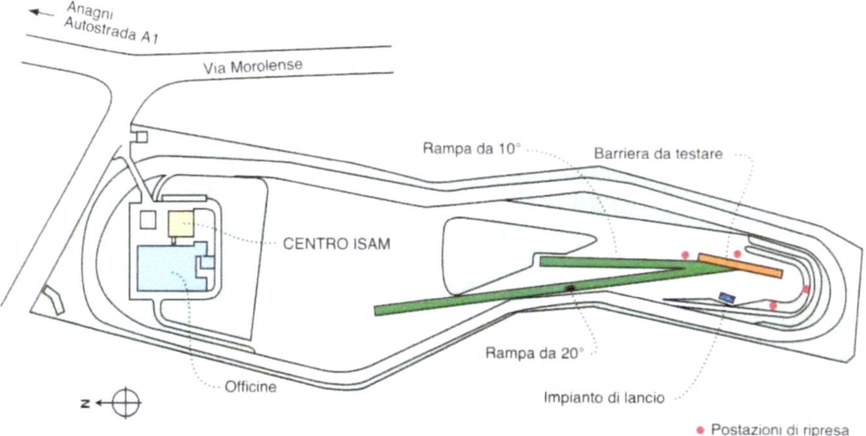

Fig. 8.2 Configurazione delle rampe di lancio dei veicoli

Durante i crash test i veicoli leggeri e/o pesanti vengono fatti impattare contro la barriera da testare facendo percorrere loro una traiettoria imposta lungo una rampa avente angolazione prefissata rispetto all'asse della barriera (Fig. 8.2, Tab. 8.2).

Il requisito fondamentale richiesto è quello secondo cui il veicolo, dopo l'urto, abbandoni la barriera in modo tale che lo stesso, in uscita dall'urto, si mantenga all'interno di un rettangolo disegnato sulla pista di prova. In particolare, la traiettoria di uscita del veicolo deve ricadere all'interno del cosiddetto *CEN box* (Fig. 8.3). È comunque considerato ottimale un rientro in strada, dopo l'urto, con un angolo di uscita minore del 60% di quello d'impatto.

In base alla normativa, il veicolo dopo l'urto deve allontanarsi dalla barriera di sicurezza senza che alcuna sua parte attraversi un piano verticale parallelo alla superficie della barriera inizialmente rivolta al traffico ad una distanza pari a:

$$b' = b + 0,16\,L + A$$

essendo b ed L rispettivamente la larghezza e la lunghezza del veicolo di prova ed A un valore associato al tipo di veicolo (Tab. 8.1). La lunghezza del box di uscita è indicata con B ed assume i valori riportati in Fig. 8.3 e in Tab. 8.1.

I crash test sono effettuati in centri specializzati che devono essere autorizzati per svolgere le attività di valutazione e verifica della costanza delle prestazioni e rilasciare il relativo certificato di costanza delle prestazioni, ai sensi del regolamento (UE) N. 305/11 per i *"Sistemi di ritenuta stradale secondo la norma armonizzata EN 1317-5:2007+A2:2012/AC:2012"*.

Il regolamento UE 305/2011 riporta le condizioni per la commercializzazione dei prodotti da costruzione in Europa e disciplina la fabbricazione, la marcatura e la commercializzazione di tali prodotti ivi comprese, le barriere stradali di sicurezza.

Esistono diversi Organismi Notificati (Notified Body) in ambito nazionale ed europeo che svolgono la loro attività ai fini della valutazione e verifica della costanza delle prestazioni e del rilascio del certificato di costanza delle prestazioni, in

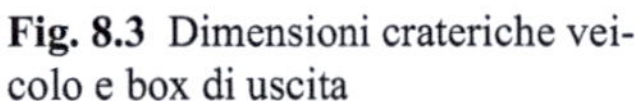

Fig. 8.3 Dimensioni crateriche veicolo e box di uscita

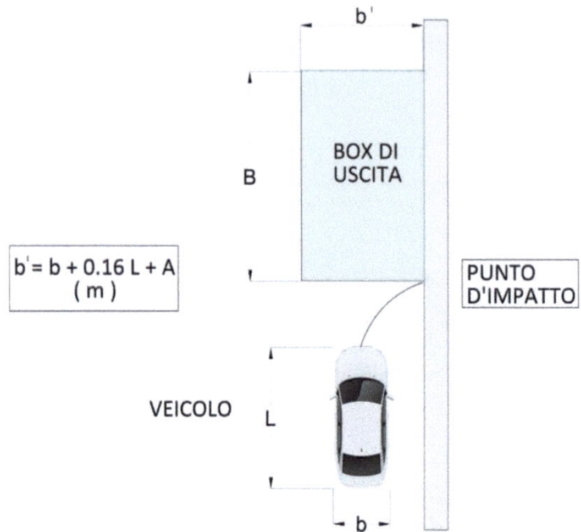

ottemperanza al regolamento (UE) N. 305/11 per Sistemi di Ritenuta Stradale ed in conformità alla norma armonizzata EN 1317-5:2007+A2:2012/Ac:2012.

8.1.1   Prove Iniziali di tipo ITT

La conformità dei sistemi di contenimento stradali ai requisiti della norma EN 1317-5 comprende diverse prove e verifiche, tra le quali si annoverano:

- prove iniziali sul prodotto di tipo ITT (Initial Type Testing);
- verifica del controllo di produzione in fabbrica (FPC, Factory Production Control).

A tal riguardo, l'Organismo Notificato (o Notified Body) preposto è tenuto a richiedere al produttore dei dispositivi di ritenuta di fornire il rapporto ITT che deve contenere almeno le seguenti informazioni:

- rapporto di prova ai sensi delle norme EN 1317-1 e EN 1317-2 o EN 1317-3, a seconda del tipo di sistema di ritenuta stradale;
- descrizione tecnica del sistema di ritenuta stradale;
- relazione di valutazione.

8.1.2   Controllo della Produzione in Fabbrica (FPC)

Il fabbricante istituisce, documenta e mantiene un sistema FPC al fine di garantire che i prodotti immessi sul mercato siano conformi alle prestazioni dichiarate.

Tabella 8.1 Dimensione del box di uscita

VEICOLO TIPO	A (m)	B(m)
AUTOVETTURA	2,2	10,0
VEICOLO PESANTE	4,4	20,0

Il sistema FPC consiste in procedure scritte, ispezioni e prove regolari e/o valutazioni, ovvero nell'utilizzo dei risultati per controllare i materiali o i componenti grezzi e di altro tipo in entrata, le attrezzature, il processo di produzione e il prodotto finito. Tali registrazioni devono rimanere leggibili, facilmente identificabili e recuperabili per almeno dieci anni.

L'organismo notificato effettua una prima ispezione iniziale; nelle fasi successive, la frequenza minima per le prove e la valutazione dei componenti nell'ambito dell'FPC è eseguita in genere almeno una volta l'anno ed è controllata dallo stesso organismo di certificazione notificato.

Il costruttore registra poi i risultati che devono includere almeno le seguenti informazioni:

- identificazione dei sistemi di ritenuta su strada sottoposti a prova;
- data del campionamento e delle prove;
- metodi di prova eseguiti;
- risultati delle prove.

In presenza di questa conformità e solo a valle dell'accertamento delle verifiche suddette, gli Organismi Notificati dall'Unione Europea, possono emettere il certificato di costanza della prestazione che consente l'applicazione della marcatura CE.

La marcatura CE indica che i prodotti sono conformi alle prestazioni contenute nella Dichiarazione di prestazione e che possono circolare liberamente sul mercato dell'Unione Europea.

Di seguito si fornirà una descrizione dei principali parametri che vengono registrati durante le prove al vero dei dispositivi di ritenuta.

8.1.3 Il livello di contenimento Lc

Il livello di contenimento, già definito nel Cap. 5, rappresenta l'energia cinetica posseduta dal mezzo al momento dell'impatto, calcolata con riferimento alla componente della velocità ortogonale all'asse longitudinale delle barriere:

$$Lc = \frac{1}{2}M(v \cdot sen\,\theta)^2 \tag{8.1}$$

dove:

- Lc = livello di contenimento (kJ)
- M = massa del veicolo (t)

Tabella 8.2 Descrizione delle prove d'urto dei veicoli (UNI EN 1317-2)

CLASSE BARRIERA	PROVA EFFETTUATA	VELOCITA' (Km/h)	ANGOLO DI IMPATTO (°)	MASSA DEL VEICOLO (kg)	TIPO DI VEICOLO
N1	TB31	80	20	1500	Autovettura
N2	TBII	100	20	900	Autovettura
	TB32	110	20	1500	
H1	TBII	100	20	900	Autocarro
	TB42	70	15	10.000	
H2	TBII	100	20	900	Autocarro o Autobus
	TB51	70	20	13.000	
H3	TBII	100	20	900	Autocarro
	TB61	80	20	16.000	
H4a	TBII	100	20	900	Autocarro
	TB71	65	20	30.000	
H4b	TBII	100	20	900	Autoarticolato
	TB81	65	20	38.000	

Tabella 8.3 Livelli di contenimento (UNI EN 1317-2)

LIVELLO DI CONTENIMENTO				PROVA DI ACCETTAZIONE
Contenimento con angolo basso	T1	/	/	TB 21
	T2	/	/	TB 22
	–		–	TB 41 e TB 21
Contenimento normale	N1	/	/	Auto 1500 kg, 80 km/h, TB 21
	N2	/	/	Auto 1500 kg, 110 km/h, TB 32 e TB 11, Auto 900 kg, 110 km/h
Contenimento più elevato	Autocarro 10 t 70 km/h H1		/	TB 42 E TB 11
			L1	TB 42, TB 32 e TB 11
	Bus 13 t 70 km/h H2		/	TB 51 e TB 11
			L2	TB 51, TB 32 e TB 11
	Bus 16 t 80 km/h H3			TB 61 e TB 11
			L3	TB 61, TB 32 e TB 11
Contenimento molto elevato	Autocarro 30 t, 65 km/h H4a		/	TB 71 e TB 11
	Autocarro 38 t, 65 km/h H4b			TB 81 e TB 11
			L4a	TB 71, TB 32 e TB 11
			L4b	TB 71, TB 32 e TB 11

- v = velocità d'impatto (m/s)
- θ = angolo d'impatto

La normativa europea attualmente vigente prevede i seguenti livelli di contenimento suddivisi in quattro gruppi:

- contenimento con angolo di impatto ridotto per terminali (livelli T1, T2 e T3)
- contenimento normale (livelli N1 e N2),

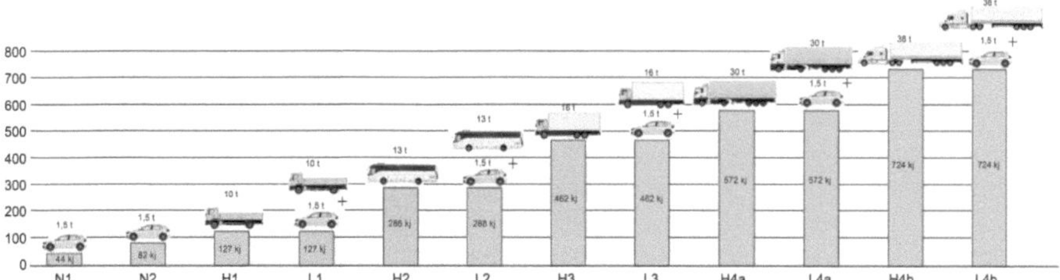

Fig. 8.4 Livelli di contenimento e mezzi impiegati nelle prove

- contenimento più elevato (livelli H1, L1, H2, L2, H3 e L3)
- contenimento molto elevato (livelli H4a, H4b, L4a, L4b).

Ai livelli di contenimento corrispondono diverse prove d'urto, eseguite con diversi veicoli, velocità, angolo d'urto e massa totale dei veicoli, così da conseguire i vari livelli energetici richiesti.

Con particolare riferimento alle indicazioni fornite dalla Normativa Europea, UNI EN 1317-2, si riportano di seguito i prospetti relativi alle prove d'urto (Tab. 8.2) e ai i livelli di contenimento previsti (Tab. 8.3).

In Fig. 8.4 vengono riportati i livelli di contenimento da normale (classi N1 ed N2) a molto elevato (Classi H4a e H4b) associati ai mezzi di prova impiegati nelle prove al vero su circuiti del tipo di quello di Fig. 8.2. Inoltre, vengono individuati i livelli di contenimento "L" che rispetto agli "H" prevedono, come vedremo, un'ulteriore prova TB 32.

Nello specifico, la valutazione dei dispositivi con livello di contenimento T3, N2, H1, H2, H3, H4a, H4b, L1, L2, L3, L4a e L4b richiede differenti prove:

- una prova per valutare il massimo livello di contenimento;
- una o più prove per verificare che il soddisfacimento del livello di contenimento sia compatibile con la sicurezza degli occupanti delle autovetture.

In particolare, le classi L e H sono caratterizzate dallo stesso livello di contenimento ma per le classi L si prevede una prova supplementare con autovettura, garantendo quindi una maggiore sicurezza per gli occupanti dei veicoli.

Le barriere di classe L danno luogo ad un livello di sicurezza migliore rispetto alle corrispondenti classi H poiché hanno superato tutte le prove delle barriere di classe H con l'aggiunta della prova TB 32 effettuata con un'auto di massa pari a 1.500 kg e velocità di impatto pari a 110 km/h. Viene in questo modo considerato ai fini della sicurezza il contributo di traffico veicolare che in buona parte è composto da auto di medie dimensioni che viaggiano a elevate velocità.

Fig. 8.5 Verifica Livello di severità (prova TB 11)

Fig. 8.6 Dimensioni del veicolo (prova TB 11)

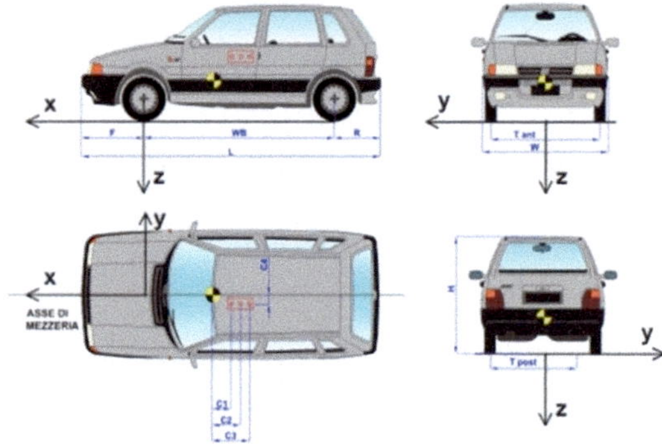

8.1.4   I livelli di severità dell'urto

Per quanto concerne la severità dell'urto si fa riferimento a specifici indici di severità che forniscono informazioni di carattere probabilistico riguardanti il rischio di lesioni che possono subire gli occupanti dei veicoli leggeri nel caso di un impatto contro un dispositivo di ritenuta (Fig. 8.5 e Fig. 8.6). In particolare, durante i crash test vengono stimati l'ASI e il THIV.

L'indice ASI (Acceleration Severity Index) esprime il livello di accelerazione subita dagli occupanti del veicolo, considerati seduti, con cinture di sicurezza allacciate (Fig. 8.7) e viene dedotto a partire dalla relazione:

$$ASI(t) = \sqrt{\left(\frac{a_x(t)}{12g}\right)^2 + \left(\frac{a_y(t)}{9g}\right)^2 + \left(\frac{a_z(t)}{10g}\right)^2} \qquad (8.2)$$

dove: $a_x(t)$ $a_y(t)$, $a_z(t)$ sono le tre componenti dell'accelerazione, variabili nel tempo, determinate su un intervallo mobile di 50 ms, mentre i valori a denominatore rappresentano le componenti delle accelerazioni massime tollerabili dal corpo umano.

Durante la fase di interazione veicolo-barriera, i valori calcolati con la Eq. (8.2) variano nel tempo t (Fig. 8.8); il valore massimo, indicato semplicemente come ASI, è assunto come rappresentativo della severità dell'urto:

$$ASI = \max[ASI(t)] \qquad (8.3)$$

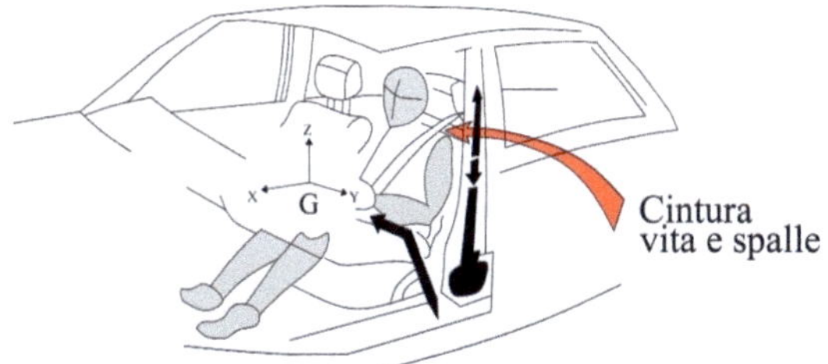

Fig. 8.7 Condizioni per la valutazione dell'indice ASI

L'indice ASI si ottiene con misure di accelerazione ottenute tramite un accelerometro posto all'interno dell'abitacolo, in corrispondenza del baricentro del veicolo. Tale sensore fornisce una registrazione, ad intervalli discreti di 50 ms, delle componenti delle accelerazioni lungo 3 assi: asse verticale, asse longitudinale (parallelo alla direzione del moto), ed un asse perpendicolare a quest'ultimo.

Le norme UNI EN 1317 (richiamate all'art. 4 del D.M. 21.06.2004) consigliano un ASI pari ad "A", ammettendo anche la soglia "B". Sono inoltre possibili ulteriori deroghe anche al limite di severità "B" (cioè ASI di livello "C"), per zone in cui il contenimento dei veicoli deve essere categorico.

Il livello A (ASI < 1,0), infatti, indica una maggiore sicurezza per gli occupanti del veicolo rispetto al livello B (1,0 ≤ ASI ≤ 1,4) che, a sua volta, indica una maggiore sicurezza rispetto al livello C (1,4 < ASI ≤ 1,9).

A titolo esemplificativo, in Fig. 8.9 si mostrano i danni riportati da due autovetture (Prova TB 11) dopo un urto con diverso indice di gravità dell'impatto. È evidente che nel caso di livello A, una vettura subisce danni ben minori di quelli riscontrabili

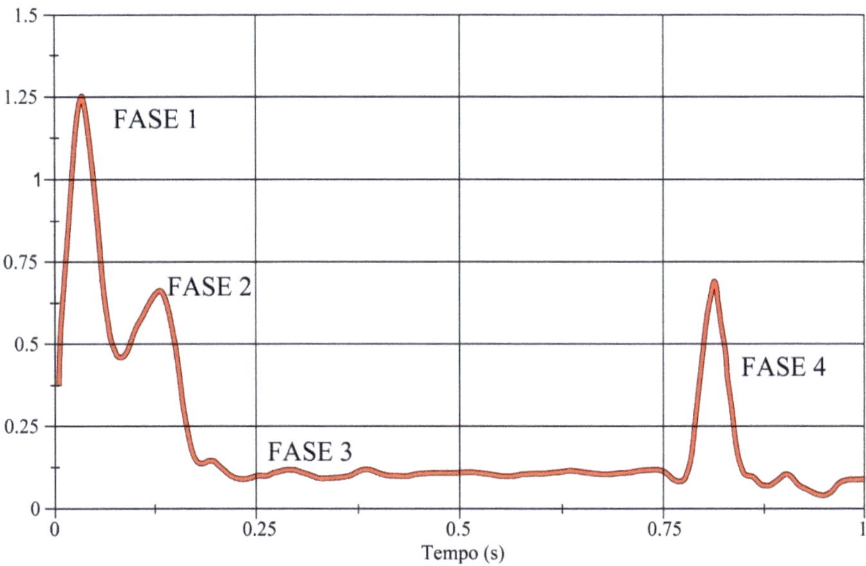

Fig. 8.8 Esempio dei valori assunti dall'indice ASI in funzione del tempo (Prova TB 11)

Fig. 8.9 Gravità degli impatti – Livello A e C

per urti che danno luogo ad un livello C [1]. Quindi, anche la sicurezza offerta agli utenti è ben diversa nelle due condizioni.

Il THIV (Theoretical Head Impact Velocity) rappresenta, invece, la velocità teorica con cui la testa dell'utente impatta su un'ipotetica superficie interna del veicolo alla fine del suo "tempo di volo".

Per la valutazione del THIV si utilizza un modello nel quale la testa dell'occupante, anche durante l'urto del veicolo, continua il proprio moto imperturbato, presupponendo che prima dell'impatto l'occupante ed il veicolo siano in moto con la medesima velocità.

Nel momento dell'impatto, inoltre, si ipotizza che la testa disti Dx = 0,6 m dalla superficie anteriore dell'abitacolo e Dy = 0,3 m dalle superfici laterali dello stesso. Le dimensioni e la massa del veicolo hanno un ruolo importante nella determinazione del T.H.I.V., in quanto influenzano la velocità e la traiettoria dello stesso veicolo dopo la collisione contro la barriera.

Attraverso l'integrazione delle accelerazioni a_x e a_y del veicolo, e la sua velocità angolare intorno all'asse di imbardata, si calcola il tempo di volo, cioè il tempo che la testa impiega per urtare lateralmente o frontalmente l'abitacolo.

Il THIV si calcola con l'espressione:

$$\mathrm{THIV}(t) = \sqrt{v_x^2(t) + v_y^2(t)} \tag{8.4}$$

in cui $v_x(t)$ e $v_y(t)$ sono le velocità (km/h) relative alla testa rispetto al veicolo, riferite agli assi x e y.

In Fig. 8.10 si riporta un esempio di valori di THIV in funzione del tempo ottenuti durante una prova TB 11.

In Tab. 8.4 viene sintetizzato il livello di severità dell'urto in funzione degli indici ASI e THIV prima descritti.

Il controllo di tale grandezza fisica è di fondamentale importanza in quanto dal valore di THIV dipende il rischio di eventuali danni al cranio dei passeggeri che occupano un veicolo leggero.

Infine, si fa notare che le dimensioni interne dell'abitacolo del veicolo modificano la posizione relativa dell'occupante rispetto al sistema di riferimento solidale con

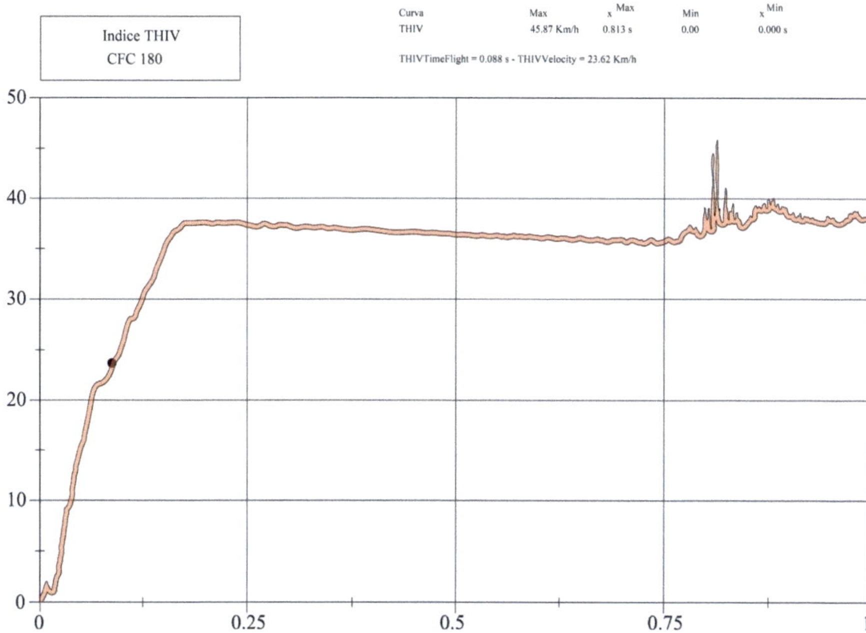

Fig. 8.10 Esempio dei valori assunti dall'indice THIV in funzione del tempo (Prova TB 11) – asse x: tempo; asse y: THIV

Tabella 8.4 Livelli di severità dell'urto

LIVELLO DI SEVERITA' DELL'URTO		INDICI
A	ASI $\leq$ 1,0	*THIV $\leq$ 33 Km/h
B	1,0 < ASI $\leq$ 1,4	
C	1,4 < ASI $\leq$ 1,9	

*Per quanto concerne il parametro THIV le norme prescrivono un valore massimo pari a 33 km/h per le barriere di sicurezza (UNI EN 1317-2) e 44 km/h per attenuatori e terminali (UNI EN 1317-3 e 4).

lo stesso. Di conseguenza, a parità di velocità e di angolo di impatto, nei veicoli di maggiori dimensioni si registrano valori più bassi di THIV.

8.1.5 Il VCDI (Vehicle Cockpit Deformation Index)

Un ulteriore parametro che viene valutato dalla normativa europea al fine di salvaguardare gli occupanti dell'autovettura è rappresentato dall'indice di deformazione del veicolo, ovvero il VCDI (Vehicle Cockpit Deformation Index) che esprime,

Tabella 8.5 Localizzazione delle deformazioni dell'abitacolo

PARTE DELL'ABITACOLO INTERESSATA DALLA DEFORMAZIONE	PRIMI DUE CARATTERI "XX" DELL'INDICE VCDI
L'intero abitacolo	AS
Anteriore	FS
Posteriore	BS
Destra	RS
Sinistra	LS
Anteriore Destra	RF
Anteriore Sinistra	LF
Posteriore Destra	RR
Posteriore Sinistra	LR

Fig. 8.11 Localizzazione della deformazione dell'abitacolo

attraverso un codice alfanumerico, la posizione e l'estensione della deformazione dell'abitacolo del veicolo a causa dell'impatto (cfr. Appendice A della norma 1317-1:2010).

Tale indice è indicato con nove caratteri, i primi due sono alfabetici e gli altri sette numerici; cioè, è del tipo (Tab. 8.6 e Tab. 8.7). I due caratteri alfabetici riguardano la localizzazione delle zone dell'abitacolo che si sono deformate durante l'urto (Tab. 8.5 e Fig. 8.11).

Il VCDI, unitamente ad un'accurata documentazione fotografica delle principali rotture e deformazioni subite dal veicolo, contribuisce alla formulazione del parere finale emesso dall'Organismo notificato ai fini del rilascio della marcatura CE a seguito del buon esito dei crash test.

Tabella 8.6 Estensione della deformazione dell'abitacolo

INDICE RELATIVO ALL'ESTENSIONE DELLA DEFORMA-ZIONE	DESCRIZIONE
A	Distanza tra il cruscotto e la parte più alta dei sedili anteriori
B	Distanza tra il tettuccio ed il pianale
C	Distanza tra i sedili anteriori ed il pannello motore
D	Distanza tra la parte inferiore del cruscotto ed il pianale
E	Larghezza interna dell'abitacolo
F	Distanza tra il punto più basso del finestrino di dx e quello più alto del finestrino sx
G	Distanza tra il punto più basso del finestrino di sx e quello più alto del finestrino dx

Tabella 8.7 Valori degli indici numerici in base alla Norma 1317-1:2010

VALORE DEI CARATTERI a, b, c, d, e, f, g DEL VCDI	ESTENSIONE
0	Minore del 3%
1	Tra il 3 il 10%
2	Maggiore del 10%

8.1.6 *Deflessione dinamica, larghezza operativa e intrusione*

Nelle prove d'urto dal vero è fondamentale determinare le deformazioni che il dispositivo di ritenuta subisce a seguito dell'impatto di un veicolo, al fine di potere poi verificare la compatibilità con gli spazi a disposizione nella sezione stradale in cui il dispositivo andrà installato.

I parametri relativi agli spostamenti trasversali degli elementi della barriera e del veicolo sono (Fig. 8.12):

- *Deflessione dinamica* (Dm): è definita come "il massimo spostamento dinamico trasversale del fronte del sistema di contenimento";
- *Larghezza operativa* (Wm): è definita come "la distanza tra la posizione iniziale del fronte del sistema di contenimento e la massima posizione dinamica laterale di qualsiasi componente principale del sistema".
- *Intrusione del veicolo* (VIm): misura la distanza tra la posizione iniziale del fronte lato strada della barriera di sicurezza e la massima posizione dinamica laterale di qualsiasi componente principale del veicolo.

I valori misurati nel corso delle prove di crash test, devono essere riportati nei rapporti di prova sia come valori effettivi che come valori normalizzati [2].

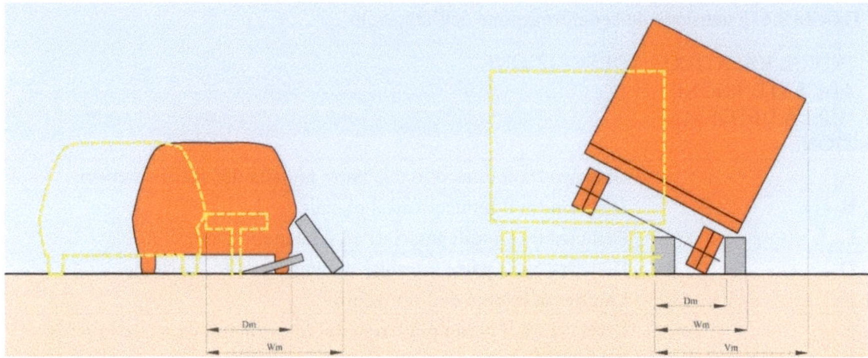

Fig. 8.12 Schemi esemplificativi per l'identificazione di Dm, Wm e VIm

Ciò risulta necessario perché i valori di velocità, angolo d'impatto e massa del veicolo durante i crash test, entro certi limiti possono differire da quelli prescritti dalla normativa. Quindi, i valori di deformazione ottenuti durante le prove d'urto devono essere opportunamente normalizzati al fine di ottenere risultati tra loro comparabili. Si possono così considerare valide prove d'urto condotte con massa, velocità ed angolo di impatto diversi da quelli prescritti dalla norma; a tal fine vengono introdotti specifici coefficienti correttivi aventi valori che dipendono da quanto ci si è discostati rispetto ai valori teorici da norma.

In definitiva, i coefficienti utilizzati nelle funzioni matematiche di normalizzazione, devono rendere comparabili le deformazioni su una barriera ottenute con una modalità di impatto effettiva del veicolo che risulta differente rispetto a quella teorica prescritta da norma.

Le normalizzazioni si ottengono con le seguenti formule:

- deflessione dinamica normalizzata (D_N):

$$D_N = D_m \times \sqrt{\frac{M_t \times (V_t \times \sin \alpha_t)^2}{M_m \times (V_m \times \sin \alpha_m)^2}} \tag{8.5}$$

- larghezza operativa normalizzata (W_N):

$$W_N = W_U + \left[\left(W_m - W_U \times \sqrt{\frac{M_t \times (V_t \times \sin \alpha_t)^2}{M_m \times (V_m \times \sin \alpha_m)^2}} \right) \right] \tag{8.6}$$

- Intrusione del veicolo normalizzata (VI_N):

$$VI_N = VI_m \times \sqrt{\frac{M_t \times (V_t \times \sin \alpha_t)^2}{M_m \times (V_m \times \sin \alpha_m)^2}} \tag{8.7}$$

dove:

- D_m: deflessione dinamica massima misurata (m);
- W_m: larghezza operativa misurata (m);
- W_u: larghezza non deformata del sistema (m);
- VI_m: intrusione del veicolo misurata (m);

Tabella 8.8 Livelli e classi di larghezza operativa normalizzata

CLASSI CON LARGHEZZA OPERATIVA NORMALIZZATA	LIVELLI DI LARGHEZZA OPERATIVA NORMALIZZATA
W1	$W_N \leq 0,6$ m
W2	$W_N \leq 0,8$ m
W3	$W_N \leq 1,0$ m
W4	$W_N \leq 1,3$ m
W5	$W_N \leq 1,7$ m
W6	$W_N \leq 2,1$ m
W7	$W_N \leq 2,5$ m
W8	$W_N \leq 3,5$ m

Tabella 8.9 Livelli e classi di intrusione normalizzata

CLASSI DI INTRUSIONE VEICOLO NORMALIZZATI	LIVELLI DI INTRUSIONE VEICOLO NORMALIZZATI
VI1	$VI_N \leq 0,6$ m
VI2	$VI_N \leq 0,8$ m
VI3	$VI_N \leq 1,0$ m
VI4	$VI_N \leq 1,3$ m
VI5	$VI_N \leq 1,7$ m
VI6	$VI_N \leq 2,1$ m
VI7	$VI_N \leq 2,5$ m
VI8	$VI_N \leq 3,5$ m
VI9	$VI_N \leq 3,5$ m

- M_t: massa totale nominale (kg);
- V_t: velocità nominale, da Tab. 8.2 (m/s);
- α_t: angolo nominale (°);
- M_m: massa totale misurata (kg);
- V_m: velocità misurata (m/s);
- α_m: angolo misurato (°).

I valori dei suddetti parametri normalizzati consentono la classificazione dei dispositivi di ritenuta, così come riportato nelle Tab. 8.8 e Tab. 8.9.

8.2   Il manuale di installazione delle barriere

Il Manuale d'uso e installazione di una barriera di sicurezza è un documento fondamentale nel quale devono essere riportate in modo puntuale e dettagliato determinate informazioni relative alle modalità di installazione, di manutenzione, di controlli e le modalità di esecuzione dei ripristini dei dispositivi danneggiati. Nello specifico, il manuale a corredo dei documenti attestanti la marcatura CE delle barriere stradali, deve contenere almeno i seguenti elementi:

- la denominazione del dispositivo di ritenuta stradale;
- il nome del laboratorio presso il quale sono state effettuate le prove di crash test ai sensi delle norme UNI EN 1317, ed il codice dei rapporti di prova compresi gli eventuali allegati;
- il nome e l'indirizzo dell'organismo notificato che ha rilasciato il certificato CE di conformità;
- il numero del certificato CE di conformità relativo al dispositivo;
- i disegni dettagliati del dispositivo e degli eventuali sistemi di ancoraggio, ove previsti in sede di esecuzione delle prove al vero ai sensi delle norme della serie UNI EN 1317, con indicazione delle tolleranze geometriche di installazione;
- i disegni dettagliati dei terminali di avvio, con indicazione delle tolleranze geometriche di installazione;
- i disegni illustranti le modalità di installazione del dispositivo in curva (con esclusione degli attenuatori d'urto e dei terminali speciali previsti nelle prove) ed il raggio minimo di curvatura;
- l'illustrazione, anche attraverso appositi schemi, delle fasi di installazione del dispositivo con indicazione delle corrette modalità di montaggio dei componenti non simmetrici e degli eventuali ancoraggi al supporto (ove presenti);
- l'indicazione delle coppie di serraggio (minime e massime) da applicare a tutte le unioni bullonate, presenti nel dispositivo;
- le caratteristiche dei materiali componenti il dispositivo di ritenuta, desumibili dalle prove effettuate ai sensi del punto 6.2.1.3 delle norme UNI EN 1317 e successivi aggiornamenti;
- la conformazione e le caratteristiche meccaniche del supporto utilizzato per l'esecuzione delle prove ai sensi delle norme UNI EN 1317 nonché le modalità di installazione del dispositivo sul supporto, adottate in occasione delle medesime prove;
- la sintesi dei risultati delle prove eseguite in termini almeno di:
  - deformazioni dinamiche massime registrate nelle diverse prove;
  - posizione laterale massima dinamica del dispositivo e del veicolo registrate nelle diverse prove;
  - posizione laterale massima statica (ingombro statico) del dispositivo registrata nelle diverse prove;
- l'illustrazione con appositi schemi, delle fasi di smontaggio e successivo ripristino del dispositivo danneggiato a seguito di urto e del relativo supporto.

Riferimenti bibliografici

[1] Cafiso S, La Cava G, Montella A, Pappalardo G (2007) Manuale per le ispezioni di sicurezza delle strade extraurbane secondarie e locali. IASP, project tren-03-st-s07, p 31286
[2] Dondi G, Lantieri C, Simone A, Vignali V (2013) Costruzioni stradali, Hoepli

Chapter 9
Cenni sulle analisi computazionali dei sistemi di ritenuta

Indice

9.1   Principi di modellazione. 120
      9.1.1   La schematizzazione del sistema 121
      9.1.2   La discretizzazione del modello 121
      9.1.3   La simulazione dinamica 121
      9.1.4   La validazione del modello 122
9.2   Modellazione del sistema 122
      9.2.1   Modellazione del veicolo 122
      9.2.2   Validation Roadmap 123
      9.2.3   Idle test 124
      9.2.4   Simulazioni di movimento: prova con traiettoria rettilinea. 124
      9.2.5   Simulazioni di movimento: prova con traiettoria circolare 125
      9.2.6   Simulazioni di movimento: prova con traiettoria tangente 125
      9.2.7   Prove di urto con un cordolo. 125
      9.2.8   Prova di impatto full scale contro un muro rigido. 125
      9.2.9   Prova di impatto full scale contro una barriera deformabile 125
      9.2.10   Modellazione del dispositivo di ritenuta. 126
      9.2.11   Modellazione della fase di contatto. 126
Riferimenti bibliografici 128

Abstract *In questo capitolo si descrivono brevemente le potenzialità offerte dalle analisi computazionali applicate ai dispositivi di ritenuta, anche in relazione alle indicazioni della norma EN 1317. Le simulazioni numeriche possono risultare particolarmente utili in fase di progettazione di nuovi dispositivi di ritenuta o per valutare gli effetti generati dalle modifiche di prodotto e di installazione delle barriere rispetto a quanto viene specificato nel relativo "certificato di costanza della prestazione del prodotto".*

© The Author(s), under exclusive license to Springer Nature Switzerland AG 2026   119
N. Dinnella, M. Guerrieri (Hrsg.), *I dispositivi di ritenuta e le barriere di sicurezza stradali*,
https://doi.org/10.1007/978-3-032-10710-7_9

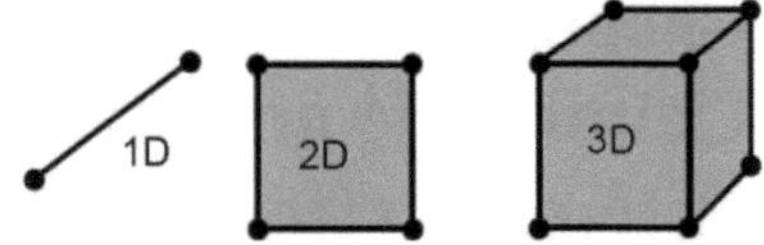

Fig. 9.1 Elementi di base per le analisi agli elementi finiti

9.1 Principi di modellazione

L'analisi della capacità resistente di un organismo assoggettato a carichi dinamici non può prescindere da considerazioni che coinvolgano le forze inerziali variabili ovvero, in termini matematici, la soluzione di sistemi di equazioni differenziali alle derivate parziali (generalmente non-lineari) estremamente complesse che governano il cinematismo del sistema.

In genere, quindi, a meno di casi semplificati risolvibili con una soluzione analitica in forma chiusa, si ricorre alle modellazioni numeriche agli elementi finiti (Finite Element Method – FEM) che, peraltro, sono in grado di ridurre significativamente le risorse umane e finanziarie altrimenti indispensabili per effettuare indagini e sperimentazioni in laboratorio o in situ.

La modellazione FEM si basa sulla discretizzazione della struttura, ovvero la scomposizione di tutte le sue parti in elementi contraddistinti da una geometria semplice (Fig. 9.1). Il modello agli elementi finiti, quindi, è costituito da un insieme di punti (nodi) congiunti tra loro mediante celle di forma predefinita alle quali si associano le proprietà elastiche dei materiali e i vincoli strutturali del sistema da analizzare.

Per ciascun elemento costituente la maglia (mesh) si scrivono le relazioni lineari di correlazione cinematica tra lo spostamento di qualsiasi suo punto e i suoi nodi e, successivamente, le equazioni che caratterizzano la deformazione e le sollecitazioni attraverso la definizione della matrice di rigidezza.

Definita la mesh e le caratteristiche elastiche del sistema, si simulano le condizioni di carico reali, tra le quali si annoverano:

- i carichi puntuali (forze, momenti, spostamenti, ecc.);
- i carichi distribuiti (pressione, temperatura, flusso termico, ecc.);
- i carichi inerziali (accelerazione statica e angolare, ecc.).

La modellazione agli elementi finiti rappresentativa di una condizione di impatto tra un veicolo e un dispositivo di ritenuta può essere affrontata in accordo alle seguenti fasi elementari:

- schematizzazione del sistema;
- discretizzazione del modello;
- simulazione dinamica;
- validazione del modello.

9.1.1 La schematizzazione del sistema

La schematizzazione del modello strutturale costituisce uno step delicato dell'analisi agli elementi finiti in quanto in questa fase sono esplicitate le ipotesi semplificative di caratterizzazione del sistema reale: i risultati saranno influenzati da queste assunzioni modellistiche, che comunque, una volta note, permetteranno una corretta interpretazione dei valori numerici restituiti dall'analisi computazionale.

9.1.2 La discretizzazione del modello

La discretizzazione del fenomeno si concretizza mediante l'assunzione di un modello di calcolo che riassume le caratteristiche geometriche (veicolo impattante, dispositivo di ritenuta, geometria dell'arginello e di eventuali manufatti pertinenti, ecc.) e le proprietà fisiche (caratteristiche costitutive dei materiali, condizioni di vincolo del sistema, tipologia dei contatti che si verificano, ecc.) delle condizioni reali dell'impianto da analizzare.

In questa fase, la rappresentazione delle entità del modello si concretizza facendo ricorso a elementi finiti di tipo ISO parametrico per i quali sia lo spostamento che le coordinate di un punto generico si calcolano mediante interpolazione con delle "funzioni di forma" dei valori ottenuti ai nodi.

Le funzioni di forma permettono quindi, di calcolare la posizione e lo spostamento del generico punto appartenente a un elemento caratterizzato da n nodi, in funzione dei valori assunti da questi ultimi.

Il modello così implementato nel Software di calcolo assume, per tutti gli elementi della mesh, la formulazione lagrangiana attraverso cui la posizione assunta dal generico punto materiale, e quindi le sue coordinate spaziali x, sono date dalla relazione:

$$x = x\,(X, t) \tag{9.1}$$

dove x è la posizione assunta dal punto all'istante t nella configurazione di riferimento X.

È evidente che questa formulazione consente di ricostruire la storia cinetica di ogni punto.

9.1.3 La simulazione dinamica

La simulazione dinamica rappresenta il risultato dell'analisi computazionale del fenomeno modellato (l'impatto del mezzo contro la barriera) effettuata con un solutore che consente di studiare fenomeni dinamici altamente non lineari, ovvero di considerare un ampio spettro di leggi costitutive e algoritmi di contatto. In particolare, in questa fase si ricorre all'impiego di software capaci di simulare fenomeni reali che coinvolgono alte velocità ed energie per brevi periodi di tempo come gli impatti (fenomeni di crash) o le esplosioni.

9.1.4   La validazione del modello

L'attendibilità dei risultati restituiti da una analisi condotta con approccio computazionale FEM è correlata al margine di errore che decresce all'aumentare del numero di equazioni da risolvere. Per tale ragione, si introduce il processo di validazione della simulazione dinamica finalizzato a qualificare la precisione del modello implementato. In termini pratici, la verifica di affidabilità dei modelli è generalmente effettuata dagli Enti di controllo sulla sicurezza stradale e si concretizza confrontando i risultati restituiti dal software (spostamenti, deformazioni, tensioni, accelerazioni, ecc.) con le prestazioni del sistema (veicolo-barriera) registrate nel corso delle prove di crash in scala reale.

9.2   Modellazione del sistema

La conoscenza dei principi di funzionamento dei singoli componenti e delle loro modalità di interazione permette di sviluppare modelli numerici in grado di simulare in modo fedele la cinematica del sistema.

Va da sé, quindi, che la simulazione dinamica vera e propria deve essere preceduta dalla riproduzione di ogni elemento significativo appartenente sia al mezzo impattante che al dispositivo di ritenuta.

Tuttavia, giova precisare che il numero di elementi che compongono il modello del veicolo deve essere tale da garantire una rappresentazione dei particolari paragonabile a quella fornita dalla modellazione della barriera di sicurezza così da evitare problemi di disomogeneità all'interno del cosiddetto modello globale.

9.2.1   Modellazione del veicolo

La normativa Europea EN 1317 dispone che per ogni classe di veicolo sia rispettato fedelmente il modello reale, considerando i seguenti parametri:

- massa;
- dimensioni esterne;
- deformabilità delle parti a contatto con la barriera;
- posizione del baricentro e distribuzione delle masse.

Fig. 9.2 Esempi di modellazione di
un mezzo leggero (Prova TB 11)

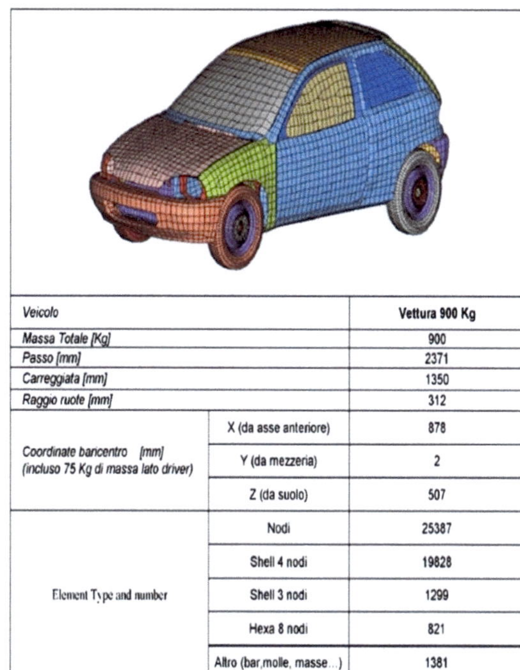

Veicolo		Vettura 900 Kg
Massa Totale [Kg]		900
Passo [mm]		2371
Carreggiata [mm]		1350
Raggio ruote [mm]		312
Coordinate baricentro [mm] (incluso 75 Kg di massa lato driver)	X (da asse anteriore)	878
	Y (da mezzeria)	2
	Z (da suolo)	507
Element Type and number	Nodi	25387
	Shell 4 nodi	19828
	Shell 3 nodi	1299
	Hexa 8 nodi	821
	Altro (bar,molle, masse...)	1381

Allo stesso modo, ai fini della corretta riproduzione del comportamento dinamico, la
norma impone che deve essere prestata attenzione alla modellazione delle cosiddette
sottostrutture influenti del mezzo (Fig. 9.2), ovvero alle seguenti parti:

- sospensioni;
- ruote e pneumatici;
- sistema di sterzo.

9.2.2   *Validation Roadmap*

La Validation Roadmap costituisce un vero e proprio Codice di Validazione che detta
le simulazioni da eseguire sul modello di un veicolo affinché questo possa essere
ritenuto idoneo alla riproduzione di fenomeni di impatto contro sistemi di ritenuta
stradali. La Tab. 9.1 sintetizza la sequenza delle prove da svolgere e lo scopo delle
simulazioni.

Alcune prove hanno lo scopo di analizzare solo un particolare componente del
veicolo, altre mirano invece a valutare la qualità dell'intero modello sviluppato. In
entrambi i casi devono essere dimostrate la stabilità e l'affidabilità del sistema. I test
da eseguire sono succintamente descritti nei paragrafi che seguono.

Tabella 9.1 Validation Roadmap per la taratura del modello dei veicoli

Tipo di simulazione	Scopo della simulazione
Prova di carico sospensioni: ogni ruota deve essere caricata separatamente.	Verificare capacità di carico e corretta cinematica delle sospensioni. Disaccoppiamento con il sistema di sterzo Accoppiamento dovuto alla barra stabilizzatrice
Prova di carico sospensioni. Ogni assale deve essere caricato separatamente. Carico simmetrico.	
Prova di carico sospensioni. Ogni assale deve essere caricato separatamente. Carico antisimmetrico.	
Veicolo in idle	Per verificare la stabilità del modello in sé
Traiettoria rettilinea	Verificare la stabilità del veicolo e del sistema di sospensioni e di sterzo.
Traiettoria circolare/Traiettoria tangente	
Urto con cordolo: entrambi gli assali anteriori.	
Urto con cordolo: entrambi gli assali posteriori	
Urto con cordolo: ruote anteriori destre	
Urto con cordolo: ruote anteriori sinistre	
Prova di impatto full scale contro un muro rigido	Verifica della capacità del modello di sopportare grosse deformazioni
Prova di impatto full scale contro una barriera deformabile	Verifica della capacità del modello di interagire con una barriera reale

9.2.3 *Idle test*

Si tratta di un test con il quale si effettua una simulazione di un veicolo posizionato su un piano rigido che si muove sotto l'azione della forza di gravità partendo da una velocità assegnata pari a zero. La prova dura circa 2,5 sec ovvero un tempo sufficientemente ampio per effettuare le simulazioni di impatto su barriere, scopo ultimo al quale è destinato il modello.

Il test mira a verificare la stabilità globale del modello e ad appurare l'assenza di deformazioni indesiderate di componenti sotto l'azione della forza di gravità.

9.2.4 *Simulazioni di movimento: prova con traiettoria rettilinea*

Il modello deve essere in grado di seguire la traiettoria del veicolo per almeno 30 m una volta che questo abbia raggiunto una velocità iniziale di 100 km/h (UNI EN 1317-2). Il test verifica l'assenza di anomalie nel comportamento del sistema di sterzo e sospensioni e quindi la capacità del modello di muoversi lungo una traiettoria imposta.

9.2.5 Simulazioni di movimento: prova con traiettoria circolare

Con il veicolo a riposo, si applica una coppia al sistema dello sterzo. Quando il veicolo inizia ad accelerare (accelerazione di 10 m/sec^2 per 0,3 secondi) percorre una circonferenza se è imposto un angolo di sterzata costante.

9.2.6 Simulazioni di movimento: prova con traiettoria tangente

È assegnata al veicolo una velocità iniziale di 25 km/h ed applicata una coppia al sistema di sterzo che viene rimossa dopo 0,3 sec. Anche in questo caso si registra la qualità della risposta del veicolo nella descrizione della traiettoria assegnata. Le ruote, infatti, restano sterzate con un angolo costante fino all'istante di rimozione del carico.

9.2.7 Prove di urto con un cordolo

Questo tipo di simulazione è richiesta per verificare il sistema di sterzo, le sospensioni e le ruote quando il veicolo incontra un ostacolo. In questa prova il modello del veicolo investe un cordolo stradale, fissato al suolo, mentre percorre una traiettoria rettilinea.

9.2.8 Prova di impatto full scale contro un muro rigido

Con questa prova, nel rispetto dei requisiti definiti dalla normativa europea EN-1317-2 riguardante l'omologazione dei sistemi di ritenuta stradali, si simula l'impatto contro una barriera rigida.

Il veicolo impatta contro il dispositivo di ritenuta secondo quanto prescritto per le prove al vero, ad esempio per una barriera H4 con velocità pari a 65 km/h e un angolo di 20°; per il coefficiente di aderenza tra ruote e suolo si utilizza il valore 0,6. La barriera si modella come un muro rigido alto 1 m e largo 0,8 m ed è fissata al suolo in modo che tutti i gradi di libertà risultino bloccati.

9.2.9 Prova di impatto full scale contro una barriera deformabile

Questo scenario di impatto simula la collisione contro una barriera deformabile, ad esempio, del tipo H4-b. Si riproducono, quindi, le stesse condizioni di impatto richieste nelle prove al vero: velocità iniziale di 65 km/h, angolo di impatto di 20°, coefficiente di aderenza tra ruote e terreno posto pari a 0,6.

La barriera è costruita in acciaio e deve essere modellata nel dettaglio con elementi di piastra deformabili e vincolata suolo; l'interramento dei pali si realizza attraverso un modello di suolo ad elementi solidi.

La simulazione così definita permette di aumentare il grado di conoscenza sia delle caratteristiche del modello FEM del veicolo, sia degli elementi che devono essere tenuti in considerazione nella realizzazione di un modello ad elementi finiti di un veicolo full-scale per analisi di impatto. Di fatto, questo tipo di test consente di comprendere l'interazione che si registra in caso di impatto tra le varie strutture che compongono il modello.

9.2.10 Modellazione del dispositivo di ritenuta

L'applicazione delle analisi di simulazione comporta preliminarmente la realizzazione di un modello ad elementi finiti "di taratura" che riproduce la configurazione di sistema (barriera, veicolo e punto di impatto) osservati durante i crash test in vera grandezza.

Tale modello (denominato modello base) deve restituire risultati analoghi, in termini di larghezza operativa e deflessione dinamica (cfr. Cap. 8), a quelli registrati nel test reale.

La validazione del modello numerico si concretizza, quindi, attraverso un'attività di correlazione numerico-sperimentale che prevede il confronto tra i risultati ottenuti dalle simulazioni numeriche con quelli sperimentali relativi alle prove al vero.

Di seguito è indicata una possibile procedura che funge da riferimento per la tipologia di test di interesse:

- acquisizione dei parametri di input (geometrie, velocità, masse, ecc.);
- simulazione della prova (es. TB 51);
- post-processamento dei risultati con estrazione dei dati più rilevanti;
- confronto con i risultati della prova al vero.

Se i valori delle deformazioni statiche e dinamiche ottenuti dalla simulazione numerica differiscono poco da quelli sperimentali il modello risulta ben calibrato.

9.2.11 Modellazione della fase di contatto

L'urto di due corpi, inizialmente separati, si concretizza in un istante a decorrere dal quale le equazioni del moto dei corpi tra loro impattanti assumono un'unica espressione.

Atteso che la modellazione della tipologia di contatto dipende essenzialmente dai corpi in esame, si può fare affidamento a diversi algoritmi e quello che si utilizza per corpi solidi è del tipo "penalty".

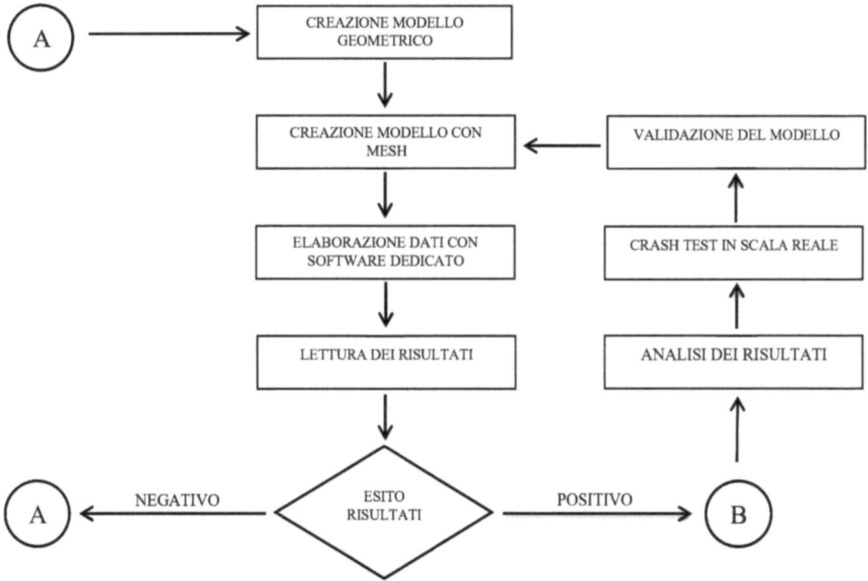

Fig. 9.3 Fasi operative da svolgere nelle analisi computazionali

Il metodo consiste nel collocare delle molle virtuali in posizione normale all'interfaccia tra nodi penetranti e la superficie di contatto; in questo modo, la quantità di moto è conservata senza la necessità di imporre condizioni di impatto e di rilascio, né viene richiesta una speciale implementazione per le interfacce che si intersecano. Questa modellazione è valida fintanto che le pressioni di contatto sono limitate, di conseguenza si scongiura il fenomeno noto come *hourglass*. Per valori della pressione all'interfaccia significativi, infatti, può verificarsi una inaccettabile compenetrazione tra le interfacce e, in tal caso, occorre in primo luogo scalare la rigidità e ridurre lo step di calcolo.

La Fig. 9.3 descrive le fasi operative che consentono di impostare una corretta analisi computazionale del crashworthiness (resistenza agli urti) che può essere eseguita con l'ausilio dei più comuni software commerciali (LS-DYNA, PAM-CRASH, MSC Dytran, MADYMO).

Infine, in Fig. 9.4 viene mostrato un esempio di confronto tra prove d'urto eseguite al vero e simulazione agli elementi finiti.

Come meglio descritto nel successivo Cap. 10, le simulazioni risultano particolarmente utili per valutare gli effetti generati dalle modifiche di prodotto e di installazione delle barriere rispetto a quanto viene specificato nel loro "certificato di costanza della prestazione del prodotto" a base della dichiarazione di prestazione e della conseguente marcatura CE di cui al Regolamento (UE) n. 305/2011 ed al nuovo Regolamento dei Prodotti da costruzione UE 2024/3110 [1] che abroga il precedente.

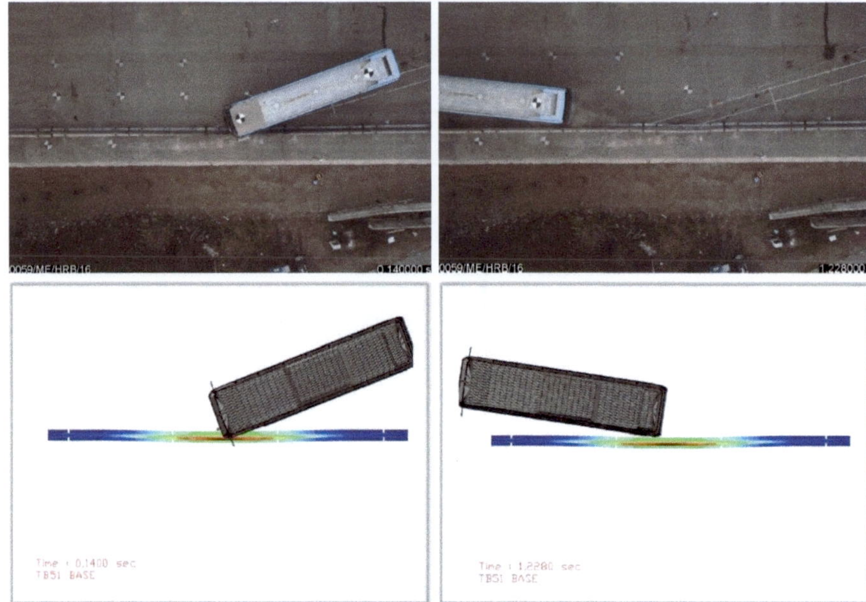

Fig. 9.4 Confronto tra simulazione numerica e prove al vero (Prova TB 51)

Riferimenti bibliografici

[1] Regolamento (UE) 2024/3110 del 27 novembre 2024 che fissa norme armonizzate per la commercializzazione dei prodotti da costruzione e abroga il regolamento (UE) n. 305/2011

Chapter 10
Modifiche di prodotto e di installazione dei dispositivi di ritenuta

Indice

10.1 Considerazioni preliminari 129
    10.1.1   Modifiche di prodotto 130
    10.1.2   Modifiche di installazione 131
Riferimenti bibliografici 133

Abstract *In questo capitolo si descrivono le modifiche di prodotto (lievi, moderate e significative) dei dispositivi di ritenuta regolarmente certificati ai sensi della Norma EN 1317-5. In particolare, sono illustrate le cosiddette modifiche di installazione riguardanti, ad esempio, la profondità di infissione dei montanti o dei tirafondi, nonché le variazioni del passo tra i montanti delle barriere in acciaio.*

10.1 Considerazioni preliminari

I materiali ed i componenti dei dispositivi di ritenuta devono possedere le caratteristiche costruttive descritte nel progetto del prodotto utilizzato per le prove d'urto e nel "certificato di costanza della prestazione del prodotto" alla base della dichiarazione di prestazione e della conseguente marcatura CE ai sensi del Regolamento (UE) n. 305/2011 Ed al nuovo Regolamento dei Prodotti da costruzione UE 2024/3110 [1].

Sono ammesse le modifiche del "prodotto standard" come specificate nei certificati di costanza della prestazione del prodotto modificato, in conformità a quanto prescritto dalla norma EN 1317-5.

Va adesso considerato che nelle attività di progettazione dell'installazione di barriere di sicurezza possono presentarsi numerose situazioni reali, non previste e contemplate nelle predette norme. Pertanto, spesso si pone il problema di adattare la tipologia di dispositivo di ritenuta certificato, ad esempio tramite infissione dei

Tabella 10.1 Modifica di prodotto (categorie ed esempi)

CATE-GORIE	MODIFICA		ESEMPI	INFORMAZIONE RICHIESTA
	Tipo modifica	Descrizione		
A	Lieve	Modifiche che non richiedono cambiamenti di tipo meccanico	Barriera riverniciata Barriera in cls prefabbricata provvista di rinforzo aggiuntivo	Descrizione della modifica proposta
B	Moderata	Modifiche di uno o più componenti i cui effetti sulle prestazioni della barriera possono essere determinate attraverso analisi statistiche o dinamiche o altri mezzi appropriati	Cambiamento di bulloni non progettati per snervarsi Aumento della lunghezza della lama	Rapporto scritto, da parte di un progettista, con la prova e/o i metodi utilizzati, confrontati con i valori originali
C	Significativa	Modifiche di entità superiori ad A e B	Sostituzione dei giunti Modifica dei materiali Cambiamento di bulloni non progettati per snervarsi	Ulteriori prove d'urto (eventualmente ridotte nei casi di modifiche previste al punto 5 dell'Allegato A della norma)

montanti, modifica del passo dei montanti e dell'altezza del sistema di ritenuta rispetto al piano viario, ecc.

Le modifiche ai dispositivi di ritenuta si possono classificare in modifiche di prodotto e modifiche di installazione.

10.1.1 Modifiche di prodotto

Le modifiche di prodotto si applicano ai dispositivi di ritenuta che sono stati regolarmente certificati ai sensi e con riferimento all'Appendice A della Norma EN 1317-5. Esistono tre categorie di modifiche:

- modifiche lievi;
- modifiche moderate;
- modifiche significative.

In Tab. 10.1 sono descritte queste categorie ed alcuni comuni esempi.

Si precisa che l'Organismo Notificato ha un ruolo importante nella valutazione delle modifiche in quanto risulta possibile la marcatura CE del dispositivo di ritenuta come "elemento modificato". In Fig. 10.1, viene mostrano un esempio di modifica di prodotto di categoria A (o tipo A) riguardante il posizionamento di due barre lon-

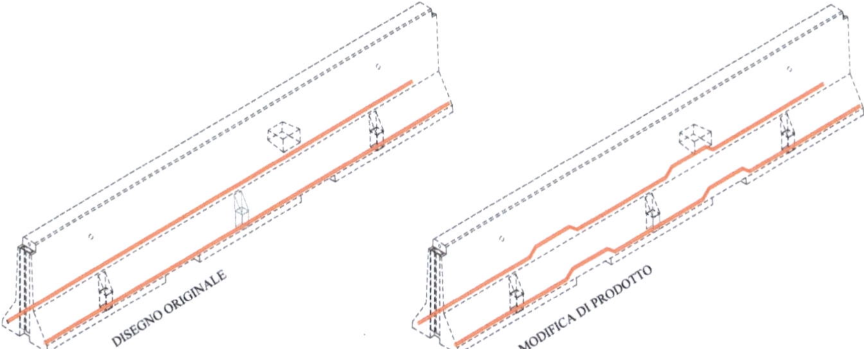

Fig. 10.1 Esempio di modifica di prodotto di Categoria A relativa alle barre di armatura

gitudinali dell'armatura nella parte inferiore della barriera in corrispondenza dello scasso idraulico per lo smaltimento delle acque di piattaforma.

Il comportamento del prodotto modificato (ad esempio per variazioni dell'altezza, dei vincoli del sistema di ritenuta, delle caratteristiche meccaniche di alcuni componenti, ecc.) può essere valutato con i modelli di simulazione dinamica agli elementi finiti (FEM), in accordo alle norme EN 16303 (cfr. Cap. 9).

10.1.2 Modifiche di installazione

L'installazione dei dispositivi di ritenuta deve avvenire nel rispetto delle tolleranze previste dalle norme vigenti o dal progettista del dispositivo all'atto della richiesta del certificato di costanza della prestazione del prodotto a base della dichiarazione di prestazione e della conseguente marcatura CE.

Nell'installazione delle barriere di sicurezza sono comunque ammesse modifiche localizzate al prodotto "marcato CE" ed alle condizioni di installazione previste dal manuale di installazione. Queste modifiche possono riguardare ad esempio:

- la minore profondità di infissione di qualche montante o tirafondo o la variazione nel passo tra montante e montante per uno sviluppo longitudinale della barriera interessata da queste modifiche non superiore a metri 5;
- modifiche del terreno di supporto dei montanti, purché non venga sostanzialmente alterato il funzionamento del dispositivo in caso d'urto.

Sono pertanto tollerate piccole variazioni, rispetto a quanto specificato nei certificati, se richieste dal particolare contesto riscontrato nella realtà.

Variazioni di maggior entità, ma comunque limitate esclusivamente alle modalità di ancoraggio del dispositivo di supporto, sono possibili solo se previste in progetto. A tal proposito, il D.M. del 21/06/2004 [2] prescrive che: "*In caso di impiego di dispositivi su cordoli o terreni con dimensioni e/o caratteristiche meccaniche di-*

Fig. 10.2 Esempio di modifica di installazione

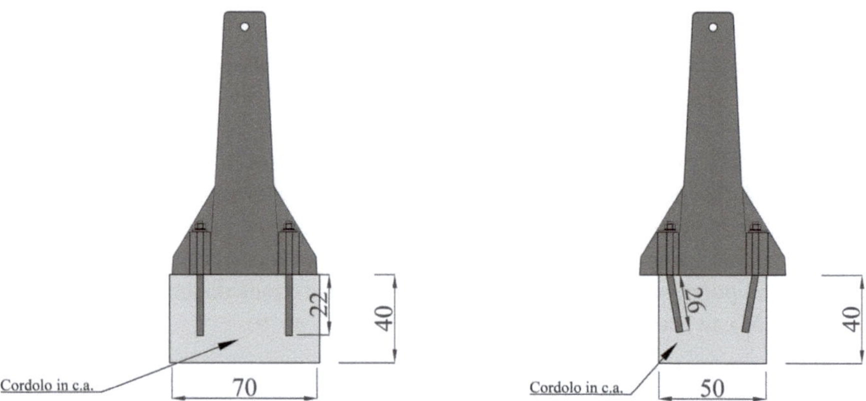

Fig. 10.3 Esempio di modifica di installazione dei tirafondi di una barriera NDBA Concrete (a destra le modifiche all'inclinazione dei tirafondi)

verse rispetto a quelle di prova, il progettista della installazione, così come previsto all'art. 6 del citato DM, dovrà dimostrare con specifici disegni esecutivi e relazioni di calcolo, e sotto la propria responsabilità, che dette dimensioni, caratteristiche meccaniche e/o eventuali differenti posizionamenti della barriera garantiscano condizioni di funzionamento sostanzialmente analoghe a quelle delle prove di crash."

Alla fine della posa in opera dei dispositivi dovrà essere effettuata una verifica in contraddittorio da parte della ditta installatrice, nella persona del suo Responsabile Tecnico, e da parte del committente, nella persona del Direttore Lavori, anche in riferimento ai materiali costituenti il dispositivo. Tale verifica dovrà risultare da un certificato di corretta posa in opera sottoscritto dalle parti. Si precisa infine che le modifiche di installazione devono essere autorizzate dal Direttore dei Lavori.

In Fig. 10.2 si mostra un caso di una barriera in acciaio a paletti infissi che, in condizioni coerenti a quelle di crash test, deve essere installata su terreno di tipo A1-a secondo la Classificazione del CNR-UNI 10006. In questo caso, invece, i paletti sono stati infissi in un cordolo in cls opportunamente dimensionato.

In generale, se la modifica di installazione è significativa come nell'esempio di Fig. 10.2, è comunque opportuno richiedere l'emissione di una nuova marcatura CE che attesti la modifica di prodotto piuttosto che di installazione, richiedendo l'intervento dell'Organismo Notificato ("Notified Body") che si occuperà di emettere la nuova marcatura CE attestante la modifica di prodotto.

In ultimo, si riporta in Fig. 10.3 il caso di una barriera in calcestruzzo del tipo NDBA (cfr. Cap. 15) con una modifica di installazione relativa all'inclinazione dei tirafondi di ancoraggio al supporto in calcestruzzo che nella configurazione di partenza sono verticali. Questa modifica ha consentito di installare la barriera su un cordolo esistente di uno spartitraffico di ridotta larghezza. In questo caso, la modifica di installazione ha comportato l'emissione di una nuova marcatura CE attestante la modifica di prodotto attraverso l'intervento del *Notified Body*.

L'emissione della marcatura CE è avvenuta dopo aver eseguito diverse prove al vero.

Riferimenti bibliografici

[1] Regolamento (UE) 2024/3110 del 27 novembre 2024 che fissa norme armonizzate per la commercializzazione dei prodotti da costruzione e abroga il regolamento (UE) n. 305/2011
[2] D.M. n. 2367 del 21/06/2004. Aggiornamento delle istruzioni tecniche per la progettazione, l'omologazione e l'impiego delle barriere stradali di sicurezza e le prescrizioni tecniche per le prove delle barriere di sicurezza stradale

Chapter 11
Un nuovo criterio per la valutazione del comportamento dei dispositivi di ritenuta

Indice

11.1 La tecnologia "Big Bang" 136
    11.1.1   Finalità 136
    11.1.2   Principio di funzionamento. 136
    11.1.3   Vantaggi della tecnologia "Big Bang" 138
Riferimenti bibliografici 140

Abstract *In questo capitolo si descrive la nuova macchina "Big Bang" sviluppata per testare i dispositivi di ritenuta in maniera "statica" mediante l'applicazione di una energia d'urto equivalente a quella prevista nelle prove di crash test al vero. Il dispositivo di prova può essere potenzialmente impiegato durante l'intero ciclo di vita delle barriere di sicurezza, in particolare nella fase di progettazione ed in quella di esercizio.*

I dispositivi di ritenuta attualmente installati lungo la rete viaria nazionale spesso presentano un certo livello di obsolescenza funzionale legato principalmente all'ammaloramento dei materiali, alle tecnologie impiegate per la loro realizzazione, alla inadeguatezza delle proprietà geotecniche del terreno su cui sono infissi i montanti ed alla carenza di interventi manutentivi.

A ciò si aggiunge la circostanza che in tempi relativamente recenti sono state introdotte norme e regolamenti stringenti volti a rendere i nuovi dispositivi di sicurezza passiva sempre più performanti e "standardizzati", rendendo così di fatto quelli preesistenti obsoleti.

Come sarà meglio illustrato nel Cap. 16, è possibile assegnare ai dispositivi in esercizio un indice di degrado del dispositivo di ritenuta (IDOp) da cui può dipendere la tempestività richiesta per gli interventi manutentivi. Si rende quindi necessario effettuare valutazioni sulla funzionalità dei dispositivi di ritenuta basate su prove d'urto, anche innovative come quella descritta nei successivi paragrafi.

N. Dinnella, M. Guerrieri (Hrsg.), *I dispositivi di ritenuta e le barriere di sicurezza stradali*, https://doi.org/10.1007/978-3-032-10710-7_11

11.1   La tecnologia "Big Bang"

Un importante progetto di ricerca ha portato alla ideazione e alla realizzazione di una macchina di prova denominata "Big Bang", progettata per testare i dispositivi di ritenuta in maniera statica attraverso l'applicazione di una energia d'urto equivalente a quella dei crash test al vero.

In conformità alle norme italiane ed europee che richiedono la marcatura CE, le barriere prima del loro impiego devono essere assoggettate a prove di crash test che ne certifichino la propensione ad assorbire parte dell'energia di cui è dotato il veicolo al momento dell'impatto (cfr. Cap. 8).

Le sperimentazioni al vero, oltre a richiedere significative risorse materiali, tecnologiche, umane ed economiche, sono generalmente finalizzate alla valutazione di nuove barriere di sicurezza e non di quelle già in esercizio. È stato pertanto introdotto un innovativo sistema che impiega l'apparecchiatura "Big Bang" per tentare di superare i predetti limiti.

11.1.1 Finalità

L'apparecchiatura "Big Bang" risulta particolarmente utile quando occorre valutare in tempi rapidi il comportamento (resistenza e spostamento) di nuovi dispositivi di ritenuta conseguente all'applicazione di una certa energia di impatto. Si può quindi effettuare una verifica preventiva che permette di perfezionare il prodotto barriera in una fase iniziale di studio e di ingegnerizzazione del dispositivo senza dover immediatamente ricorrere ai crash test al vero. La macchina Big Bang permette di effettuare sperimentazioni in modo speditivo e soprattutto economico. Essa si caratterizza da una intelaiatura metallica, estensibile e amovibile, che ingloba tutte le componenti tecniche necessarie a realizzare direttamente in sito lo scenario di crash test, vale a dire: meccanismo di battitura, cella di misurazione, impianti elettro-idraulici di azionamento e stazione di lavoro (Fig. 11.1).

L'impiego dell'apparecchiatura "Big Bang" permette quindi, di valutare l'indice di degrado del dispositivo di ritenuta (IDOp, cfr. Cap. 17) replicando direttamente in situ le condizioni di crash test fino al caso limite di prova TB 81. Si può infatti simulare l'impatto di un autocarro articolato di 38 tonnellate lanciato a 65 km/h con un angolo di incidenza di 20° rispetto all'asse stradale.

11.1.2 Principio di funzionamento

L'impianto di prova e la strumentazione tecnica per il rilievo dei dati sono trasferiti sul luogo di indagine con un bilico e successivamente sono collocati sul piano di sedime con il supporto di una gru di portata non inferiore a 12 tonnellate. L'apparec-

Fig. 11.1 Apparecchiatura "Big Bang"

chiatura deve quindi essere disposta dinanzi alla barriera da testare accertando che l'asse longitudinale del corpo battente sia orientato con una angolazione conforme alle indicazioni dettate dalla norma di riferimento UNI EN 1317; la massa battente (o puntale) dovrà essere rivolto verso la barriera e comunque a una distanza inferiore a 5 cm dalla stessa.

A conclusione delle predette fasi, l'impianto si configura come un rigido supporto su cui è incardinato un corpo cilindrico in acciaio zincato capace di oscillare in un piano verticale intorno alla posizione di equilibrio (Fig. 11.1).

L'azionamento di un opportuno pistone consente di svincolare la massa battente dalla sua posizione iniziale di equilibrio agevolandone la massima elongazione in direzione opposta rispetto alla barriera. La configurazione di carico così raggiunta è tenuta in condizione di stallo da un cavo incernierato al basamento della struttura fino all'istante di avvio della prova (Fig. 11.2).

Quando la massa viene rilasciata ricercherà la sua posizione di equilibrio impattando frontalmente con il modulo di ritenuta da testare (per le barriere in cls). Ciò avviene con valori inerziali, cinematici e di quantità di moto noti e prefissati in fase di input.

Al termine della prova, i valori energetici e deformativi connessi all'urto vengono registrati e sono quindi disponibili per essere confrontati con quelli validati e dichiarati nel certificato di marcatura CE rilasciato per gli analoghi elementi costituenti il dispositivo di ritenuta.

I parametri caratteristici della deformazione del sistema di ritenuta sono elaborati secondo una procedura messa a punto dai tecnici di alcune società e possono quindi essere confrontati con quelli riportati sui certificati di prova, anche per determinare il livello di degrado dell'opera testata (IDOp).

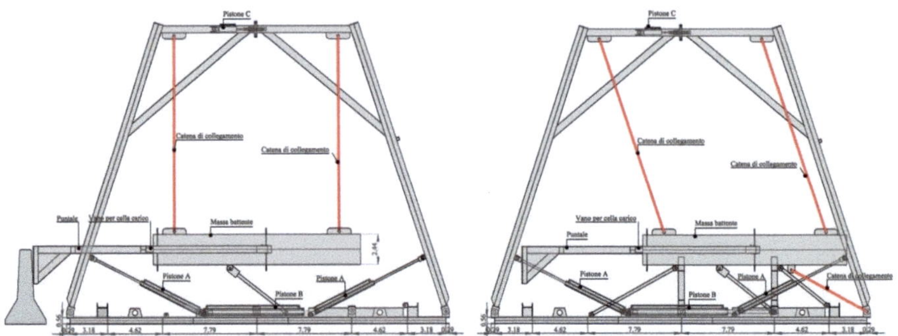

Fig. 11.2 "Big Bang" nella condizione di riposo (a sx) e nella configurazione di carico (a dx)

I fotogrammi di Fig. 11.3 mostrano in modo esemplificativo la superficie di impatto media parametrizzata in relazione alla tipologia di barriera, alla modalità di ancoraggio al suolo e alle caratteristiche strutturali del mezzo urtante (altezza, struttura della carrozzeria, ecc.).

È evidente che la modellazione del corpo impattante costituisce argomento di assoluto rilievo non ancora esaurientemente esplorato e quindi fortemente condizionante per il progresso delle tecnologie del tipo Big Bang.

Per dispositivi semplicemente appoggiati, la misura della larghezza operativa W (Fig. 11.4) effettuata con tecnologie del tipo Big Bang si ritiene già affidabile.

11.1.3 Vantaggi della tecnologia "Big Bang"

La tecnologia Big Bang è un valido strumento di analisi sperimentale del comportamento delle barriere che può essere impiegato sia per studiare nuovi dispositivi, sia per monitorare lo stato di funzionalità di barriere già installate. Il macchinario permette di valutare il comportamento di barriere realizzate con materiali diversi (cls, acciaio, legno), indipendentemente dal contesto di inserimento (bordo laterale, spartitraffico, bordo ponte), tipo di installazione (rilevato o cordolo in cls) e dalle caratteristiche geotecniche del terreno di sottofondo. Le sperimentazioni svolte con la tecnologia Big Bang sono rapide ed economiche, soprattutto se confrontate con i crash test.

Inoltre, esse permettono di replicare il test senza alcuna limitazione. Si rilevata poi che l'attrezzatura Big Bang può essere usata anche per testare sperimentalmente i collegamenti tra i vari elementi modulari delle barriere (ad es. collegamento tra i moduli di barriere NDBA in calcestruzzo [1, 2], cfr. Cap. 15), verificando in tal modo che geometria e spessori siano stati opportunamente dimensionati.

In conclusione, il dispositivo descritto può essere utilmente impiegato durante l'intero ciclo di vita delle barriere di sicurezza: dalla fase di progettazione, sino alla verifica del loro comportamento in esercizio. Ciò anche con l'obiettivo di poter effettuare una efficiente programmazione delle priorità degli interventi manutentivi coerente con le risorse economiche disponibili da parte dell'ente gestore della strada.

Fig. 11.3 Impronte da urto e aree medie di impatto su barriera in acciaio e cls

Fig. 11.4 Particolare dello sposta-mento del dispositivo ottenuto con macchina Big Bang

Riferimenti bibliografici

[1] Dinnella N, Chiappone S, Guerrieri M (2020) The innovative "NDBA" concrete safety barrier able to withstand two subsequent TB81 crash tests. Eng Fail Analysis Open Source Preview 115:104660
[2] Dinnella N, Chiappone S, Granà A (2024) Enhancing road safety with the infrastructure-adaptable NDBA 2.0 concrete median barrier: an Italian experience. Arch Transport 71(3):147–168

Chapter 12
Analisi del supporto di impianto

Indice

12.1 Caratterizzazione del supporto 143
    12.1.1 Prova dinamica T.H.O.R. 143
    12.1.2 Prova con apparecchiatura M.A.R.TE 144
    12.1.3 Prova con apparecchiatura MARTINA 145
    12.1.4 Prove Push-Pull 145
    12.1.5 Prova dinamica 148
    12.1.6 Prove geotecniche 148
12.2 Analisi dei cordoli nel caso di barriere inghisate 150
    12.2.1 Prove di estrazione Pull-Out 152
    12.2.2 Il metodo SonReb 154
12.3 Conclusioni 154
Riferimenti bibliografici 155

Abstract *Il funzionamento delle barriere in acciaio è strettamente connesso alla natura, al grado di addensamento e all'ampiezza laterale del terreno di infissione dei montanti, ossia al cosiddetto "supporto di impianto". In questo capitolo si descrivono alcune apparecchiature innovative (T.H.O.R., M.A.R.TE, MARTINA) ed altre più tradizionali utili per verificare l'efficacia della interazione tra i montanti delle barriere ed il terreno nel quale vengono infissi.*

Il corretto funzionamento dei dispositivi di sicurezza del tipo "nastri e paletti" è strettamente correlato alla natura, addensamento e ampiezza laterale del terreno di infissione, cioè del cosiddetto "supporto di impianto" (Fig. 12.1). Infatti, la barriera deve essere posta in opera su un terreno capace di fornire le resistenze e i tempi di risposta riscontrati nel campo prove durante i crash test al vero. In caso contrario, e/o quando si realizza una insufficiente lunghezza di infissione dei paletti, a seguito di un urto da parte di un veicolo, la barriera può addirittura sfilarsi dal terreno di-

N. Dinnella, M. Guerrieri (Hrsg.), *I dispositivi di ritenuta e le barriere di sicurezza stradali*,
https://doi.org/10.1007/978-3-032-10710-7_12

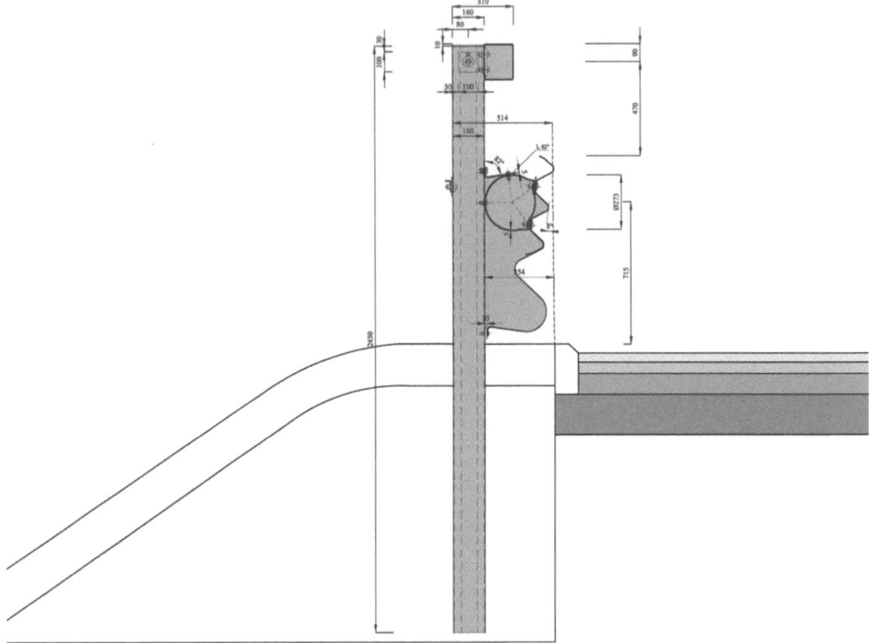

Fig. 12.1 Impianto di ritenuta del tipo "bordo laterale"

ventando del tutto inefficace nella sua azione di contenimento, così come mostrato nell'esempio di Fig. 12.2.

Qualora le condizioni di installazione siano diverse da quelle riportate nella marcatura CE, occorre necessariamente porre in atto ogni azione di verifica che si renda necessaria al fine di dimostrare che le condizioni di installazione su strada siano analoghe a quelle riscontrate durante i crash test.

Per installazioni in condizioni differenti da quelle della prova di crash, si richiede la *modifica di installazione* (cfr. Cap. 10). In questi casi è indispensabile specificare nel *progetto di sistemazione su strada* quali accorgimenti e trasformazioni si intendono eseguire nei punti ritenuti non idonei. Le modifiche potranno riguardare sia il terreno che le parti adiacenti l'infissione della barriera, tenendo presente che le trasformazioni sulla barriera potrebbero richiedere delle ulteriori prove di crash test al fine di ottenere una marcatura CE conforme alle condizioni di installazioni variate. In alternativa, occorrerà un'analisi di simulazione dinamica che giustifichi la nuova installazione e dimostri il corretto funzionamento del dispositivo installato in difformità alla marcatura CE. Questa verifica deve tener conto del comportamento dei terreni che è di tipo visco-elasto-plastico, quindi fortemente dipendente dalla velocità di applicazione dei carichi.

Fig. 12.2 Comportamento anomalo della barriera a causa di supporto di impianto inadeguato e per insufficiente profondità di infissione dei montanti

12.1 Caratterizzazione del supporto

Le prestazioni dei sistemi di ritenuta dipendono in buona parte dalle caratteristiche del terreno di supporto nel quale sono infissi i montanti delle barriere. Risulta perciò di fondamentale importanza eseguire la caratterizzazione geotecnica delle terre che, stante la loro natura di tipo visco-elasto-plastica (il comportamento dipende dalla velocità di applicazione dei carichi), deve essere condotta ricorrendo anche a specifiche prove dinamiche.

12.1.1 Prova dinamica T.H.O.R

L'apparato di prova T.H.O.R. (Testing Head Over Road, Fig. 12.3) consente di verificare l'efficacia della interazione tra il montante della barriera ed il terreno nel quale la medesima è installata.

La piattaforma scorrevole impattante, unitamente alla strumentazione di rilievo dei dati, è ubicata su un carrello trainabile da una motrice; nella condizione di testing è gestita a distanza da un operatore qualificato. Operativamente l'indagine si articola attenendosi alla procedura articolata nelle seguenti fasi:

- *fase 1*: preliminare taratura dell'apparato di prova mediante esecuzione di prove dinamiche effettuate su paletti infissi su supporto analogo a quello deliberato nella prova di crash ammessa ai fini della certificazione del dispositivo;
- *fase 2*: esecuzione di una serie di prove dinamiche eseguite con la stessa attrezzatura e le stesse modalità adottate nella fase 1;
- *fase 3*: determinazione della capacità dei montanti di dissipare energia e relativa comparazione dei dati.

La capacità di contenimento dell'impianto è analizzata attraverso l'analisi della sequenza di misure istantanee realizzate ad alta frequenza e la comparazione dei valori

Fig. 12.3 Apparecchiatura di prova THOR

di deformazione acquisiti. Se i valori di deformazione si discostano tra loro entro un predefinito range di accettabilità (variabile a seconda del tipo di paletto testato), si ritiene che il dispositivo in situ sia in grado di offrire le stesse prestazioni del prototipo certificato ai sensi della UNI 1317.

12.1.2 Prova con apparecchiatura M.A.R.TE

Un sistema di indagine alternativo al metodo T.H.O.R. è quello che prevede l'impiego dell'apparecchiatura M.A.R.TE (Macchina per il Rilievo della Resistenza del Terreno, Fig. 12.4) concepita per eseguire prove in regime quasi-statico e/o dinamico, ovverosia applicando il carico molto lentamente (max 5 mm al secondo) o rapidamente (10–12 mm/s).

L'apparecchiatura di prova è semovente e permette di esercitare sui montanti delle barriere, carichi statici variabili fino a 150 kN ovvero fino a 26 kJ quando applicati con una velocità di circa 12 mm/s (prova dinamica). La sollecitazione può essere applicata a un'altezza da terra variabile tra 0,6 e 1,0 m.

Il sistema M.A.R.TE restituisce, quindi, dati utili riguardanti:

- la classificazione del terreno di impianto e del terreno nel quale sono infissi i pali durante un ITT (Initial Type Testing, cfr. Cap. 8);
- la resistenza del sistema di ancoraggio;
- il carico massimo che una barriera può trasferire al cordolo del sistema di ritenuta durante un urto;
- l'adeguatezza strutturale del manufatto di supporto del sistema di ritenuta;
- la caratterizzazione funzionale dell'arginello in cui è prevista l'installazione della barriera;
- l'attendibilità dei modelli numerici di simulazione dell'impianto;
- la taratura dei modelli numerici rappresentativi degli ancoraggi e/o di eventuali componenti accessori.

Fig. 12.4 Apparato di prova
MARTE

Fig. 12.5 Apparato di prova
MARTINA

12.1.3 Prova con apparecchiatura MARTINA

Per aumentare l'attendibilità delle misurazioni, l'apparato di indagine prima descritto
è stato perfezionato dando origine a un nuovo dispositivo "alleggerito" denominato
MARTINA (Fig. 12.5).

12.1.4 Prove Push-Pull

Per definire il grado di addensamento del terreno interagente con i montanti del
sistema di ritenuta assoggettato all'urto di un veicolo in svio è possibile ricorrere

Fig. 12.6 Prova Push-Pull eseguita su un montante

alle prove dinamiche comparative ovvero a rottura (push-pull) eseguite in sito direttamente sugli elementi di infissione del dispositivo di ritenuta (Fig. 12.6).

Le prove di tipo Push-Pull sono relativamente semplici da svolgere, ripetibili anche per grandi estensioni di barriera e di immediata interpretazione.

La prova prevede di sollecitare l'elemento metallico da testare con una forza orizzontale linearmente crescente nella direzione di massima inerzia. La sollecitazione è prodotta da una specifica apparecchiatura oleodinamica ed è applicata ad altezza variabile tra 0,6 e 1,0 m dal piano di infissione.

Le velocità di applicazione dei carichi definiscono le differenti modalità di prova:

- velocità di spinta inferiore a 20 mm/s, idonea a caratterizzare la mobilitazione progressiva dei contributi di resistenza del complesso palo terreno in termini plastici e visco-plastici;
- velocità di spinta fino a 10–12 mm/s (comparabile ai fini delle analisi con la velocità d'urto di una prova di crash tipo TB 32), atta a verificare la congruenza tra gli effetti risultanti dalla prova in situ e quella di crash test.

I risultati di prova vengono prima acquisiti in continuo mediante celle di carico e trasduttori di spostamento e poi diagrammati in termini di grafici carico-spostamento e spostamento-tempo (*UNI/TR 11785*; Fig. 12.7 e Fig. 12.8).

La prova ha termine quando la sommità del montante raggiunge lo spostamento di 40 cm ovvero nel momento in cui la sollecitazione applicata supera i 45 kN di spinta.

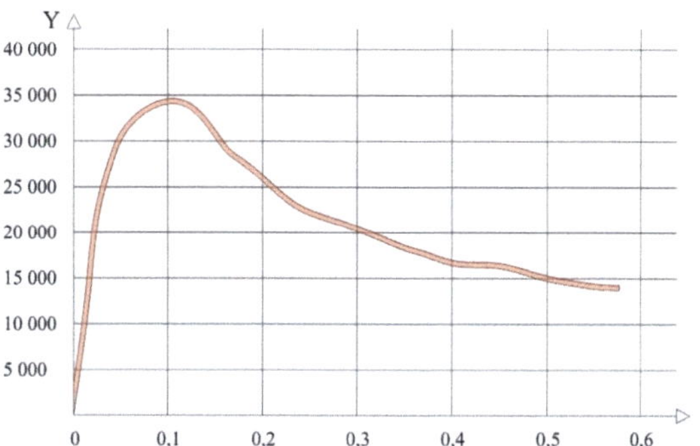

Fig. 12.7 Diagramma tipo forza (asse Y) – spostamento (asse X)

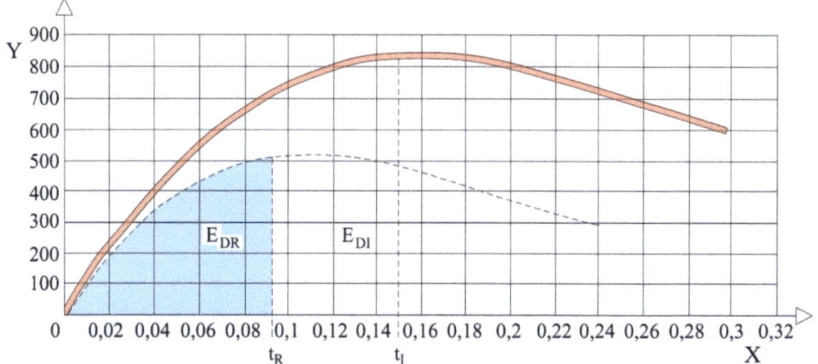

Fig. 12.8 Diagramma tipo spostamento (asse Y) – tempo (asse X)

In relazione alla entità della forza applicata e allo spostamento registrato, è possibile operare una classificazione convenzionale del terreno nei seguenti tipi:

- Rigid: forza applicata > 35 kN per uno spostamento < 0,05 m;
- Hard: forza applicata > 35 kN per uno spostamento di 0,20 m;
- Medium: forza applicata compresa tra 25–35 kN per uno spostamento di 0,20 m;
- Soft: forza applicata inferiore a 20 kN per uno spostamento di 0,20 m.

Al termine della prova di spinta, gli elementi metallici testati vengono estratti dal terreno affinché possano essere misurate le caratteristiche geometriche utili a ricostruire, mediante modelli di post-interpretazione o back-analisys, le seguenti caratteristiche principali (Fig. 12.9):

- P: profondità della cerniera plastica rispetto alla estremità inferiore del palo ed in corrispondenza della massima distanza "a";
- Z: sezione del palo in corrispondenza di P;
- L: altezza del palo post-prova.

Si può così effettuare per lo stesso tipo di barriera la comparazione tra i valori misurati nella prova realizzata sul sito di installazione e quelli ottenuti nella prova di crash test.

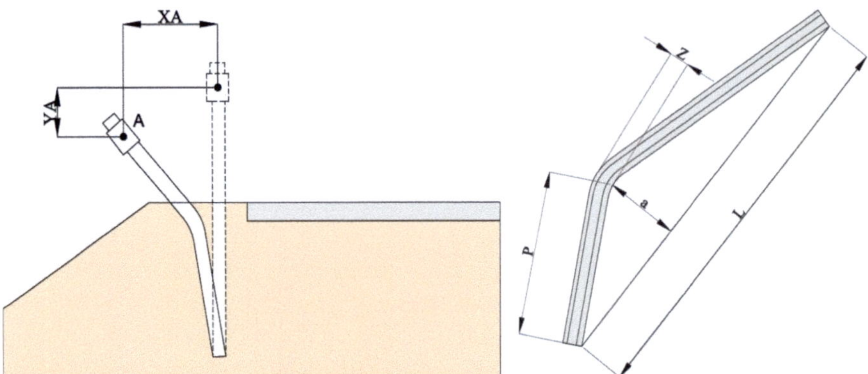

Fig. 12.9 Spostamenti da rilevare in fase di spinta e configurazione deformata del paletto

12.1.5 Prova dinamica

La prova dinamica analizza in toto gli stadi che caratterizzano l'urto e la conseguente deformazione del paletto infisso in situ e permette di dedurre la curva spostamento-tempo e la quota, rispetto al piano campagna, alla quale si legge la torsione del montante. Questi dati si comparano con quelli misurati nel campo prove. Se l'andamento della curva di deformazione (Fig. 12.10) e la quota di plasticizzazione del montante (Fig. 12.11) sono comparabili nelle due distinte modalità di prova, si può ritenere che il comportamento del sistema palo-terreno sia sostanzialmente identico per le due configurazioni esaminate.

Se invece i dati registrati non sono tra loro confrontabili, si rende necessario ricorrere a soluzioni alternative per assicurare il corretto funzionamento del sistema di ritenuta.

12.1.6 Prove geotecniche

Per la determinazione del carico limite di rottura del sistema terreno-struttura (Fig. 12.12) è possibile fare ricorso a valutazioni analitiche basate su modelli della geotecnica in condizioni non drenate. In particolare, si può adottare un modello in forma chiusa per la valutazione della portanza di pali liberi di ruotare in testa sottoposti a carichi orizzontali (teoria di Broms). Per tener conto della velocità di applicazione dei carichi, è possibile riferirsi cautelativamente alla espressione:

$$P_u = Nc_u D \qquad (12.1)$$

dove:

- N = coefficiente di forma variabile tra 8 e 12, tipicamente 9;
- c_u = coesione non drenata;
- D = diametro caratteristico o equivalente del paletto.

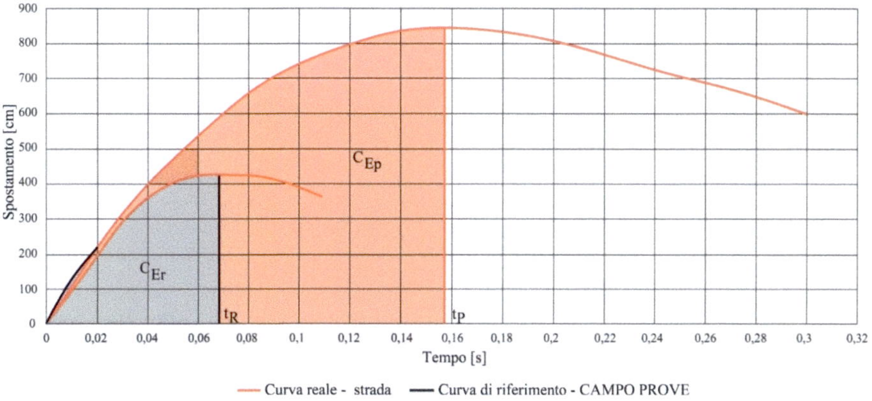

Fig. 12.10 Confronto tra le curve Tempo – Spostamento

Fig. 12.11 Confronto tra due montanti nello stato post-urto: formazione della cerniera plastica (a destra) ed assenza di formazione della cerniera plastica (a sinistra)

I valori medi di coesione non drenata c_u da associare al volume significativo interagente con i paletti possono essere ricavati mediante prove preliminari penetrometriche statiche CPT o penetrometriche dinamiche continue tipo DPSH in sito, applicando poi relazioni note da letteratura tecnico-scientifica, basate sulla resistenza alla punta, qc, nel caso di prove CPT, e sul numero di colpi per avanzamento di 20 cm, N20, nel caso di DPSH.

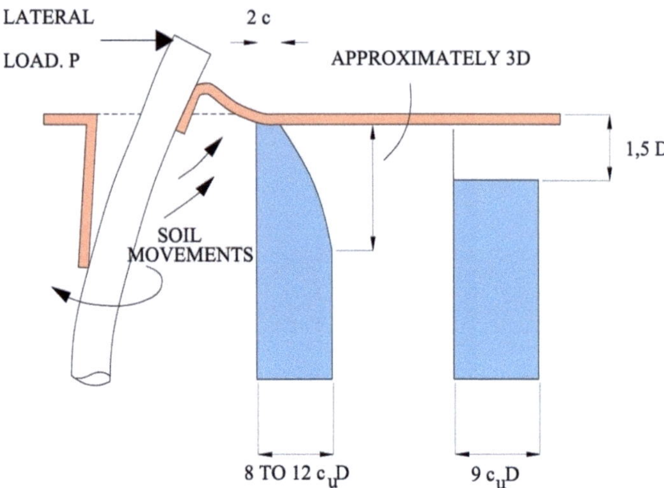

Fig. 12.12 Modello di rottura di palo isolato sottoposto a carico orizzontale [1]

I valori tipici di c_u degli arginelli esistenti valutati nei primi 1–2 m dal p.c. sono in genere nel range di 20–40 kPa. I valori di carico a rottura ottenuti con prove Push-Pull quasi-statiche sono tipicamente compresi tra i 20 e i 35 kN.

12.2   Analisi dei cordoli nel caso di barriere inghisate

Spesso le barriere vengono installate su cordoli o su generici manufatti in calcestruzzo. La sostituzione di barriere esistenti talvolta richiede anche veri e propri interventi di rifacimento delle strutture in calcestruzzo di supporto.

Per barriere installate su manufatti in calcestruzzo è necessario che durante gli impatti dei veicoli gli ancoraggi non cedano, o che lo facciano secondo le specifiche di progetto, e che non si distacchino dalla fondazione durante il trasferimento del carico. È ovviamente necessario garantire che la fondazione o, il cordolo laterale nel caso di opere d'arte, sia in grado di resistere alle sollecitazioni indotte dal violento impatto prodotto dai veicoli sulle barriere. Per garantire ciò, occorre poter valutare i carichi che la barriera è in grado di trasferire sul manufatto in calcestruzzo.

Lo standard europeo per le prove delle barriere di sicurezza stradale EN 1317:2010 richiede al costruttore del dispositivo di ritenuta di stimare i massimi carichi che possono essere trasferiti dagli ancoraggi alla fondazione. Questi carichi possono essere valutati tramite calcoli oppure tramite prove *ad hoc* su sottocomponenti (per esempio sistema palo, ancoraggi e fondazione).

È inoltre possibile misurare i carichi agenti direttamente durante le prove di crash. Lo standard di certificazione EN 1317-5:2008 suggerisce che le barriere di sicurezza siano classificate in conformità alla EN 1991-2 relativamente ai loro carichi d'urto. Secondo la EN 1991-2 la progettazione strutturale deve tener conto di un'adeguata configurazione di forze orizzontali e verticali di tipo statico trasferite all'impalcato dalla barriera di sicurezza stradale, proporzionali alle azioni dinamiche relative all'urto. Questo viene fatto tramite un modello semplificato di barriera alla quale viene applicata una forza orizzontale puntuale.

La forza orizzontale raccomandata può variare da 100 kN a 600 kN in funzione della classe prescritta dal progettista (A, B, C, D); si ipotizza l'applicazione alla quota minore tra quella a 100 mm sotto il lembo superiore della barriera e la quota di 1 m dal piano della carreggiata. I metodi di determinazione dei carichi orizzontali e verticali di questo modello possono essere diversi (la EN 1991-2 suggerisce espressioni semi-empiriche per la stima delle forze verticali).

Vengono quindi stimate le forze e i momenti che la barriera trasferisce all'impalcato o alle sottostrutture, applicando opportuni coefficienti di conversione statico-dinamici.

Tali metodi devono comunque basarsi su delle assunzioni modellistiche riguardanti le condizioni di carico tali da generare le massime reazioni al vincolo con l'impalcato. La determinazione di questi carichi, come detto, è spesso complessa e non univoca; le reazioni del vincolo dipendono infatti oltre che dall'entità delle forzanti esterne anche dalla loro direzione e dalla loro distanza di applicazione dal vincolo. In aggiunta, non è semplice stimare in modo rigoroso quali possano essere i valori delle forze effettivamente scambiate tra gli automezzi e la barriera di sicurezza durante un crash test. Alcuni laboratori di prova italiani ed europei stanno sviluppando diversi metodi di misura di queste forze direttamente durante i crash test prescritti dalla EN 1317. Alcuni metodi prevedono la misura delle forze risultanti scaricate su dei tratti di impalcato di lunghezza prefissata, altri invece richiedono la misura delle forze e dei momenti in corrispondenza degli ancoraggi di ciascun paletto. In assenza di diverse specifiche prescrizioni, è usuale riferirsi nella progettazione dei cordoli di fondazione di barriere, agli schemi di carico basati su sistemi di forze equivalenti proposti dalle vigenti NTC alle azioni causate da collisioni sugli elementi di sicurezza secondo § 5.1.3.10 "Urto di veicolo in svio", § 3.6.3.3.2 "Urti da traffico veicolare sopra i ponti". Detti approcci vengono specificamente particolarizzati per condizioni di progettazione (ordinarie e non ordinare definite rispetto a specifiche occorrenze di modalità di connessione, traffico, geometria stradale), all'interno del Quaderno Tecnico Anas Volume II – parte 5 [2].

In particolare, per le "condizioni ordinarie", si definiscono (Fig. 12.13):

- *forze trasversali*: si assumono quattro forze orizzontali in corrispondenza dei montanti della barriera, il cui interasse è stabilito in 1,25 m; le due forze applicate ai paletti di estremità della zona considerata sono pari a 50 kN e le altre due, applicate ai montanti interni, sono pari a 100 kN. Tutte le forze agiscono trasversalmente ad un'altezza di 1,00 m dal piano viabile e sono dirette verso l'esterno dell'impalcato;

- *carichi verticali*: oltre al peso proprio della struttura, si considera lo Schema di Carico 2 previsto nelle NTC, costituito da due impronte di carico di dimensioni 0,35 x 0,60 m su ciascuna delle quali è applicata una forza di 200 kN; le impronte sono collocate longitudinalmente in mezzeria della zona di impalcato interessata dall'applicazione del suindicato carico orizzontale e trasversalmente, una è posta all'estremità della piattaforma stradale mentre l'altra è distante 2,00 m da essa.

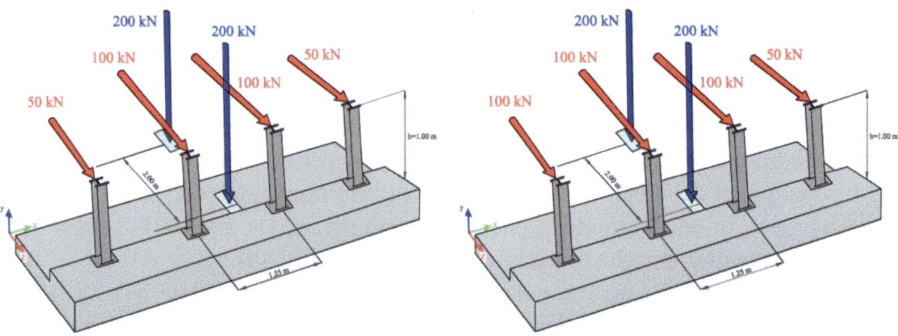

Fig. 12.13 Configurazioni di carico

Per le condizioni "non ordinarie" vengono considerate 4 forze orizzontali pari a 100 kN.

Le verifiche degli elementi strutturali vengono quindi effettuate secondo quanto specificamente previsto dalle vigenti NTC2018, Eurocodice 2 – Parte 4: Progettazione degli attacchi per utilizzo nel calcestruzzo, UNI EN 1992-4:2018 e linee guida ETAG per gli ancoraggi.

Per quanto concerne la caratterizzazione meccanica dei materiali ci si riferisce tipicamente alle indicazioni delle NTC, con particolare riferimento ai § 8.5.3 e § 8.5.4. Particolare rilievo assumono ai fini della stima dei valori caratteristici delle resistenze dei materiali, la definizione dei livelli di conoscenza LC e relativi fattori di confidenza FC, da assumere come coefficienti riduttivi delle resistenze dei materiali ai fini delle verifiche.

Utili informazioni sulle resistenze dei calcestruzzi dei supporti delle barriere possono essere ricavate dalla esecuzione di prove di pull-out, sclerometriche, ultrasoniche e con metodo SonReb.

12.2.1 Prove di estrazione Pull-Out

La prova di estrazione (Pull-Out) consiste nell'estrarre dal calcestruzzo un inserto in acciaio di dimensioni standard mediante un apparecchio estrattore (o martinetto cavo più anello di contrasto), appoggiato sulla superficie dell'elemento strutturale e collegato ad opportuni strumenti di misura.

L'anello di contrasto determina la rottura dell'area del calcestruzzo interessato secondo una superficie tronco conica. Le superfici di frattura dipendono dalle dimensioni dell'inserto d'acciaio e dell'anello di contrasto. La prova può considerarsi di tipo semi distruttivo o localmente distruttivo, poiché apporta lievi danni superficiali alla struttura in c.a. Per la sua esecuzione ci si riferisce tipicamente alle seguenti norme [3]:

- UNI 10157. Calcestruzzo indurito. Determinazione della forza di estrazione mediante inserti post-inseriti ad espansione geometrica e forzata;
- UNI EN 12504-3. Prove sul calcestruzzo nelle strutture. Parte 3: determinazione della forza di estrazione;
- UNI EN 13791. Valutazione della resistenza a compressione in sito nelle strutture e nei componenti prefabbricati di calcestruzzo;
- D. Cons. Sup. LL.PP. 26/09/2017, n. 361. Linee guida per la messa in opera del calcestruzzo strutturale e per la valutazione delle caratteristiche meccaniche del calcestruzzo indurito mediante prove non distruttive.

L'esecuzione delle prove di estrazione si svolge mediante l'impiego di inserti post-inseriti nel calcestruzzo secondo le seguenti modalità:

a) individuazione di una zona di misura idonea. L'elemento strutturale oggetto di indagine deve avere lo spessore minimo di 100 mm;

b) i punti di misura non devono essere coincidenti con aggregati affioranti e devono essere sufficientemente distanti dalle barre di armatura, dagli altri punti di misura e dagli spigoli dell'elemento strutturale (almeno 100 mm). Le dimensioni dell'inserto devono tenere conto della dimensione massima degli aggregati. I punti di prova devono essere distanti fra loro almeno 200 mm. Il centro delle posizioni della prova deve risultare distanziato da ciascun punto per almeno otto volte il diametro della testa dell'inserto mentre la distanza dallo spigolo dell'elemento strutturale dovrebbe essere ad almeno quattro diametri;

c) ogni area di misura deve essere interessata da almeno tre estrazioni. Ogni estrazione deve essere eseguita con la seguente procedura:
   - esecuzione del foro in direzione ortogonale alla superficie del calcestruzzo;
   - pulizia della polvere dal foro, inserimento del tassello per tutta la sua lunghezza e fissaggio del tassello per espansione o inghisaggio con resina epossidica ad alte prestazioni contro le pareti del foro;
   - posizionamento del martinetto sulla faccia del calcestruzzo ed inserimento del tirante nel foro del martinetto mediante avvitamento con forza del tassello;
   - centratura del martinetto rispetto al tassello ed esecuzione della prova di estrazione;
   - l'incremento della pressione (o del carico) nel martinetto deve essere graduale e costante (0.5 ± 0.2 kN/s);
   - rilievo della forza F di estrazione, in kN e registrazione del risultato.

d) effettuate le 3 estrazioni, deve essere calcolata la media dei 3 valori di F. Qualora uno di essi si discosti di più del 20% dal valore medio, tale valore dovrà essere sostituito dal risultato di un ulteriore estrazione eseguita in prossimità delle altre; se anche in questo caso il criterio di accettazione non risulta verificato, si dovranno ripetere le 3 estrazioni in una nuova zona adiacente.

Attraverso la misura della forza di estrazione F, già utile di per sé alla valutazione della risposta del sistema di ancoraggio della barriera prevista, è possibile associare la stima della resistenza del calcestruzzo in situ in base a una legge di correlazione lineare basata sulla misura della forza di espansione laterale del tassello, nell'ipotesi di deformazione uniforme sulla superficie laterale del foro nel calcestruzzo.

I valori di forza di estrazione massima potranno essere confrontati con i relativi corrispondenti valori forniti dal produttore della barriera direttamente misurati nell'ambito di prove di crash o stimati indirettamente con metodi di conversione statico/dinamica e, a loro volta, confrontati in termini di resistenze unitarie di aderenza acciaio-calcestruzzo in funzione delle resistenze caratteristiche stimate per il calcestruzzo.

12.2.2 *Il metodo SonReb*

Il metodo SonReb si basa sulla combinazione dei risultati ottenuti con prove sclerometriche ed ultrasoniche, correlando l'indice di rimbalzo (REBound) e la velocità delle onde ultrasoniche (SONic) con la resistenza a compressione del calcestruzzo attraverso una opportuna calibrazione della relazione che lega queste tre grandezze, effettuata mediante regressione statistica dei valori sperimentali (*Linee Guida ReLUIS*).

La validità del metodo SonReb deriva dalla compensazione delle imprecisioni dei due metodi non distruttivi utilizzati. Infatti, si è notato che il contenuto di umidità fa sottostimare l'indice sclerometrico e sovrastimare la velocità ultrasonica, e che, all'aumentare dell'età del calcestruzzo, l'indice sclerometrico aumenta mentre la velocità ultrasonica diminuisce. La correlazione tra la resistenza e l'indice di rimbalzo e la velocità ultrasonica si esprime, generalmente, mediante la seguente formula:

$$R_c = a \cdot I_r^b \cdot V^c \qquad (12.2)$$

dove:

- R_c è la resistenza stimata associata al punto indagato;
- a, b, c sono i coefficienti che consentono di correlare al meglio i dati sperimentali diretti;
- V è la velocità ultrasonica di attraversamento;
- I_r è l'indice di rimbalzo misurato.

12.3   Conclusioni

Ogni variazione delle caratteristiche tecniche della sezione stradale e/o delle proprietà geotecniche delle terre e della configurazione strutturale del dispositivo di ritenuta rispetto alle condizioni deliberate per la certificazione del prodotto rappresenta una potenziale criticità per la sicurezza.

Spesso i montanti dei dispositivi di ritenuta sono infissi su arginelli in rilevato di dimensioni inadeguate ed il solido stradale esistente presenta proprietà geotecniche scadenti o comunque non del tutto assimilabili con le condizioni impiegate nei crash test.

In occasione delle attività di ammodernamento delle barriere di sicurezza già installate su strade esistenti è pertanto indispensabile eseguire prove e/o indagini idonee a verificare che le condizioni di installazione dei nuovi dispositivi siano fedeli a quelle impiegate nei crash test. In caso di significative discrepanze è necessario adottare opportuni accorgimenti progettuali, tra i quali si annoverano le modifiche alla geometria dell'arginello (estensione, risagomatura del profilo, ecc.), gli interventi sul supporto (es. compattazione), l'ottimizzazione del dispositivo di ritenuta (ancoraggi metallici ausiliari, cordolo integrativo in cls, approfondimento dei montanti, ecc.). Questi aspetti sono per altro trattati al § 4.3.1 nell'appendice C della Norma UNI/TR 11785:2020 "Documento tecnico di supporto per la redazione del manuale di utilizzo e installazione dei dispositivi di ritenuta stradali su rilevato", cui si rimanda per ulteriori dettagli.

Riferimenti bibliografici

[1] Landi G (2006) Pali soggetti a carichi orizzontali: indagini sperimentali ed analisi. Università degli Studi di Napoli, Federico II (Tesi di dottorato)
[2] ANAS S.p.A. Quaderno Tecnico Anas Volume II – parte 5
[3] Venturi V (2012) Manuale dei Controlli non Distruttivi. Quaderno tecnico n° 3. Sidercem – Istituto di Ricerca e Sperimentazione sui Materiali da Costruzione

Chapter 13
I punti singolari

Indice

13.1   Verifica delle transizioni.   159
    13.1.1   Transizioni tra barriere   159
    13.1.2   Indicazioni progettuali fornite dalla specifica tecnica prEN 1317-4   165
    13.1.3   Transizioni tra barriere ed attenuatori d'urto   166
    13.1.4   Verifica dei terminali.   167
    13.1.5   Terminali semplici   169
    13.1.6   Terminali speciali   172
    13.1.7   Prove d'urto e criteri di accettazione   173
    13.1.8   Gli attenuatori d'urto   179
    13.1.9   Prove d'urto per gli attenuatori.   180
    13.1.10 Caratteristiche degli attenuatori redirettivi e non redirettivi   182
    13.1.11 I varchi amovibili   185
    13.1.12 Prove d'urto per i varchi amovibili.   185
    13.1.13 Caratteristiche tecniche dei varchi amovibili   187
    13.1.14 I varchi amovibili in calcestruzzo.   187
Riferimenti bibliografici.   189

Abstract *In questo capitolo viene trattato il tema delle modalità di protezione dei punti singolari (muri di controripa, pile di ponti, cuspidi, ecc.). In particolare, sono descritte le caratteristiche tecniche delle barriere per la chiusura dei varchi, degli attenuatori d'urto, dei terminali speciali, dei dispositivi per le zone di approccio alle opere d'arte (ponti, viadotti, ecc.) e per le zone di transizione.*

I dispositivi di ritenuta che si adottano per i cosiddetti "punti singolari" hanno lo scopo di proteggere alcuni particolari elementi infrastrutturali (muri di controripa, pile di ponti, cuspidi, ecc.) o installazioni (parti terminali di barriere, transizioni di barriere di classe e tipo diverso) presenti sul margine della strada che, in caso di impatto, possono provocare gravi conseguenze per gli occupanti di un veicolo.

© The Author(s), under exclusive license to Springer Nature Switzerland AG 2026   157
N. Dinnella, M. Guerrieri (Hrsg.), *I dispositivi di ritenuta e le barriere di sicurezza stradali*,
https://doi.org/10.1007/978-3-032-10710-7_13

L'art. 1 del D.M. 21/06/2004 prevede barriere o dispositivi per la protezione dei punti singolari come ad esempio:

- barriere per chiusura varchi;
- attenuatori d'urto per ostacoli fissi;
- letti di arresto;
- terminali speciali;
- dispositivi per zone di approccio alle opere d'arte;
- dispositivi per zone di transizione e simili.

Su strade di nuova realizzazione, possono essere considerati punti singolari, ad esempio, l'imbocco delle gallerie e dei sottopassi, l'avvio dei muri di controripa e, in generale, ogni punto di discontinuità delle pareti delle gallerie e dei sottopassi.

Per le strade esistenti vengono considerati punti singolari: le pile dei ponti con spazio laterale insufficiente, le discontinuità nelle pareti o agli imbocchi di gallerie, i punti di avvio dei muri di controripa, le cuspidi di rampe, nonché i tratti stradali sui quali non sono disponibili spazi sufficienti all'inserimento e al funzionamento in piena efficienza di alcun dispositivo di ritenuta.

L'art. 6 del D.M. 21/06/2004 recita testualmente che, sulle strade esistenti, i *"punti singolari come pile di ponte senza spazio laterale o simili"* possano essere protetti mediante *"dispositivi in parte difformi da quelli indicati, curando in particolare la protezione dagli urti frontali su detti elementi strutturali"*.

Inoltre, la Circolare MIT n. 0062032 del 21/07/2010 chiarisce che le protezioni dei punti singolari sono definite dal progettista della sistemazione su strada e non corrispondono necessariamente ad uno specifico prodotto marcato CE o assoggettato a prova di crash.

Ne consegue che, per la protezione di questi punti, il progettista dovrà prevedere soluzioni specifiche per tener conto delle esigenze di sicurezza dell'infrastruttura, della sicurezza di terzi ed anche dei veicoli transitanti in direzione opposta, ad esempio nel caso di protezione di ostacoli già presenti all'interno dello spartitraffico, o in prossimità del margine stradale.

I principali sistemi di ritenuta per la protezione dei punti singolari sono i seguenti:

- terminali (semplici e speciali);
- attenuatori d'urto;
- transizioni (collegamento longitudinale di barriere di classe e tipo diverso);
- chiusure varchi spartitraffico;
- sistemi particolari di protezione all'imbocco delle gallerie.

Tali dispositivi, le cui caratteristiche prestazionali sono definite dal D.M. 2367 del 21/06/2004 e dalle Norme UNI EN 1371, richiedono una specifica progettazione e apposite prove d'urto per il loro effettivo impiego.

13.1 Verifica delle transizioni

Le transizioni costituiscono gli elementi di passaggio fra due tipi diversi di barriera (ad esempio da bordo laterale a bordo ponte). Esse hanno dunque il principale scopo di ripristinare la continuità tra barriere diverse.

Come sarà meglio illustrato nel seguito, ad oggi a livello nazionale non esiste alcun obbligo normativo esplicito e specifico per le transizioni; queste sono infatti analizzate alla stessa stregua dei cosiddetti "pezzi speciali"; pertanto, quando occorre, si effettuano analisi di simulazione dinamica per valutarne il comportamento.

Il CEN TC226/Wg1 ha inoltre definito le transizioni come componenti che non possono ricevere la marcatura CE. In definitiva, in base all'attuale quadro normativo cogente, ad oggi in Italia non sussiste l'obbligo di testare e quindi certificare le transizioni.

A livello internazionale, invece, ci sono vari standard che forniscono metodi e criteri per valutare le caratteristiche di impatto del veicolo sulle zone di transizione tra barriere di sicurezza, in particolare:

- in Europa, si fa riferimento alla norma ENV 1317-4 Bozza (TR; ovvero il Technical Report TR sulle Transizioni in fase di sviluppo al CEN per sostituire ENV 1317 4, provvisoriamente in vigore);
- negli Stati Uniti, la norma NCHRP – 350 U.S. MASH.

L'unico Paese in ambito Europeo che ad oggi si è dotato di una propria normativa sulle transizioni è la Francia che ha prodotto il Regolamento AFNOR NF058/RNER, (22 agosto 2014).

Pertanto, in presenza di un passaggio tra diverse tipologie e classi di barriere presenti lungo il margine stradale, occorre garantire la continuità delle prestazioni di sicurezza (in termini di contenimento e severità dell'urto) attraverso opportuni elementi di transizione longitudinale, appositamente progettati, che consentono un'adeguata e sicura connessione tra i dispositivi di ritenuta adiacenti.

13.1.1 Transizioni tra barriere

La Normativa UNI ENV 1317-4 definisce transizione *"un elemento da interporre tra due barriere di sicurezza aventi diversa sezione trasversale o differente rigidità laterale, affinché sia garantito un contenimento continuo"*.

L'obiettivo della transizione (B) è quello di fornire una variazione graduale di rigidezza e di contenimento nel passaggio dalla prima (A) alla seconda barriera (C), aventi differente sezione trasversale o diversa rigidezza laterale (Fig. 13.1). L'impiego delle transizioni consente, pertanto, di evitare pericolose discontinuità nel passaggio da una tipologia di barriera ad un'altra, offrendo al veicolo in svio sostanzialmente le medesime prestazioni di sicurezza in qualsiasi punto della barriera.

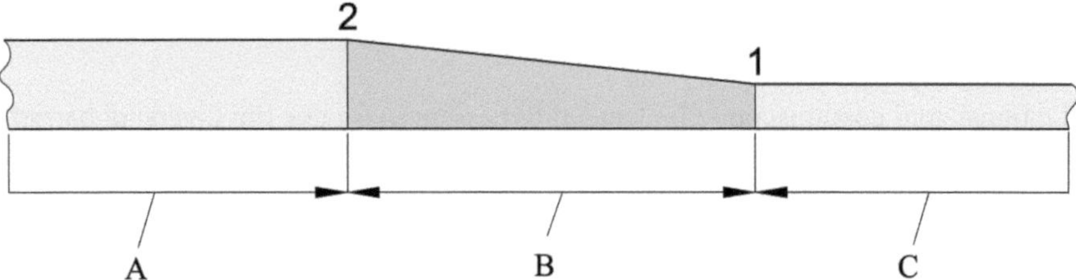

Fig. 13.1 Identificazione degli elementi di una transizione

Tabella 13.1 Prove d'urto al vero e prove virtuali

PROVE D'URTO DAL VERO	PROVE D'URTO VIRTUALI	NUMERO MINIMO DI PROVE	QUALITA' DEI MODELLI NUMERICI
Livello Al	Livello BI	1 Veicolo pesante + 1 veicolo leggero	Totalmente oppure parzialmente conformi alla ENI 6303; non conformi alla EN 16303
Livello A2	Livello B2	1 Veicolo pesante + 1 veicolo leggero	
–	Livello B3	Più punti di impatto con entrambi i tipi di veicolo	
–	Livello B4	Più punti di impatto con entrambi i tipi di veicolo	

Le transizioni sono generalmente adottate nel passaggio tra barriere:

- caratterizzate dallo stesso materiale ma con sezione trasversale diversa, ad esempio transizione da doppia onda a tripla onda e viceversa;
- realizzate in materiali differenti: da acciaio a calcestruzzo e viceversa;
- con rigidezza laterale diversa: da barriera bordo laterale a bordo ponte e viceversa.

Secondo il quadro normativo europeo, le prestazioni delle transizioni tra barriere possono essere valutate con i seguenti metodi:

- Metodo A: comporta la valutazione mediante prove al vero;
- Metodo B: comporta la valutazione mediante prove virtuali;
- Metodo C: si configura come metodo alternativo ai due precedenti e presuppone che le transizioni siano progettate attenendosi a delle regole geometriche e dimensionali ritenute adeguate ad assicurare un livello di sicurezza "basico".

La definizione degli indici di prestazione (larghezze operative, deflessioni dinamiche, indice ASI) e delle classi di contenimento, riportata nei precedenti capitoli, segue i criteri ed i riferimenti della norma UNI EN 1317-2. In particolare, tale norma precisa che la connessione tra due barriere aventi la medesima sezione trasversale, costituite dallo stesso materiale e diverse per la loro larghezza operativa in misura non maggiore di una classe, non deve essere considerata una transizione. Per i restanti casi, invece, la classe di contenimento della transizione non deve essere né inferiore alla minore, né superiore alla maggiore delle classi delle barriere tra loro connesse

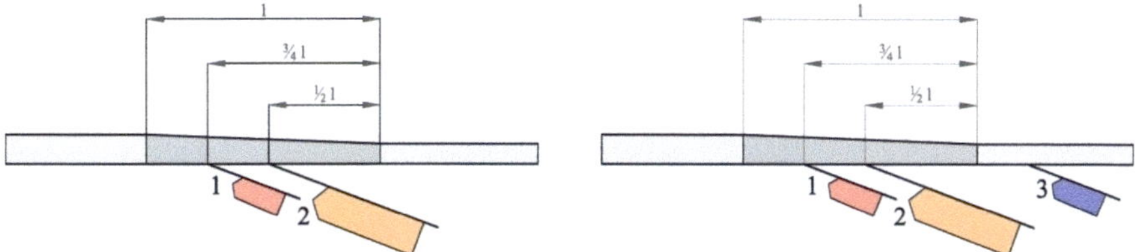

Fig. 13.2 Schemi di impatto previsti sulle transizioni

Tabella 13.2 Livelli di larghezza operativa e di intrusione normalizzata

LENGTH OF THE TRANSITION	NUMBER OF IMPACT POINTS
L < 8 m	3
8 m ≤ L < 12 m	4
12 m ≤ L < 16 m	5
16 m ≤ L < 20 m	6
20 m ≤ L < 24 m	7
24 m ≤ L < 28 m	8
28 m ≤ L < 32 m	9
32 m ≤ L < 36 m	10
L < 36 m	11

tramite l'elemento di transizione, mentre la larghezza operativa W non deve essere superiore a quella maggiore delle barriere collegate.

La transizione dovrà assicurare un contenimento di livello equivalente a quello della barriera da collegare di classe inferiore.

L'impatto del veicolo dovrà avvenire nel punto più critico del sistema nella direzione di marcia che comporta la presenza della barriera di livello di contenimento inferiore a monte del punto di collisione o nel caso di dispositivi di pari livello a monte della barriera più deformabile.

Ad oggi spetta in genere alle autorità competenti il compito di specificare il livello di sicurezza da raggiungere e di conseguenza le modalità per ottenerlo.

La Tab. 13.1 riporta le prove d'urto al vero e quelle virtuali previste per le transizioni.

Le Fig. 13.2, 13.3 e 13.4 mostrano invece i punti di impatto previsti che saranno meglio descritti nel seguito.

Il numero dei punti di impatto risulta inoltre funzione della lunghezza della transizione specifica come indicato in Tab. 13.2.

Con particolare riferimento alla Direzione di Impatto (DI) ed al Punto di Impatto (PI), la ENV 1317-4, prevede che:

- ogni transizione deve superare almeno due crash test per l'accettazione, come indicato nella norma EN 1317-2, uno con il veicolo leggero (TB 11 per determinare la severità dell'impatto) e l'altro con un mezzo pesante (per determinare il massimo contenimento);

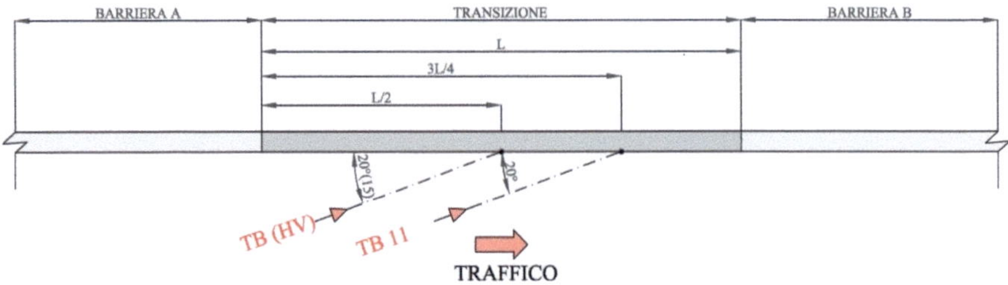

Fig. 13.3 Schema dei punti e della direzione di impatto. (ENV 1317-4)

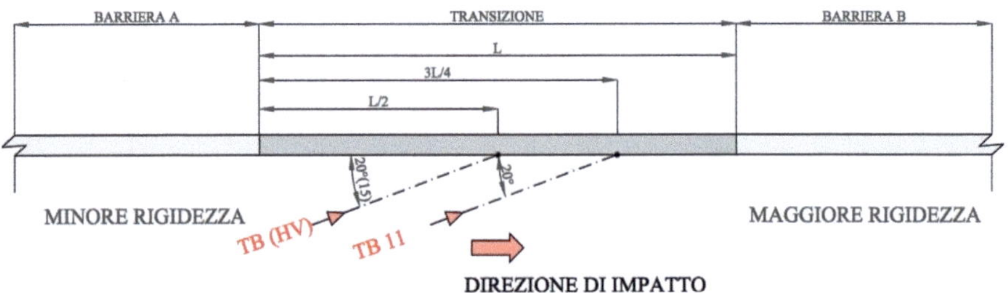

Fig. 13.4 Schema della direzione di impatto. (ENV 1317-4)

- la Direzione di Impatto (DI) e il Punto di Impatto (PI) devono essere selezionati in modo che siano i più critici per ogni prova.

  La Direzione di Impatto (DI) più critica è quella che va dalla barriera meno rigida (più deformabile) alla barriera più rigida e, in ogni caso, viene specificato che:

- quando le due barriere (A, B) hanno il medesimo livello di contenimento, la direzione di impatto sarà dalla barriera con maggiore deflessione dinamica (A) a quella con minore deflessione dinamica (B);
- quando le due barriere (A, B) hanno diverso livello di contenimento si possono presentare i due seguenti casi per quanto attiene alla direzione di impatto:
  - se la barriera con maggiore livello di contenimento (B) ha una deflessione dinamica minore o uguale a quella della barriera di minore livello di contenimento (A), la Direzione di Impatto (DI) deve essere quella che va dalla barriera caratterizzata da minore livello di contenimento a quella di maggiore livello di contenimento;
  - se la barriera con il livello di contenimento più alto (B) ha una deflessione dinamica maggiore di quella con il livello di contenimento più basso (A), sarà il laboratorio prove a valutare la scelta della direzione e del punto di impatto.

  Per quanto riguarda il Punto di Impatto (PI):

- per il veicolo leggero (TB 11), il PI deve trovarsi a una distanza di ¾ della lunghezza L della transizione misurata a partire dall'inizio della stessa nella direzione dell'urto;
- per il veicolo pesante (TB Heavy Vehicle) corrisponde invece al punto mediano della transizione.

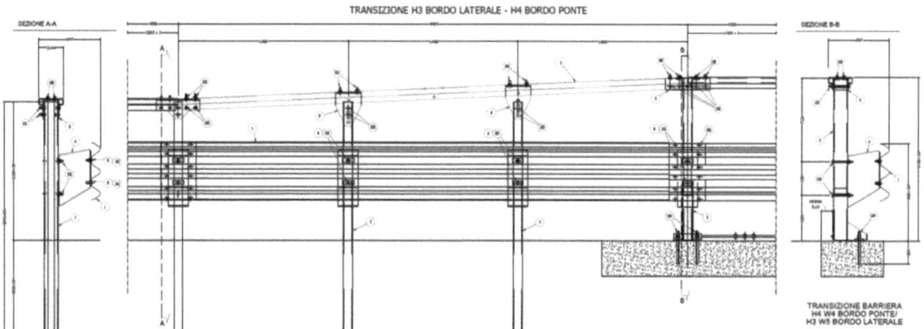

Fig. 13.5 Esempio di una transizione tra barriere

In alcuni casi particolari, il Laboratorio Ufficiale prove potrà individuare altri punti di impatto differenti, che dovrà registrare e giustificare nella documentazione afferente al test ITT (Initial Type Testing).

In Fig. 13.5 si riportano alcuni particolari di una transizione tra barriera bordo laterale e barriera bordo ponte.

In definitiva, le transizioni hanno caratteristiche prestazionali intermedie tra quelle delle barriere che connettono e non sono, ad oggi, dei prodotti soggetti a marcatura CE.

Occorre osservare che le normative forniscono indicazioni sulle caratteristiche prestazionali delle transizioni mentre le modalità di realizzazione sono indicate direttamente dai produttori nella fase di progetto se non direttamente nella fase di posa in opera delle barriere.

Queste lacune di carattere tecnico e normativo, purtroppo fanno sì che, spesso lungo i margini delle infrastrutture stradali, sia possibile osservare delle transizioni che risultano installate in maniera non corretta e che pertanto potrebbero anche rivelarsi molto pericolose in caso di urto. A titolo esemplificativo, si riportano in Fig. 13.6, 13.7 e Fig. 13.8 alcuni casi di installazione non corretta di alcune tipologie di transizioni.

I problemi che possono derivare da una inesistente o inadeguata transizione tra due dispositivi di ritenuta possono essere:

- attacco/aggancio del veicolo urtante nella zona di transizione a causa di una variazione improvvisa della rigidezza o per rottura della connessione tra due dispositivi di ritenuta;
- inserimento del veicolo urtante nella zona di collegamento per differenza di rigidezza, con possibilità di rottura e superamento della barriera;
- attraversamento del veicolo urtante a causa della rottura del raccordo o per assenza di collegamento.

La Fig. 13.6 mostra un tipico problema riscontrato in molti casi reali. Il veicolo impatta sulla barriera in acciaio non collegata con quella in calcestruzzo o collegata con un elemento inefficace a garantire un'adeguata variazione della rigidezza tra i due tipi di barriere. La barriera in acciaio viene divelta o subisce una ampissima

Fig. 13.6 Tipico incidente in
mancanza di una corretta zona di
transizione tra due barriere

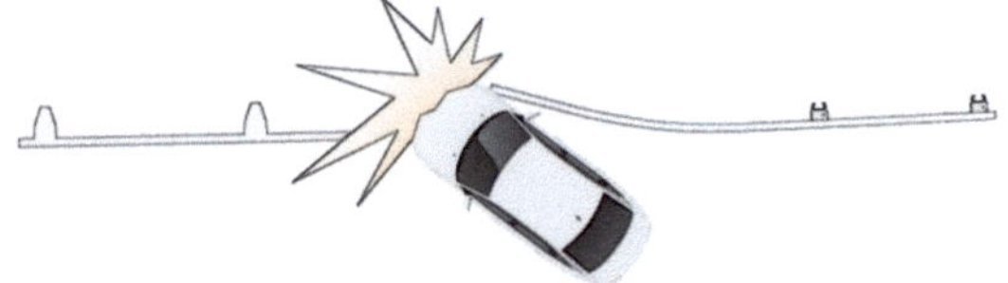

Fig. 13.7 Assenza di un tratto di
transizioni tra barriera bordo laterale e barriera bordo ponte

Fig. 13.8 Assenza di collegamento
tra barriera e muro

deformazione con conseguente impatto fronto-laterale del veicolo contro la zona di
avvio della barriera in calcestruzzo.

La Fig. 13.7 mostra la mancanza di transizione tra una barriera bordo ponte ed
una barriera bordo laterale, con uno spazio lasciato libero tra le due barriere che
potrebbe risultare molto pericoloso in caso di fuoriuscita dalla carreggiata di un
veicolo o motoveicolo. La Fig. 13.8 mostra, invece, l'assenza di transizione tra una
barriera bordo laterale e un muro in pietra.

Altri esempi di errate transizioni tra barriere di diverso tipo sono ben evidenti in
Fig. 13.9.

Fig. 13.9 Esempi di transizioni non adeguate. (Fonte Road Steel)

13.1.2 Indicazioni progettuali fornite dalla specifica tecnica prEN 1317-4

La Specifica tecnica prEN 1317-4 fornisce criteri utili per il progetto delle transizioni. In generale è opportuno che le transizioni, in quanto elementi di collegamento tra barriere di tipo e classe diversa, rispondano a specifici requisiti di carattere geometrico e funzionale di seguito descritti:

- la *lunghezza della transizione* dovrà essere almeno pari a 12,5 volte la differenza tra le deformazioni dinamiche delle due barriere accoppiate. Nel caso di barriere di classe diversa la lunghezza è definita come 12,5 volte la differenza tra la deflessione dinamica della barriera di classe inferiore e la deflessione dinamica della barriera di classe superiore preventivamente convertita in una "deflessione equivalente" della classe inferiore per mezzo dei coefficienti di Tab. 13.3.
- la rigidezza all'interno di qualunque tipo di transizione dovrà variare gradualmente da quella del sistema meno rigido a quella del sistema più rigido;
- il collegamento tra gli elementi longitudinali "resistenti" delle due barriere deve essere realizzato per mezzo di elementi di raccordo inclinati sul piano verticale di non più del 8% (circa 4,6°) e non più di 5° sul piano orizzontale. Si considerano come elementi longitudinali "resistenti" la lama principale a tripla onda, l'eventuale lama secondaria sottostante o soprastante la lama principale, ed i profilati aventi funzione strutturale. Invece, non sono considerati elementi strutturali "resistenti": i correnti superiori con esclusiva funzione di antiribaltamento (arretrato in modo sostanziale rispetto alla lama sottostante) ed i correnti inferiori para ruota;
- tutte le transizioni tra barriere metalliche di diverso tipo dovranno essere ottenute utilizzando i raccordi ed i pezzi speciali di giunzione previsti dal produttore, curando che non rimangano in alcun caso discontinuità tra gli elementi longitudinali che compongono le barriere;
- l'interruzione di elementi longitudinali secondari nelle zone di transizione dovrà avvenire mediante l'installazione dei terminali previsti dal produttore, avendo cura di arretrare l'elemento stesso rispetto all'allineamento degli elementi longitudinali continui principali, prima della sua interruzione;
- nel caso particolare di transizioni tra barriere che prevedono il corrente superiore e barriere che non lo prevedono (ove necessario), quest'ultimo dovrà essere raccordato con un pezzo speciale terminale sagomato e vincolato al paletto della

Tabella 13.3 Fattore di riduzione della deformazione dinamica

Barriera di classe superiore	Barriera di classe inferiore	Fattore di riduzione della deformazione dinamica della barriera di classe superiore
H4	H3	0,9
H4	H2	0,45
H3	H2	0,50
H3	H1	0,45
H2	H1	0,90
H2	N2	0,72
H1	N2	0,80
H1	NI	0,64
N2	NI	0,80

barriera senza corrente superiore ubicato al termine della transizione, a tergo della medesima.

Pertanto, in base alle indicazioni fornite dalla specifica *prEN 1317-4*, una transizione può essere considerata "strutturalmente continua", nel caso in cui il sistema realizzato con l'affiancamento dei due dispositivi (bordo ponte e bordo laterale o spartitraffico) prevede:

- l'utilizzo di barriere dello stesso materiale;
- la continuità degli elementi longitudinali "resistenti" che dovrebbero avere, in generale, lo stesso profilo; tale requisito è inderogabile per la lama principale, per gli altri elementi potranno essere adottati pezzi speciali di raccordo;
- una differenza di quota tra gli elementi longitudinali "resistenti" delle due barriere non superiore a 20 cm.

Infine, salvo condizioni specifiche da approvare preventivamente a cura della Direzioni Lavori, è ammessa una transizione diretta tra due barriere di classe diversa solo se queste differiscono di non più di due classi. Per esempio, è ammessa la transizione tra una barriera H4 e una barriera H2, non è invece ammessa la transizione tra una barriera H4 ed una barriera H1.

13.1.3 Transizioni tra barriere ed attenuatori d'urto

In base all'attuale quadro di riferimento europeo, le prestazioni di una transizione tra barriere ed attenuatore d'urto o terminale possono essere valutate con prove d'urto dal vero (metodo AC) o prove d'urto virtuali (metodo BC). In alternativa, le transizioni devono quantomeno essere progettate attenendosi a delle regole geometriche e dimensionali ritenute adeguate ad assicurare un livello di sicurezza basico (approccio CC).

La Tab. 13.4 fornisce ulteriori dettagli riguardanti il numero minimo di prove al vero o virtuali che devono comunque essere conformi alla norma EN 16303:2020

Tabella 13.4 Numero minimo di prove d'urto al vero o virtuali

PROVE D'URTO DAL VERO	PROVE D'URTO VIRTUALI	NUMERO MINIMO DI PROVE	QUALITA' DEI MODELLI NUMERICI
Livello AC	–	3 prove: Frontale, 15°, 165°	Totalmente conformi alla ENI 6303
–	Livello BC	3 prove: Frontale, 15°, 165°	

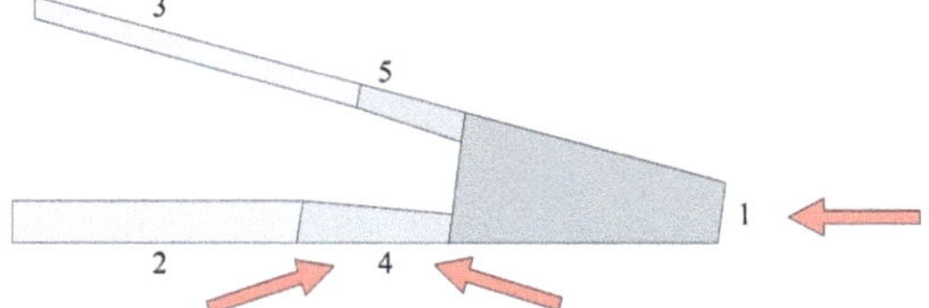

Fig. 13.10 Direzioni e punti di impatto previsti nelle prove d'urto

– Sistemi di ritenuta stradali – Processo di validazione e verifica per l'impiego di prove virtuali nelle prove d'urto sul sistema di ritenuta stradale.

Si riporta in Fig. 13.10 lo schema planimetrico con le direzioni ed i punti di impatto previsti per la verifica di questo particolare tipo di transizione.

13.1.4 Verifica dei terminali

I "terminali" (Fig. 13.11, 13.12, 13.13) sono i dispositivi di ritenuta posti all'estremità (inizio e/o fine) di una barriera di sicurezza e devono svolgere le seguenti funzioni allo scopo di ridurre le conseguenze degli urti frontali o laterali contro le barriere:

- offrire una transizione graduale, dalla totale assenza di contenimento fino al contenimento proprio della barriera;
- fornire una funzione di ancoraggio alla barriera;
- non devono introdurre ulteriori rischi nel caso di urti frontali.

Gli elementi iniziali e finali di una barriera di sicurezza se non opportunamente protetti costituiscono un potenziale pericolo, in quanto, in caso d'urto, si potrebbe verificare l'intrusione di elementi di barriera all'interno dell'abitacolo dei veicoli e/o comunque elevatissime decelerazioni, in genere non tollerabili per gli occupanti dei veicoli stessi.

In generale, la gravità dell'urto contro un terminale dipende da vari fattori tra i quali si annovera la conformazione ed il tipo del terminale stesso.

La maggior parte dei terminali in genere adottati non sono studiati per proteggere gli occupanti dei veicoli. Al contrario, i terminali ad assorbimento di energia assicurano un rischio per gli utenti molto più contenuto.

Fig. 13.11 Schema tipologico del terminale e della barriera

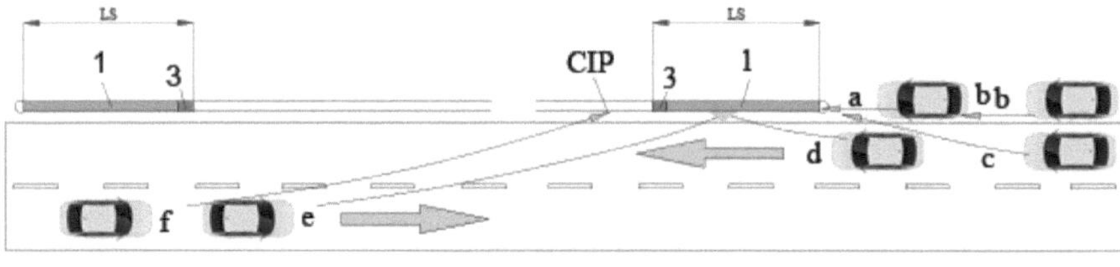

Fig. 13.12 Schema di terminali su singola carreggiata

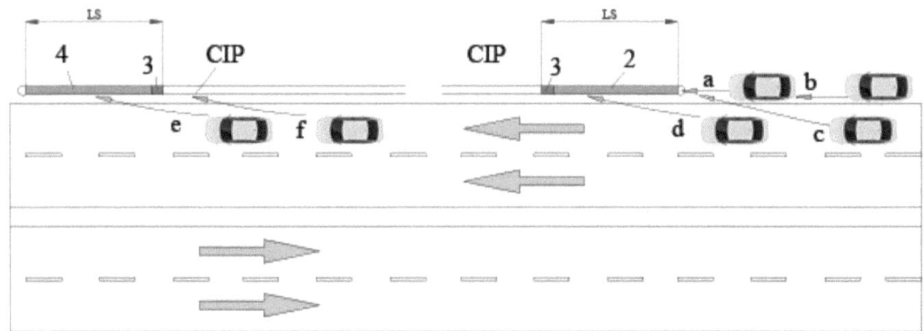

Fig. 13.13 Schema di terminali su doppia carreggiata

Inoltre, così come riportato testualmente all'art. 2 punto 4, delle Istruzioni Tecniche del MIT, Direzione Generale per la Sicurezza Stradale, *i terminali di avvio semplici, definiti come normali elementi iniziali e finali di una barriera di sicurezza ed indicati nei manuali di installazione, nonché le transizioni di cui si è parlato nel paragrafo precedente, non sono soggetti alla marcatura CE ai sensi della norma EN 1317-5.*

In base alla Classificazione Funzionale prevista dalla norma Europea, i terminali (TR) si distinguono in:

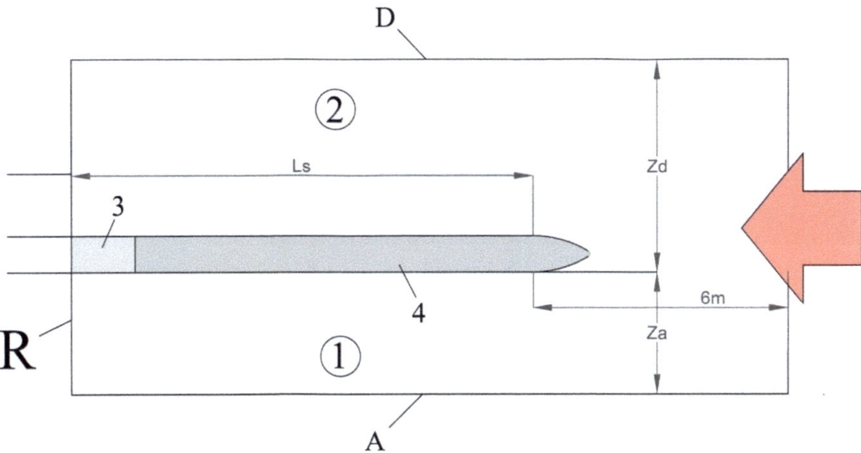

Fig. 13.14 Schema di urto frontale sul terminale

- terminali di inizio tratta (UTA – Uni directional Terminal Approach);
- terminali di fine tratta (UTD – Uni directional Terminal Departure);
- terminali bidirezionali (BDT – Bi Directional Terminal).

In base alla Classificazione Prestazionale, i terminali (TR) si distinguono in:

- terminali che dissipano energia (EAT "Energy Absorbing Terminal"): il veicolo supera la linea R a velocità inferiore o uguale a 11 km/h, in caso di urto frontale (Fig. 13.14);
- terminali che non dissipano energia (NEAT "Non Energy Absorbing Terminal"): il veicolo supera la linea R a velocità superiore a 11 km/h, in caso di urto frontale.

Secondo l'attuale quadro normativo nazionale, è consuetudine classificare i terminali in:

- terminali semplici;
- terminali speciali.

Nei seguenti due sottoparagrafi si fornisce una sintetica descrizione di questi terminali.

13.1.5 Terminali semplici

I terminali semplici (Fig. 13.15) installati su strada sono essenzialmente costituiti dalla soluzione adottata dal produttore in fase di crash-test della barriera (e quindi riportati nei rapporti di prova) in quanto sono applicati alla barriera durante le prove d'urto ma non sono soggetti ad una specifica prova d'urto.

In generale è possibile classificare i terminali semplici in:

- terminali interrati (o mitred, Fig. 13.16);
- terminali non interrati.

Fig. 13.15 Esempi di terminali

Fig. 13.16 Esempio di terminale
tipo Mitred

Fig. 13.17 Esempio di terminale semplice "a
manina"

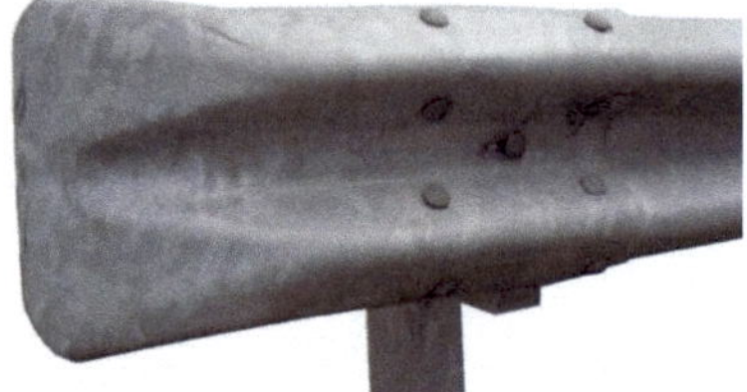

I terminali interrati hanno la lama principale inclinata ed infissa nel terreno e portata
all'esterno rispetto alla direzione longitudinale della barriera. I terminali non interrati
prevedono l'installazione di un elemento terminale della lama principale sagomato
"a manina" (Fig. 13.17) o "a tubo".

Un'altra possibile soluzione tecnica è quella conseguita attraverso l'impiego dei
cosiddetti terminali curvi (Fig. 13.18). Questa particolare configurazione si realizza
tramite la deviazione degli elementi longitudinali principali che costituiscono la
barriera verso l'esterno dell'arginello. In tal modo, la parte potenzialmente pericolosa
del dispositivo viene rivolta verso l'esterno del ciglio stradale e pertanto si riduce
notevolmente il rischio legato all'urto frontale del veicolo contro la parte iniziale
della barriera.

Fig. 13.18 Terminale curvo

I terminali di inizio e fine vanno previsti nel progetto di sistemazione su strada nei tratti dove la loro presenza non generi in caso d'urto fuoriuscite pericolose (urti su oggetti esterni o simili). Per questo motivo le barriere poste su rilevato devono iniziare e finire all'interno delle trincee ad esso adiacenti e terminare a terra e/o deviare verso la parete della trincea, "ammorsandosi" nella scarpata (massimizzando in questo modo la protezione dell'elemento terminale) secondo lo schema indicato in Fig. 13.19 (*DIIV – Istruzioni Operative Controllo delle installazioni dei dispositivi di ritenuta, I.O.8 – Rev. 1, Anas Spa*).

Qualora il terminale semplice non sia indicato nei documenti allegati ai crash test, quello da adottare potrà in genere essere con nastro inclinato che termina ammorsandosi nel terreno e che, nella discesa verso il basso, devia leggermente verso l'esterno della strada. Se la natura del terreno non permette l'interramento, il nastro potrà deviare sempre leggermente verso l'esterno mantenendo la propria quota iniziale.

Nelle strade con doppio senso di circolazione si dovrebbe usare il terminale semplice con interramento sia sul lato iniziale che finale della barriera, atteso che quest'ultimo potrebbe essere urtato dai veicoli che provengono dall'altra corsia.

È preferibile installare barriere che riportano l'indicazione dei terminali da usare nei disegni allegati ai crash test. Gli ancoraggi dei terminali vanno ripetuti secondo

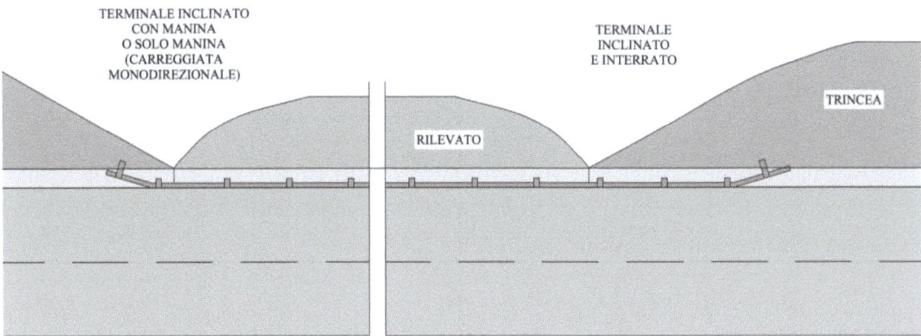

Fig. 13.19 Posizionamento del terminale semplice

il passo di prova in modo tale da replicare in situ il comportamento desunto dalle prove al vero del dispositivo di ritenuta a cui il terminale è accoppiato.

I terminali semplici a "manina" o tubolari offrono scarsa sicurezza anche per bassissime velocità e risultano estremamente pericolosi in caso di impatto frontale a velocità medio-alte.

I terminali interrati sono relativamente poco pericoli se urtati a basse velocità (fino a circa 50 km/h) perché in questo caso generalmente il veicolo non riesce ad arrampicarsi sul tratto inclinato; per velocità superiori, invece, costituiscono vere e proprie "rampe di lancio" per i veicoli in svio [1]. In definitiva, anche i terminali interrati sono poco sicuri.

13.1.6 Terminali speciali

I terminali speciali (Fig. 13.20 e Fig. 13.21) sono in genere realizzati con una serie di elementi metallici tra loro concatenati in grado di deformarsi in maniera progressiva fino a sovrapporsi tra loro per effetto dell'azione del veicolo impattante; sono dotati quasi sempre di un elemento frontale di attenuazione e raccordo in grado di spingere le parti mobili del sistema nella direzione dell'urto. I terminali speciali per funzionare devono essere attestati in continuità alla barriera stradale (in acciaio o in calcestruzzo) con un elemento di connessione fornito dal produttore del dispositivo che permette di scaricare sulla barriera longitudinale le forze sviluppate durante l'urto.

Sulla base dei risultati delle prove d'urto e della specifica concezione del sistema di ritenuta, si possono distinguere in [2]:

- terminali assorbenti;
- terminali non assorbenti;
- terminali unidirezionali in avvicinamento (funzionano solo all'inizio della barriera);
- terminali unidirezionali in allontanamento (funzionano solo alla fine della barriera);
- terminali bidirezionali (funzionano in due direzioni, ossia anche nel caso in cui il veicolo provenga nella direzione opposta rispetto al senso di installazione del dispositivo).

Il progettista potrà utilizzare detti terminali speciali in alternativa agli attenuatori d'urto nei casi di zone finali dello spartitraffico, rampe degli svincoli stradali e nel caso di protezione di cuspidi di larghezza contenuta.

Fig. 13.20 Esempio di terminale speciale

Fig. 13.21 Esempi di installazioni di terminali speciali

13.1.7 *Prove d'urto e criteri di accettazione*

In considerazione dell'elevata pericolosità dei terminali tradizionali, si ritiene necessario installare in tutte le nuove barriere terminali ad assorbimento di energia e adeguare o sostituire tutti i terminali esistenti con terminali speciali conformi alla norma ENV 1317-4:2003.

In analogia a quanto avviene per i dispositivi di ritenuta di tipo lineare, anche per i terminali speciali vengono definite delle regole ai fini della validazione delle prove al vero.

Il D.M. 2367 del 21/06/2004 specifica che i terminali semplici possono essere sostituiti con terminali speciali (ad assorbimento di energia) testati secondo la ENV 1317-4:2003.

Per i terminali la normativa italiana prevede le tre classi riportate in Tab. 13.5.

Le specifiche di riferimento in ambito europeo ENV 1317-4:2003 e prEN1317-7, individuano le prove d'urto, gli schemi previsti e le relative categorie di contenimento in funzione delle velocità di prova (Tab. 13.6). Come già chiarito i terminali sono classificati in:

- terminali di inizio tratta (UTA – Uni directional Terminal Approach);
- terminali di fine tratta (UTD – Uni directional Terminal Departure);
- terminali bidirezionali (BDT – Bi directional Terminal).

È stato inoltre già specificato che i terminali possono anche essere classificati in base alle loro prestazioni in:

- terminali che dissipano energia (EAT "Energy Absorbing Terminal")
- terminali che non dissipano energia (NEAT "Non Energy Absorbing terminal").

Tabella 13.5 Criterio di scelta dei terminali speciali. (D.M 2367 del 21/06/2004)

Velocità (v) imposta nel sito da proteggere	Classe dei terminali
v ≥ 130 km/h	P3
90 ≤ v < 130 km/h	P2
v < 90 km/h	P1

Tabella 13.6 Tipo di prova d'urto sui terminali

Restraint category	Direction category		Tipo prova d'urto da effettuare					
T50 (impatto a 50 km/h)	UTA		–	Frontale disassato (2) Veicolo 900 kg	–	–	–	–
T80 (impatto a 80 km/h)	UTA	BDT	Frontale (1) Veicolo 1300 kg	Frontale disassato (2) Veicolo 900 kg	Frontale inclinato a 15° (3) Veicolo 1300 kg	Laterale inclinato a 15° (4) Veicolo 1300 kg	–	–
	UTD		–	–	–	–	Laterale inclinato a 165° (5) Veicolo 900 kg	Laterale su barriera a 165° (5) Veicolo 900 kg
T100 (impatto a 100 km/h)	UTA	BDT	Frontale (1) Veicolo 1300 kg	Frontale disassato (2) Veicolo 900 kg	Frontale inclinato a 15° (3) Veicolo 1300 kg	Laterale inclinato a 15° (4) Veicolo 1300 kg	–	–
	UTD		–	–	–	–	Laterale inclinato a 165° (5) Veicolo 900 kg	Laterale su barriera a 165° (5) Veicolo 900 kg
T110 (impatto a 110 km/h)	UTA	BDT	Frontale (1) Veicolo 1300 kg	Frontale disassato (2) Veicolo 900 kg	Frontale inclinato a 15 ^{0}(3) veicolo 1300 kg	Laterale inclinato a 15^0 (4) Veicolo 1300 kg	–	–
			–	–	–	–	Laterale inclinato a 165° (5) Veicolo 900 kg	Laterale su barriera a 165° (5) Veicolo 900 kg
	UTD		–	–	–	–	–	–

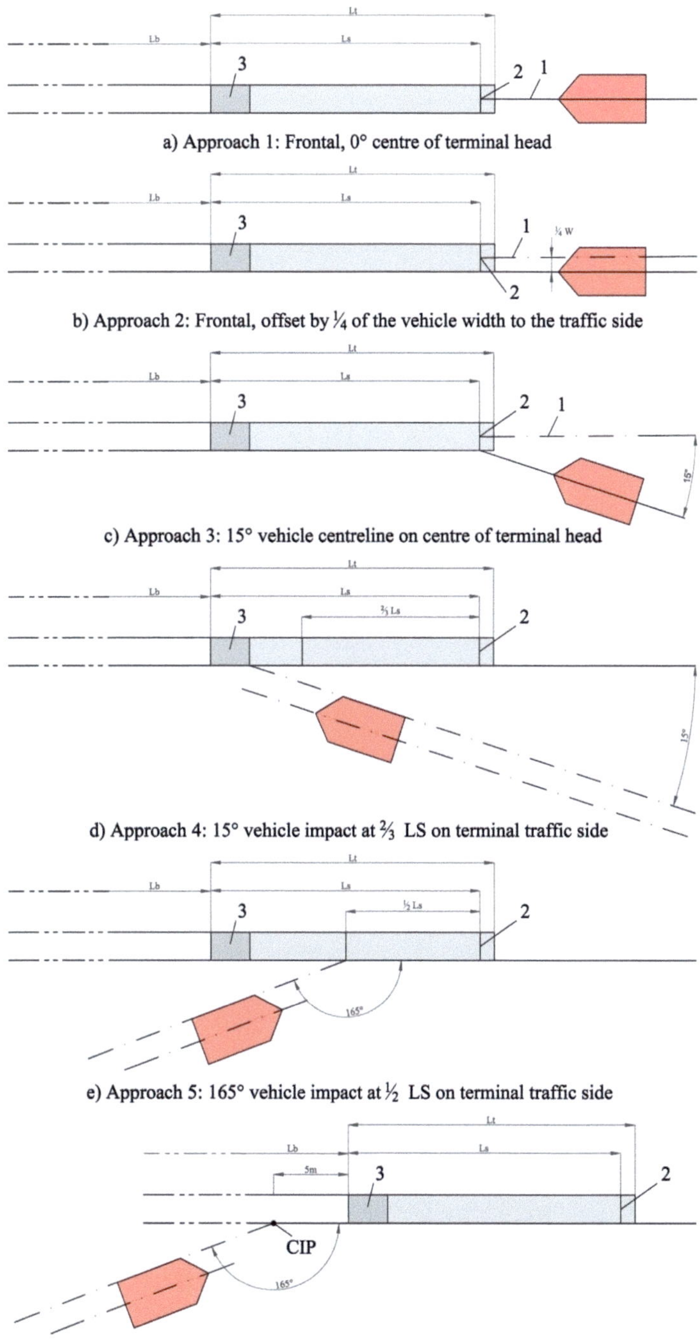

Fig. 13.22 Possibili schemi di approccio (da 1 a 6) del veicolo impattante sul terminale. (prEN 1317-7)

Tabella 13.7 Categorie di contenimento e categorie di direzioni

Restraint category	Direction category		Test					
T50	UTA		–	TT2.1 50	–	–	–	–
T80/3	UTA		–	TT2.1 80	–	–	–	–
T80/2	UTA	BDT	–	TT2.1 80	–	TT4.2.80	–	–
	UTD			–	–	–	TT5.1.80	–
T80/1	UTA	BDT	–	TT2.1.80	–	TT4.2.80	–	–
	UTD			–	–	–	TT5.1.80	TT6.2.80
T80	UTA	BDT	TT1.2 80	TT2.1 80	TT3.2.80	TT4.2.80	–	–
	UTD			–	–	–	TT5.1.80	TT6.2.80
T100/1	UTA	BDT	TT1.2.100	TT1.2.100	–	TT4.2.100	–	–
	UTD			–	–	–	TT5.1.80	–
T100	UTA	BDT	TT1.2.100	TT2.1.100	TT3.2.100	TT4.2.100	–	–
	UTD			–	–	–	TT5.1.100	TT6.2.100
T110/1	UTA	BDT	TT1.3.110	TT2.1. I00	–	TT4.3.100	–	–
	UTD			–	–	–	TT5.1.100	–
T110	UTA	BDT	TT1.3.110	TT2.1.100	TT3.3.100	TT4.3.100	–	–
	UTD			–	–	–	TT5.1.100	TT6.3.110

NOTE:

The tests for class T 80/3 are the same as the tests of ENV 1317-4:2001 class PI

The tests for class T80/2 are the same as the tests of ENV 1317-4:2001 class P2

The tests for class Tl 00/1 are the same as the tests of ENV 1317-4:2001 class P 3

The tests for class Tl 10 1 are the same as the tests of ENV 1317-4:2001 class P4

Tabella 13.8 Configurazioni di impatto dei veicoli

TEST					
Test code	Approach		Approach reference (Fig. 13.22)	Vehicle mass (kg)	Velocity (km/h)
TT 1.2.80	Frontal, 0°, head centred		1	1300	80
TT 1.2.100	Frontal, 0°, head centred		1	1300	–
TT 12.110	Frontal, 0° head centred		1	1500	110
TT 2.1.50	Frontal, 0°, offset by ¼ of the vehicle width to the traffic side		2	900	50
TT 2.1.80	Frontal, 0°, offset by ¼ of the vehicle width to the traffic side		2	900	80
TT 2.1.100	Frontal, 0°, offset by ¼ of the vehicle width to the traffic side		2	900	100
TT 3.2.80	Head (centre) at 15°		3	1300	80
TT 3.2.100	Head (centre) at 15°		3	1300	100
TT 3.3.110	Head (centre) at 15°		3	1500	110
TT 4.2.80	Side, 15° 2/3 Ls		4	1300	80
TT 4.2.100	Side, 15° 2/3 Ls		4	1300	100
TT 4.3.110	Side, 15° 2/3 Ls		4	1500	110
TT 5.1.80	Side, 15° 2/3 Ls		5	900	80
TT 5.1.100	Side, 15° 2/3 Ls		5	900	100
TT 6.2.80	Side, 165° at the critical Impact point		6	1300	80
TT 6.2.100	Side, 165° at the critical Impact point		6	1300	100
TT 6.3.110	Side, 165° at the critical Impact point		6	1500	110

Tabella 13.9 Criteri di accettazione per i terminali

CRITERI DI ACCETTAZIONE	
Sicurezza passeggeri	Indice di severità di classe A oppure di classe B
	Nessun elemento del terminale deve penetrare nell'abitacolo
	Il veicolo non deve ribaltarsi
Capacità di assorbimento energia d'impatto da parte del terminale	Il veicolo deve superare la linea R della zona di reindirizzamento a velocità inferiore ai 11 km/h per urti frontali e frontali disassati (1–2)
Capacità di assorbimento energia d'impatto da parte del terminale	No rotture degli elementi longitudinali principali ed espulsioni di parti di peso superiore a 2 kg tracciate
	Documentata/calcolata la massima forza a cui il terminale è capace di resistere senza traslare lungo l'asse longitudinale più di 10 cm

Tabella 13.9 (*Continuazione*)

CRITERI DI ACCETTAZIONE	
Comportamento del veicolo nella zona di reindirizzamento	Il veicolo non deve superare a velocità superiore di 11 km/h le demarcazioni F, A, D.
Compatibilità angolo di uscita Laterale del veicolo dalla zona di reindiriz-zamento	Negli urti laterali il veicolo non deve intercettare la linea A distante 6 m dal fronte del terminale prima di 10 m dal punto in cui l'ultima ruota del veicolo intercetta nuovamente il fronte del terminale

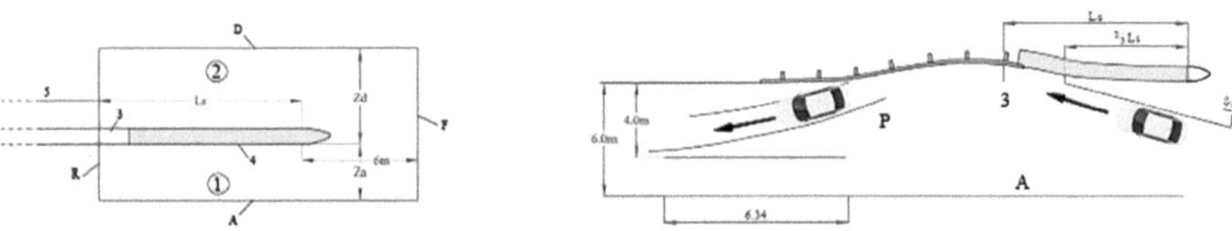

Fig. 13.23 Indicazioni geometriche ai fini dei criteri di accettazione

Si vuole adesso far notare che per ogni tipo di terminale è previste una particolare prova d'urto secondo le modalità sintetizzate in Tab. 13.6 ed in Fig. 13.22. Questa figura rappresenta graficamente i sei differenti possibili schemi di avvicinamento del veicolo al dispositivo ("*Approach*") durante la prova d'urto.

In generale, nel caso di urti laterali, i terminali speciali devono comportarsi in termini di contenimento come le barriere di sicurezza, ossia devono redirigere il veicolo in carreggiata con velocità e angoli ridotti (Fig. 13.23), cercando di offrire allo stesso tempo il massimo livello di sicurezza per gli occupanti del veicolo.

Nel caso di urti frontali, invece, i terminali speciali devono contenere il veicolo arrestandolo in maniera controllata e non devono andare oltre il terminale stesso. In ogni caso, poiché a seguito dell'urto del veicolo il terminale si deforma, occorre che a tergo del dispositivo stesso vi sia uno spazio sufficientemente ampio e privo di ostacoli per consentire la sua libera deformazione [2].

La Tab. 13.7 riporta le categorie di contenimento e le categorie delle direzioni previste per i terminali. La Tab. 13.8, sempre tratta dalle ultime indicazioni delle norme europee, riporta invece le configurazioni di impatto dei veicoli previsti nei test. Infine, la Tab. 13.9 sintetizza i criteri di accettazione che devono essere soddis-fatti per i terminali (TR).

Come illustrato in Tab. 13.9, ai fini del buon esito delle prove di accettazione previste, devono essere presi in considerazione i seguenti elementi:

- severità dell'impatto;
- deformazioni permanenti del dispositivo;
- comportamento in seguito all'urto del dispositivo;

Tabella 13.10 Classi di severità dell'impatto dei terminali. (ENV 1317-4)

LIVELLO DI SE-VERITA' DELL'IMPATTO	VALORI DELL'INDICE		
A	ASI $\leq$1,0	THIV < 44 km/h nelle prove 1 e 2 THIV < 33 km/h nelle prove 4 e 5	PHD $\leq$ 20 g
B	ASI $\leq$1,4	THIV < 44 km/h nelle prove 1 e 2 THIV < 33 km/h nelle prove 4 e 5	PHD $\leq$ 20 g

Nota 1: Il livello di severità dell'impatto A offre un maggior livello di sicurezza per gli occupanti di un veicolo che esce di strada rispetto alla classe B ed è quindi preferito a parità di altre considerazioni.

Nota 2: Il valore del limite THIV è maggiore nelle prove 1 e 2 perché l'esperienza ha mostrato che negli urti frontali possono essere tollerati dagli occupanti valori maggiori (anche per una miglior sicurezza passiva in questa direzione). Il parametro ASI tiene già conto di tale differenza di tolleranza umana tra urti frontali e laterali e quindi non è necessario modificarlo.

- comportamento in seguito all'urto del veicolo;
- rispetto del Box di uscita dopo l'urto.

I valori limite dei parametri ASI, THIV e PHD, sono indicati nel prospetto 5 della ENV 1317 parte 4 che si riporta in Tab. 13.10.

13.1.8 Gli attenuatori d'urto

Gli attenuatori d'urto (Fig. 13.24) sono sistemi di ritenuta installati davanti ad un ostacolo potenzialmente pericoloso con lo scopo di ridurre la severità dell'urto per gli occupanti del veicolo in svio al di sotto di prefissate soglie ritenute ragionevolmente sicure per garantire la loro incolumità.

Gli attenuatori d'urto, in genere, sono disposti in corrispondenza dei seguenti ostacoli "puntuali":

- zone di inizio barriere in corrispondenza di una cuspide;
- avvio di barriere spartitraffico metalliche o in calcestruzzo (New Jersey, NDBA, ecc.);
- pile di ponti, opere di sostegno, piedritti di gallerie, ecc.;
- pali non cedevoli della segnaletica (portali) e dei dispositivi di illuminazione.

Gli attenuatori d'urto sono sistemi di ritenuta autoportanti e, a differenza dei terminali, sono in grado di assorbire l'energia dei veicoli riuscendo anche ad arrestarli. Così come avviene per i terminali anche gli attenuatori d'urto devono essere in grado di redirigere i veicoli durante gli urti laterali in maniera del tutto analoga a quanto fanno le barriere di sicurezza. In caso di urti frontali devono invece arrestare il veicolo in modo graduale e sicuro assorbendo tutta l'energia che possiede al momento dell'impatto.

Fig. 13.24 Esempio di attenuatore d'urto redirettivo

A questo fine, gli elementi che li compongono durante l'urto collassano, scorrono o si compenetrano tra loro [2]. Gli attenuatori d'urto sono progettati considerando gli urti dei soli veicoli leggeri in quanto.

13.1.9 Prove d'urto per gli attenuatori

A seconda del comportamento dell'attenuatore in caso di urto laterale, la norma UNI EN 1317-3:2010 distingue due tipi di attenuatori:

- redirettivi (R): progettati e costruiti per contenere e redirigere i veicoli che li urtano;
- non redirettivi (NR): progettati e costruiti per contenere e bloccare i veicoli che li urtano (in caso di urto laterale i veicoli oltrepassano gli attenuatori).

Il prospetto di Tab. 13.11, tratto dalla norma EN 1317-3 del 2010, fornisce una descrizione delle prove d'urto dei veicoli sugli attenuatori.

Le traiettorie di avvicinamento del veicolo (prove da 1 a 5), previste nei crash test al vero, sono indicate nello schema di Fig. 13.25.

Tabella 13.11 Descrizione delle prove per gli attenuatori d'urto. (EN 1317-3)

DESCRIZIONI DELLE PROVE D'URTO DEI VEICOLI PER ATTENUATORI D'URTO				
Prova [a]	Avvicinamento	Massa Totale del veicolo (kg)	Velocità (km/h)	Figure 3, Prova n°
TC 1.1.50	Frontale centrato	900	50	1
TC 1.1.80		900	80	1
TC 1.1.100		900	100	1
TC 1.2.80		1300	80	1
TC 1.2.100			100	
TC 1.3.110		1500	110	1
TC 2.1.80	Frontale, disassato di 1/4 della larghezza del veicolo	900 b)	80	2
TC 2.1.100			100	
TC 3.2.80	Sulla testa (centro), a 15°	1300	80	3
TC 3.2.100		1300	100	
TC 3.3.100		1500	110	
TC 4.2.50	Urto laterale, a 15°	1300	50	4
TC 4.2.80		1300	80	
TC 4.2.100		1300	100	
TC 4.3.110		1500	110	
TC 5.2.80	Urto laterale, a 165°	1300	80	5
TC 5.2.100		1300	100	
TC 5.3.1 IO		1500	110	

[a] Notazione,
   TC: Prova attenuatore d'urto; 1: Avvicinamento; 2: Massa del veicolo di prova; 80: Velocità d'urto;

[b] per questa condizione di prova l'ATD deve essere collocato nel punto più distante dall'asse dell'attenuatore d'urto

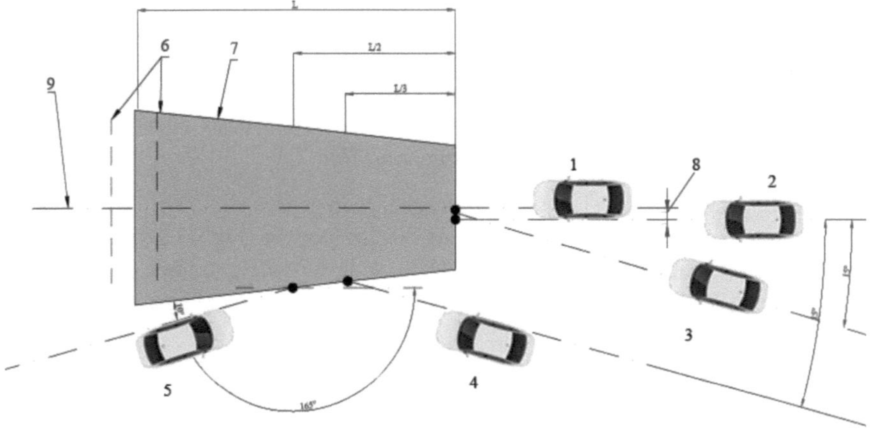

Fig. 13.25 Traiettorie di avvicinamento del veicolo. (EN 1317-3)

La norma europea specifica poi che il profilo in pianta di un attenuatore d'urto sottoposto a prova deve essere circoscritto da un trapezio (Fig. 13.25) avente prefissate dimensioni minime.

Inoltre, la norma fornisce prescrizioni riguardanti lo spostamento laterale che può subire l'attenuatore d'urto. Vengono individuate otto classi di spostamento permanente laterale dell'attenuatore, da una soglia di 0,50 m per la classe D1 alla soglia massima di 3,0 m per la classe D8.

13.1.10 Caratteristiche degli attenuatori redirettivi e non redirettivi

Gli attenuatori d'urto sono testati ai sensi della norma EN 1317-3 e sottoposti a marcatura CE; essi vengono distinti in attenuatori redirettivi e non redirettivi.

Gli *attenuatori redirettivi*, in caso di urto laterale, sono in grado di redirigere il veicolo impattante verso la sua corsia di provenienza agendo sostanzialmente sugli organi di sospensione e di sterzo [1]. Questi attenuatori presentano, pertanto, un comportamento redirettivo analogo a quello delle barriere di sicurezza e offrono condizioni di funzionamento ottimali nel caso di urti laterali con angoli di impatto inferiori ai 20°.

L'art. 6 del D.M. n. 2367 del 21/06/2004 afferma inoltre che "*nel caso in cui sia probabile l'urto angolato, frontale o laterale, sarà preferibile l'uso di attenuatori redirettivi*".

Gli *attenuatori non redirettivi* sono invece dei dispositivi che, in caso di urto laterale, non hanno la capacità di redirigere il veicolo, ma hanno la sola funzione di arrestare il veicolo in modo graduale ed in poco spazio, lasciandolo penetrare a valle (situazione pericolosa in quanto potrebbero essere presenti altri ostacoli). Pertanto, questa tipologia di attenuatore andrebbe utilizzata se si prevede che l'urto laterale non possa verificarsi. Ai fini della migliore sicurezza possibile è preferibile l'installazione di dispositivi redirettivi.

Gli attenuatori d'urto, inoltre, devono essere di dimensione adeguata a quella dell'ostacolo da proteggere o alla funzione richiesta. In tal caso, gli attenuatori possono essere di tipo (*DIIV, Istruzioni Progettuali Rev. 2*):

- stretto, generalmente a lati paralleli (larghezza in genere minore di 1 m) e sono da impiegare per lo più come terminali speciali di barriere (Fig. 13.26 e Fig. 13.27);
- largo, generalmente a pianta trapezoidale, se la superficie urtabile è più elevata, e sono da usare nei punti di cambio di direzione o di uscita, al posto delle cuspidi già in esercizio (Fig. 13.28 e Fig. 13.29).

L'art. 6 del n. 2367 del 21/06/2004 prevede l'obbligo di impiego di questo tipo di dispositivi nel caso in cui l'inizio delle barriere si trovi in corrispondenza di cuspidi (intese come divergenze tra due rami percorsi nello stesso verso) con la sola eccezione di cuspidi in corrispondenza di rampe percorse con velocità minore di 40 km/h. Nel caso di cuspidi di larghezza contenuta potrà essere prevista, in alternativa agli attenuatori, la protezione con terminali speciali bilaterali collegati alle barriere.

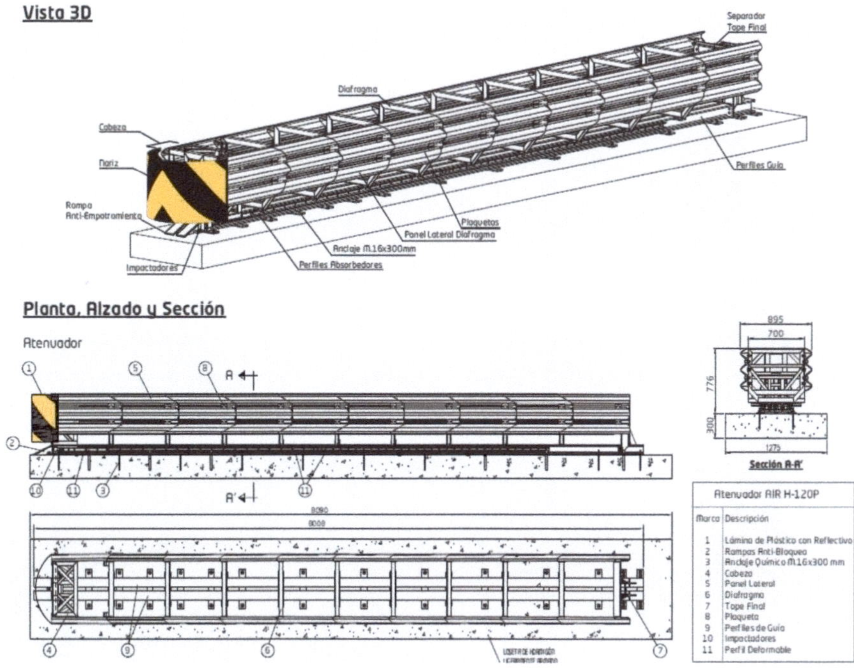

Fig. 13.26 Esempi di attenuatore d'urto di tipo stretto (parallelo)

Fig. 13.27 Foto di un attenuatore d'urto di tipo stretto (parallelo)

Questo articolo di legge definisce anche la classe minima degli attenuatori d'urto in funzione della sola velocità imposta nella strada da cui diverge la rampa (Tab. 13.12).

Il D.M. n. 2367 del 21/06/2004 chiarisce altresì che, se possibile, si devono adottare soluzioni di minore pericolosità, quali letti di arresto o simili, da testare con la sola prova tipo TB 11 della norma EN 1317.

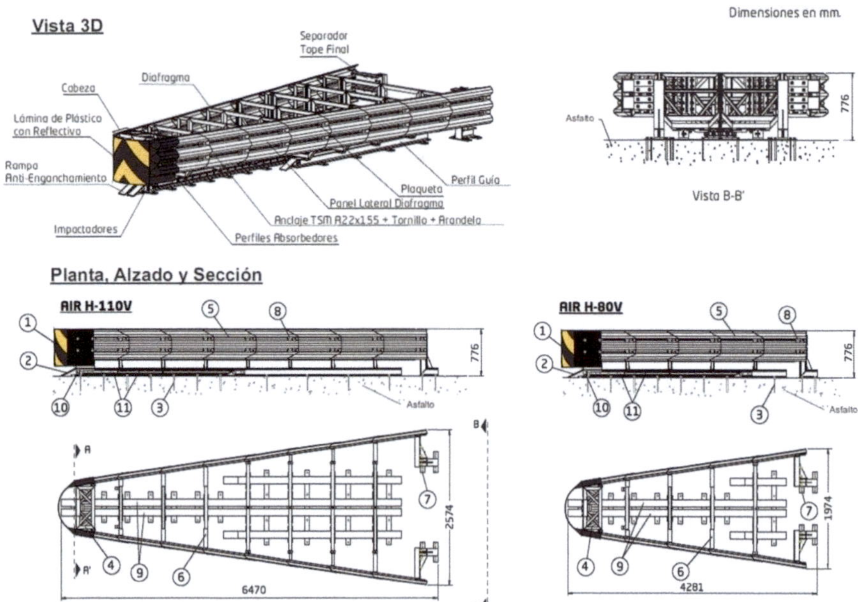

Fig. 13.28 Esempi di attenuatori d'urto di tipo largo

Fig. 13.29 Foto di un attenuatore
d'urto di tipo largo

Tabella 13.12 Criterio per la scelta degli attenuatori

Velocità imposta nel sito da proteggere	Classe degli attenuatori
Velocità $v \geq 130$ km/h	100
Velocità $90 \leq v < 130$ km/h	80
Velocità $v < 90$ km/h	50

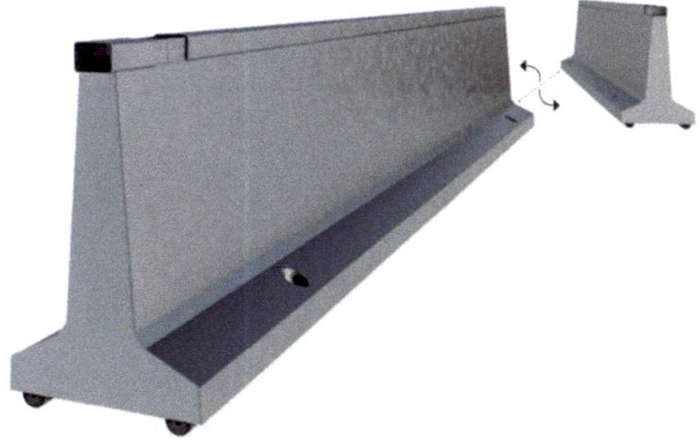

Fig. 13.30 Varco amovibile e schema di apertura

Fig. 13.31 Esempio di varco in condizioni di apertura

13.1.11 *I varchi amovibili*

Il D.M. 05/11/2001 "Norme funzionali e geometriche per la costruzione delle strade" al capitolo 4.3.1 recita testualmente: *"Lo spartitraffico deve essere interrotto, in linea di massima ogni due chilometri, da una zona pavimentata atta a consentire lo scambio di carreggiata (varco). Analoghi varchi nello spartitraffico devono essere previsti in prossimità degli imbocchi delle gallerie, delle testate di viadotti e ponti di notevole lunghezza. In corrispondenza dei varchi non deve interrompersi la continuità dei dispositivi di ritenuta, da realizzarsi anche di classe inferiore rispetto a quella corrente, in modo tale da essere facilmente rimossi in caso di necessità"*.

Pertanto, al fine di garantire il passaggio dei veicoli da una carreggiata ad un'altra in presenza di situazioni di emergenza nonché di esigenze di transito temporaneo (manutenzione) occorre interrompere, in determinati punti, la barriera spartitraffico, prevedendo l'installazione di sezioni di barriere rimovibili (Fig. 13.30 e Fig. 13.31) note anche come "chiusure varchi".

13.1.12 *Prove d'urto per i varchi amovibili*

I varchi amovibili all'occorrenza si devono poter aprire in tempi molto brevi (Fig. 13.32). Tali dispositivi sono testati e devono superare con successo le prove indicate dalla normativa europea UNI EN 1317-2:2010.

Fig. 13.32 Esempio di barriere amovibili per chiusura varchi

Con riferimento alle diverse configurazioni di prova previste sui varchi, la norma europea sperimentale ENV 1317-4: 2003 individua diverse prove d'urto in funzione della lunghezza del dispositivo stesso (ovvero minore di 40 m, compreso tra 40 e 70 m, oltre i 70 m).

Al punto 4.4 della norma ENV 1317-4, il "varco amovibile" viene definito come una "sezione rimovibile di barriera" e descritto come: *parte della barriera che consente una veloce rimozione e reinstallazione per motivi di emergenza e che può essere richiesta per sezioni della barriera da aprirsi temporaneamente, che offre comunque prestazioni di contenimento*".

Nello specifico, al punto 6.2 della suddetta norma, vengono individuati i seguenti casi in funzione della lunghezza della parte rimuovibile della barriera:

- una sezione rimuovibile della barriera lunga non più di 40 m deve essere sottoposta a prova come transizione singola (transizione speciale);
- una sezione rimuovibile della barriera lunga più di 40 m deve essere considerata una barriera a sé stante collegata alla barriera principale tramite due transizioni. La barriera deve aver superato le due prove indicate nella EN 1317-2 corrispondenti alla sua classe. La transizione in questo caso deve essere sottoposta a prova come indicato al punto 7 della stessa norma ENV 1317-4;
- nel caso in cui la sezione rimuovibile della barriera abbia una lunghezza compresa fra 40 m e 70 m, la barriera deve essere sottoposta a prova nella configurazione effettiva della sezione rimuovibile della barriera, ovvero con le due transizioni installate. Il punto d'urto deve essere posizionato a 1/3 della lunghezza della sezione rimuovibile della barriera ed è possibile, in questo caso, evitare la prova con mezzo leggero TB 11. Viene inoltre precisato che la transizione deve essere sottoposta a prova come indicato al punto 7 della stessa norma ENV 1317-4.

Sempre secondo le indicazioni fornite dalla norma ENV 1317-4:2003, la classe di contenimento di una sezione rimuovibile della barriera può essere *"inferiore alla classe di contenimento della barriera e la larghezza di lavoro può essere di una classe superiore"*.

Fig. 13.33 Transizione per la chiusura dei varchi

13.1.13 Caratteristiche tecniche dei varchi amovibili

Per la chiusura dei varchi è possibile adottare due sistemi tecnologici che si distinguono sostanzialmente in base alle modalità di apertura:

- barriere amovibili con attrezzature di sollevamento;
- barriere ad apertura rapida, apribili senza l'ausilio di attrezzature anche da personale non esperto, per consentire il passaggio di mezzi di soccorso.

Da un punto di vista progettuale, il varco deve essere sufficientemente lungo per consentire un agevole passaggio dei veicoli da una carreggiata all'altra. Per permettere lo spostamento delle barriere amovibili la piattaforma stradale deve presentare una superficie regolare. Per soddisfare queste condizioni, in presenza di spartitraffico non pavimentato, la lunghezza del tratto di spartitraffico da pavimentare non dovrà essere inferiore a 50 metri.

L'art. 6 del D.M. n. 2367 del 21/06/2004 inoltre afferma che: *"Le barriere per i varchi apribili dovranno essere testate secondo quanto precisato nella norma ENV 1317-4 e possono avere classe di contenimento inferiore a quella della barriera a cui sono applicati, per non più di due livelli."* La differenza di classe sino a due livelli tra la barriera spartitraffico e quella del varco è stata stabilità in considerazione della peculiarità del dispositivo di essere amovibile e per la presenza delle transizioni.

Per la chiusura dei varchi spartitraffico si adottano generalmente barriere di tipo amovibile in classe H2 che si attestano alla barriera dello spartitraffico mediante opportune transizioni (Fig. 13.33).

13.1.14 I varchi amovibili in calcestruzzo

Al fine di poter rispettare il criterio di uniformità previsto dalle *"Istruzioni tecniche sulla progettazione, omologazione ed impiego delle barriere di sicurezza stradale"* secondo cui *"... per motivi di ottimizzazione della gestione della strada, il progettista cercherà di minimizzare i tipi da utilizzare (criterio di uniformità)"*, è stato ideato un varco in calcestruzzo avente la stessa sagoma della barriera NDBA e livello di contenimento H4b (Tab. 13.13).

I varchi amovibili in calcestruzzo armato recentemente sperimentati hanno un livello di contenimento (H4b) ben superiore rispetto ai varchi tradizionali. Essi per-

Tabella 13.13 Livelli di contenimento

CONTAINMENT LEVELS				ACCEPTANCE TEST
Low angle containment	T1	–	–	TB 21
	T2	–	–	TB 22
	T3		–	TB 41 and TB 21
Normal containment	N1	–	–	TB 21
	N2	–	–	TB 32 and TB 11
Higher containment	H1		–	TB 42 and TB 11
	L1			TB 42, TB 32 and TB 11
	H2		–	TB 51 and TB 11
	L2		–	TB 51 and TB 32 and TB 11
	H3		–	TB 61 and TB 11
	L3			TB 61 and TB 32 and TB 11
Very high containment	H4a		–	TB 71 and TB 11
	H4b			TB 81 and TB 1 1
	L-4a			TB 71, and TB 32 and TB 11
	L-4b			TB 81, and TB 32 and TB 11

Note 1: Low angle containment levels are intended to be used only for temporary safety barriers. Temporary safety barriers can also be tested for higher levels of containment.
Note 2: A successfully barrier at a given containment level should be considered as having met the containment requirements of any lower level, except that NI and N2 do not include T3, H-Levels do not include L-Levels and that HI,.. .,H4b do not include N2.
Note 3: Because testing and development for very high containment safety barriers in different countries has taken place using significantly different types of heavy vehicles, both test TB 71 and TB 81 are included in the standard at present. The now containment levels H4a and H4b should not be regarded as equivalent and no hierarchy is given between them. The same holds for the two containment levels L4a and L4b.
Note 4: The performance of Containment Classes L is enhanced is respect to the corresponding H classes by the addition of Test TB 32.

metto di evitare transizioni qualora siano inseriti nell'ambito di uno spartitraffico dove è già prevista una barriera NDBA, con conseguente ulteriore innalzamento della sicurezza passiva offerta dalla strada (Fig. 13.34).

La movimentazione del varco risulta relativamente semplice e veloce. In Fig. 13.35 si riportano alcuni schemi del varco.

Fig. 13.34 Movimentazione varco
amovibile in calcestruzzo

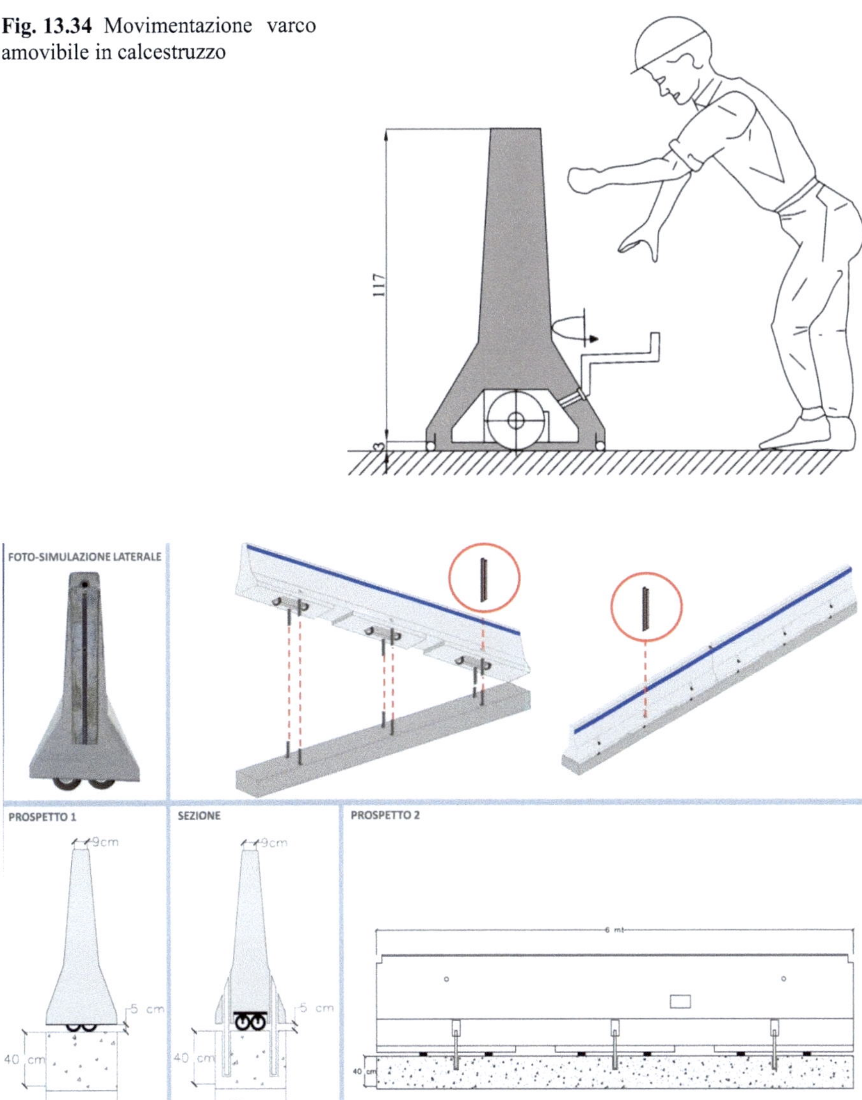

Fig. 13.35 Sezioni e particolari costruttivi del varco in calcestruzzo

Riferimenti bibliografici

[1] Canale S, Distefano N, Leonardi S (2009) Progettare la sicurezza stradale. EPC Libri
[2] Santagata et al (2016) Strade: teoria e tecnica delle costruzioni stradali. Pearson

Chapter 14
Le protezioni per i motociclisti

Indice

14.1 La sicurezza dei motociclisti 192
14.2 Quadro normativo di riferimento 192
14.3 I crash test per DSM secondo la UNI/CEN TS 1317-8 192
    14.3.1 Condizioni di accettazione della prova 196
14.4 I profili DSM 197
14.5 Il DM del 1° Aprile 2019 (DSM) 198
    14.5.1 Premessa 198
    14.5.2 Le Istruzioni Tecniche (Allegato A) 199
    14.5.3 Marcatura CE dopo il 2016, Art. 4 200
    14.5.4 Omologazione tra il 1992 e il 2016, Art. 5 201
14.6 Barriere né marcate, né certificate prima del 1992, Art. 6 201
Riferimenti bibliografici 202

Abstract *Al fine di migliorare la sicurezza dei motociclisti è possibile adottare delle particolari barriere munite di DSM (Dispositivo Salva Motociclista) che tende ad evitare, o comunque a mitigare, il rischio di lesioni o danni permanenti che un motociclista può riportare a seguito di un violento impatto contro le barriere. In questo capitolo si riportano i principali riferimenti normativi che disciplinano il tema dei DSM e si descrivono alcune soluzioni tecniche sviluppate.*

14.1   La sicurezza dei motociclisti

I dati di incidentalità mostrano che una parte rilevante di tutti gli incidenti avviene
per fuoriuscita del veicolo dalla carreggiata con conseguente urto contro i dispositivi
di ritenuta o contro ostacoli di vario tipo posti a margine della sede stradale (segnaletica verticale, recinzioni, murature, alberature, ecc.).

Tra gli incidenti per "fuoriuscita" del mezzo dalla sede stradale, un'aliquota significativa riguarda la categoria di "ciclomotori e motocicli". A titolo esemplificativo,
per questa categoria in Italia nell'anno 2020 si sono registrati complessivamente
2.639 incidenti (455 incidenti di ciclomotori e 2184 incidenti di motocicli) [1], con
una incidenza percentuale di oltre il 25% sul totale degli incidenti per fuoriuscita
dalla sede stradale. Si ricorda, poi, che il costo sociale dell'incidentalità nel 2021
è stato di 16,4 miliardi di euro, pari allo 0,9% del prodotto interno lordo italiano.

È ben noto che in caso di incidente il motociclista risulta di fatto non adeguatamente protetto nei confronti di un potenziale urto contro gli ostacoli laterali, ivi
compresi i montanti e gli altri elementi dei dispositivi di ritenuta. Pertanto, le conseguenze degli incidenti sono spesso molto gravi o mortali.

Per migliorare la sicurezza dei motociclisti è possibile adottare delle particolari
barriere munite di profilo Salva Motociclista (SM) o DSM (Dispositivo Salva Motociclista) che tende ad evitare, o comunque mitigare, il rischio di lesioni o danni
permanenti che un motociclista può riportare a seguito di un violento impatto contro
le barriere [2, 3].

14.2   Quadro normativo di riferimento

Il primo dettato normativo di settore per la salvaguardia dei motociclisti è rappresentato dal DM del 1° aprile 2019 "Dispositivi stradali di sicurezza per i motociclisti"
(DSM; Pubblicato in GU n. 114 del 17/05/2019).

L'obiettivo principale di questo decreto è quello di ridurre il rischio che un motociclista possa incorrere in un evento fatale, o comunque in gravi lesioni del tronco o
degli arti, in seguito ad un violento impatto contro i paletti in acciaio delle barriere
discontinue. Il decreto è in armonia con la specifica tecnica UNI CEN/TS 1317-8,
che riguarda i requisiti per l'installazione e le relative prove a cui sottoporre i cosiddetti DSM ai fini della marcatura CE del prodotto.

14.3   I crash test per DSM secondo la UNI/CEN TS 1317-8

Le prove al vero finalizzate alla certificazione e marcatura CE vengono eseguite lan-
ciando, secondo varie configurazioni geometriche e determinati parametri di inclinazione e velocità, dei manichini antropomorfi strumentati con celle di carico e accelero-

metri posizionati nella testa, nella prima vertebra cervicale e nel torace, con l'obiettivo di valutare le forze che agiscono nei punti strumentati (Fig. 14.1 e Fig. 14.2).

La prova prevede specifiche tecniche molto rigide in merito alla strumentazione che deve essere utilizzata con particolare riferimento alle dotazioni da implementare sul manichino. Quest'ultimo deve infatti essere di tipo Hybrid III, avente peso complessivo di $87{,}50 \pm 2{,}50$ kg. Il manichino deve essere dotato di un casco da motociclista avente peso di $1{,}300 \pm 0{,}050$ kg e deve indossare una tuta di pelle completa, guanti e stivali di pelle da motociclista.

Il crash test per DSM secondo la norma UNI/CEN TS 1317-8, prevede in particolare che il DSM oggetto di prova debba essere testato secondo tre diverse configurazioni d'urto che consentono di massimizzare gli effetti subiti dal manichino rispetto alle diverse tipologie di dispositivo. Le configurazioni di prova sono le seguenti:

Fig. 14.1 Particolare della testa del manichino strumentato durante una prova al vero

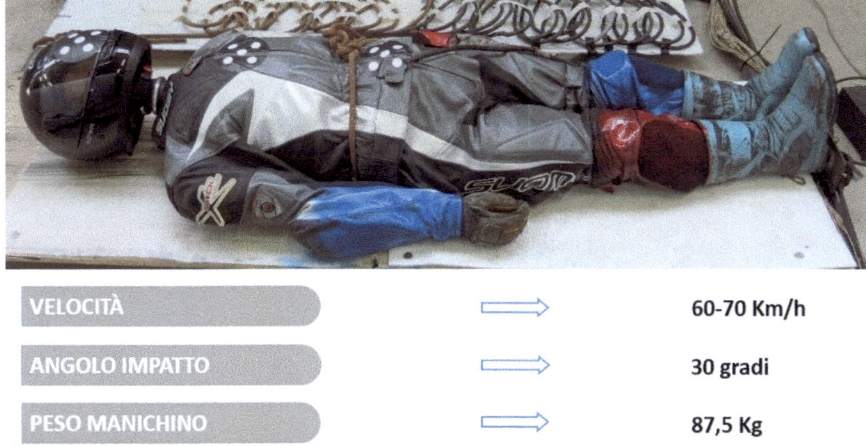

Fig. 14.2 Manichino antropomorfo strumentato e parametri principali di prova

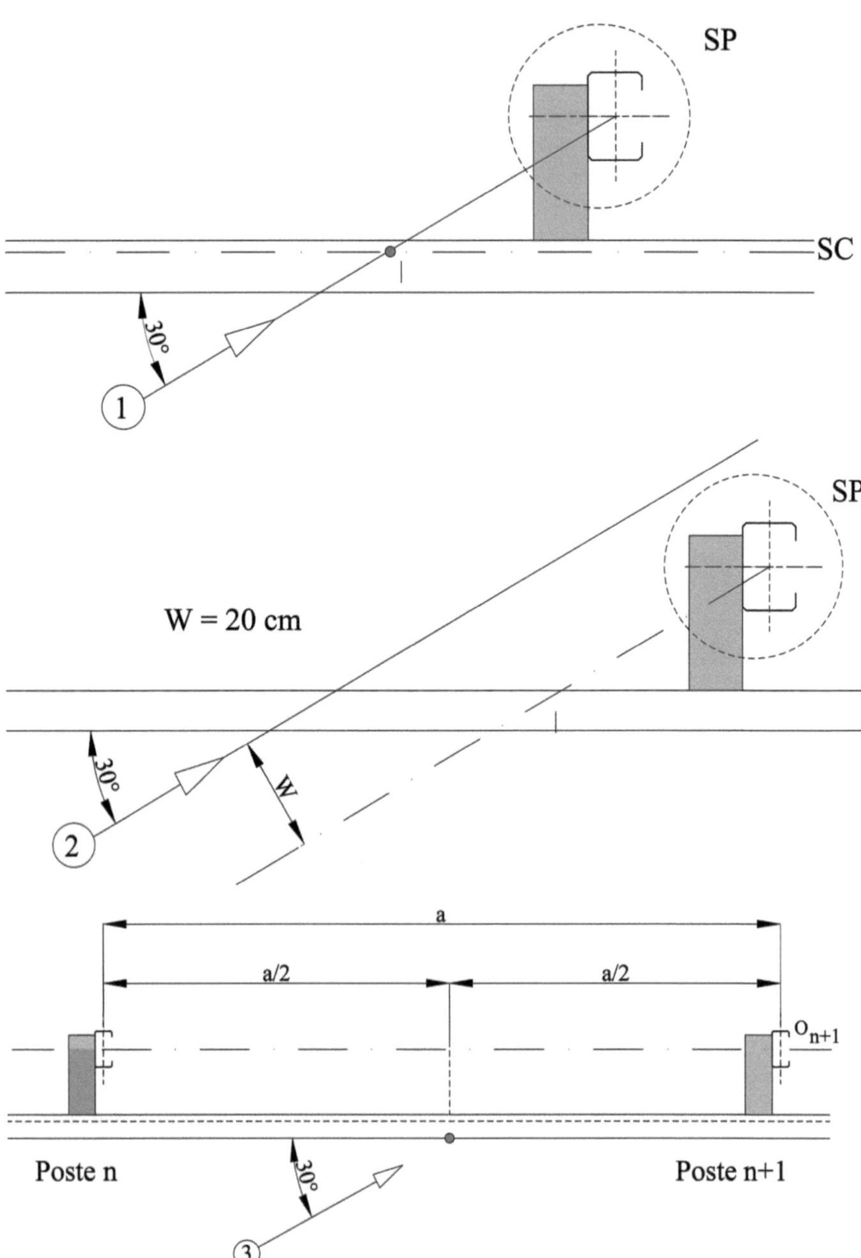

Fig. 14.3 Configurazioni di prova secondo la norma UNI/CEN TS 1317-8

Tabella 14.1 Classi di velocità per dispositivi continui e discontinui

CLASSI DI VELOCITA' PER DISPOSITIVI CONTINUI			CLASSI DI VELOCITA' PER DISPOSITIVI DISCONTINUI		
Classe velocità	Prove richieste		Classe velocità	Prove richieste	
C60	TM 1.60	TM 3.60	C60	TM 1.60	TM 2.60
C70	TM 1.60	TM 3.70	C70	TM 1.60	TM 2.70

- *Configurazione 1* – Urto centrato sul palo: massimizza le lesioni correlate all'urto (per dispositivi discontinui);
- *Configurazione 2* – Urto sfalsato sul paletto: massimizza la decelerazione subita dal manichino (per dispositivi discontinui);
- *Configurazione 3* – Urto al centro della luce: massimizza il rischio di intrappolamento degli arti e della testa (per dispositivi longitudinalmente continui).

Queste configurazioni sono schematizzate in Fig. 14.3. La prestazione del DSM è definita tramite due aspetti ben distinti, ovvero (Tab. 14.1):

- la classe di velocità, determinata dalla velocità con la quale è eseguita la prova (60 km/h o 70 km/h);
- il livello di severità, espresso in termini di indice biometrico HIC (Head Injury Criterion) determinato dal livello degli indici biomeccanici derivati dai dati rilevati dalla strumentazione posta sul manichino durante la prova.

Per quanto riguarda le classi di velocità, la specifica tecnica non definisce per quali condizioni vada utilizzato il valore di 60 km/h o di 70 km/h, lasciando pertanto discrezionalità nella scelta della velocità da adottare.

L'indice biometrico HIC (Head Injury Criterion) permette di definire quantitativamente il rischio di lesioni alla testa in caso di urto in funzione dell'accelerazione "a" e va così calcolato:

$$\mathrm{HIC} = \max\left[\frac{1}{t_2 - t_1} \cdot \int_{t_1}^{t_2} a \cdot dt\right]^{2,5} \cdot (t_2 - t_1) \qquad (14.1)$$

essendo

$$a = \sqrt{a_x^2 + a_y^2 + a_z^2} \quad e \quad (t_2 - t_1) \le \Delta t_{max}$$

Per $\Delta t_{max} = 15$ ms l'indice biometrico si denota con HIC_{15}, se invece si fissa $\Delta t_{max} = 36$ ms si ottiene il valore di HIC_{36}.

La Fig. 14.4 mostra i valori massimi ammissibili dell'indice HIC_{36} a cui corrispondono due livelli di severità (Livello di Severità I e II).

L'indice HIC risulta correlato all'indice l'AIS (Abbreviated Injury Scale) ossia un sistema di punteggio globale di gravità delle lesioni, così come indicato in Tab. 14.2.

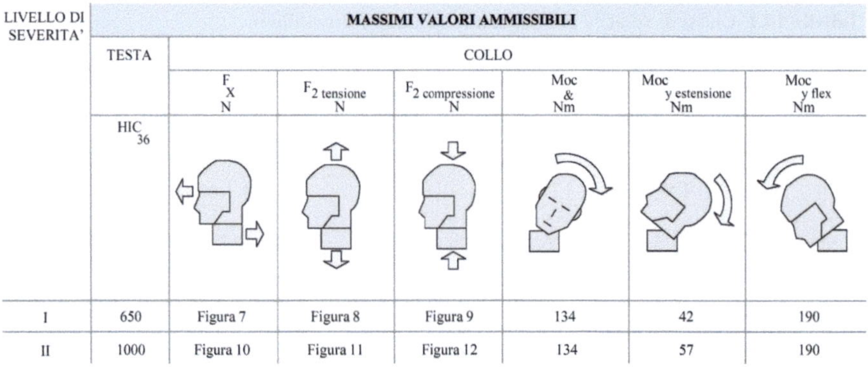

LIVELLO DI SEVERITA'	MASSIMI VALORI AMMISSIBILI					
	TESTA	COLLO				
	HIC_{36}	F_X N	$F_{2\,tensione}$ N	$F_{2\,compressione}$ N	Moc & Nm	Moc y estensione Nm	Moc y flex Nm
I	650	Figura 7	Figura 8	Figura 9	134	42	190
II	1000	Figura 10	Figura 11	Figura 12	134	57	190

Fig. 14.4 Livelli di severità d'urto in base al parametro HIC

Tabella 14.2 Correlazione tra AIS e entità delle lesioni

Rif.	Lesione	Esempio	AIS % di decesso
1	Minore	Abrasione superficiale	0
2	Moderato	Frattura della mascella	1–2
3	Severo	Contusione cerebrale	8–10
4	Grave	Fratture al volto scomposte	50
5	Critico	Danni al tronco encefalico	50
6	Massimo	Gravi danni al cranio e al cervello	100

Si può inoltre determinare *la gravità delle possibili lesioni* nonché la probabilità di decesso o del presentarsi di danni permanenti (definite dall'AIS) derivanti da un evento incidentale caratterizzato da uno specifico valore di HIC.

Nel grafico di Fig. 14.5 viene riportato il confronto fra gli indici di severità I (HIC = 650) e II (HIC = 1000) con le relative probabilità di subire lesioni di differenti entità. All'aumentare del valore dell'indice HIC corrisponde un conseguente aumento della probabilità di subire lesioni molto più gravi ed una maggiore probabilità di decesso.

14.3.1 Condizioni di accettazione della prova

Al fine di poter ritenere valide le acquisizioni strumentali dedotte durante la prova e per ritenere la prova di crash test superata, è necessario che:

- non si registri alcuna rottura negli elementi longitudinali del DSM;
- il manichino antropomorfo non rimanga intrappolato nell'elemento di prova;
- nessun arto o appendice del manichino antropomorfo risulti completamente staccato dallo stesso in seguito all'urto;

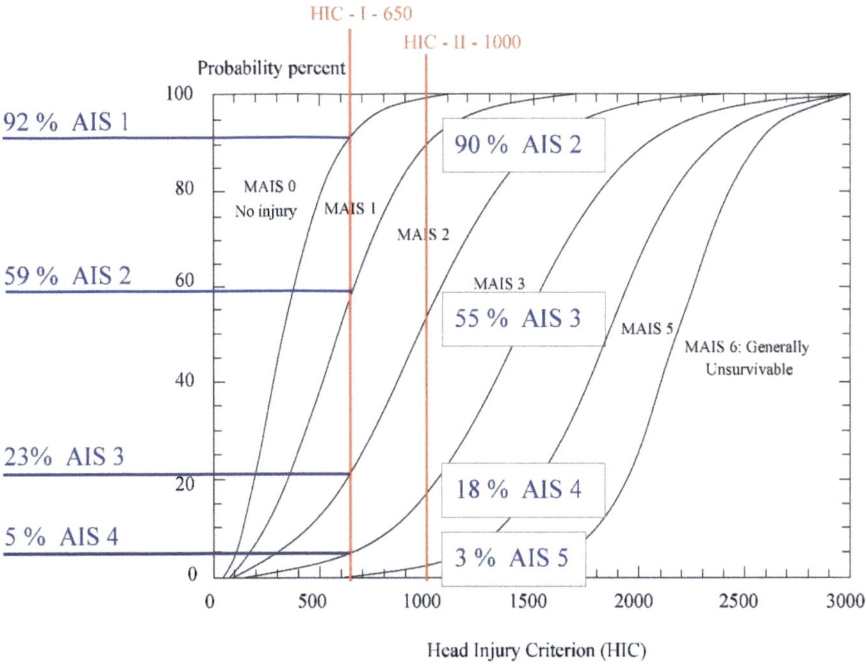

Fig. 14.5 Relazioni tra HIC e AIS

- la prova non comporti lacerazioni alle membra del manichino antropomorfo;
- per le barriere dotate di un sistema di protezione del motociclista di tipo continuo, durante la prova, nessuna parte del manichino, ad eccezione della sola mano, deve sporgere posteriormente dagli elementi a contatto con il manichino;
- i valori degli indici biomeccanici non eccedano in nessun caso la soglia di accettabilità del livello di severità II.

14.4   I profili DSM

Negli ultimi anni, i produttori di dispositivi di ritenuta si sono interessati alla progettazione e sperimentazione di barriere idonee a salvaguardare la sicurezza degli utenti a due ruote. Le soluzioni adottate sono per lo più simili: viene realizzato un nastro in acciaio integrativo disposto al di sotto dell'onda metallica. Tale accorgimento offre una copertura continua dei paletti, eliminando l'esposizione ai bordi taglienti e scongiurando in tal modo la possibilità d'impatto contro i paletti della barriera in acciaio.

Le barriere ideate da Anas (Fig. 14.6), invece, hanno un profilo continuo; non sono quindi dotate di un dispositivo aggiuntivo salva-motociclista (DSM). Nelle Barriere, il DSM è infatti strutturalmente collegato alla barriera e marcato secondo la Norma UNI EN 1317. Le prove al vero su queste barriere sono state eseguite

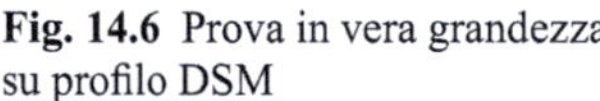

Fig. 14.6 Prova in vera grandezza
su profilo DSM

secondo quanto stabilito dal D.M. 1° aprile 2019 recante "Dispositivi stradali di
sicurezza per i motociclisti (DSM)" (che fa riferimento alla Specifica Tecnica UNI
CEN/TS 1317-8).

14.5 Il DM del 1° Aprile 2019 (DSM)

14.5.1 Premessa

Il Decreto del 1° aprile 2019, "Dispositivi stradali di sicurezza per i motociclisti
(DSM)", a partire dal 13 novembre 2019 ha reso obbligatoria per alcuni specifici
casi l'installazione di appositi Dispositivi Salva Motociclisti (DSM). Si riportano di
seguito i primi due articoli di questa norma:

- Art. 1
    - comma 1 – Il decreto disciplina l'installazione dei DSM continui su barriere
      di sicurezza stradale discontinue.
    - comma 3 – La specifica tecnica di riferimento è la UNI CEN/TS 1317-8 che
      determina le classi di prestazione, le modalità di prova ed i criteri di accetta-
      zione del DSM.
- Art. 2
    - Comma 2 – Le stazioni appaltanti devono richiedere DSM rispondenti alla
      norma UNI CEN/TS 1317-8, acquisendo i rapporti di crash test rilasciati da
      laboratori accreditati.

Nell'ambito dell'applicazione del decreto, preme precisare che le barriere continue sono quelle che presentano dal lato esposto al traffico veicolare una superficie
continua sia in senso orizzontale che verticale per un'altezza di almeno 80 cm dal
piano viabile. Pertanto, tutte le altre barriere sono da intendersi e ritenersi barriere
discontinue.

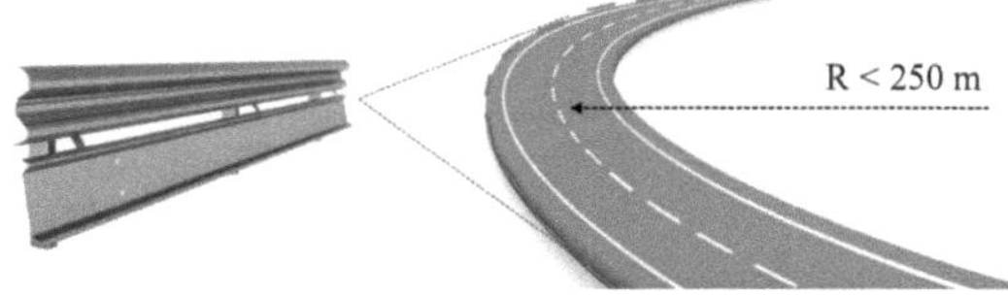

Fig. 14.7 Contesti nei quali è necessario prevedere l'uso dei DSM ai sensi del D.M. 01/04/2019 (ciglio esterno di curve planimetriche di raggio inferiore a 250 m)

14.5.2 Le Istruzioni Tecniche (Allegato A)

L'Allegato A del D.M. 01/04/2019 contiene le "Istruzioni tecniche per l'impiego dei dispositivi stradali di sicurezza per motociclisti (DSM)".

Queste istruzioni disciplinano i casi nei quali si rende necessaria l'installazione dei DSM (Fig. 14.7), la loro marcatura (Artt. 3 e 4), nonché gli aspetti connessi alle modifiche di prodotto e/o di installazione per il montaggio di DSM su barriere esistenti (Artt. 5 e 6). L'Articolo 3 stabilisce quanto segue:

- Art. 3
  - Comma 1 – I dispositivi devono essere installati sulle barriere discontinue installate o da installare lungo il ciglio esterno, su tutte le strade ad uso pubblico aperte al transito di veicoli a motore nei tratti in curva circolare con <u>raggio minore di 250 m</u>;
  - Comma 2 – Al di fuori delle già menzionate casistiche, in presenza di punti singolari ed intersezioni in corrispondenza delle quali si siano verificati nel triennio 5 incidenti con morti/feriti con il coinvolgimento di motoveicoli e/o ciclomotori;
  - Comma 3 – Nel caso di installazione in curve circolari il tratto da proteggere deve estendersi sul ciglio esterno oltrepassando le due estremità della curva per minimo R/10 m e comunque <u>non meno di 10 m</u>;
  - Comma 5 – L'installazione dei DSM potrà essere derogata nel caso in cui l'ente proprietario della strada verifichi, con specifica relazione tecnica, che la suddetta installazione pregiudichi i compiti di cui all'art. 14, comma 1 del decreto legislativo 30 aprile 1992, n. 285.

I requisiti che regolano l'installazione del DSM su barriere esistenti *variano in funzione del periodo in cui queste sono state installate* e di conseguenza in relazione alle norme a cui fanno riferimento.

Nella Fig. 14.8 viene riportata una sintesi delle principali normative a cui possono riferirsi i diversi dispositivi di ritenuta installati ed in funzione delle quali il D.M. 01/04/2019 fornisce specifiche prescrizioni di merito. In questa direzione, è possibile considerare i casi descritti nei successivi paragrafi.

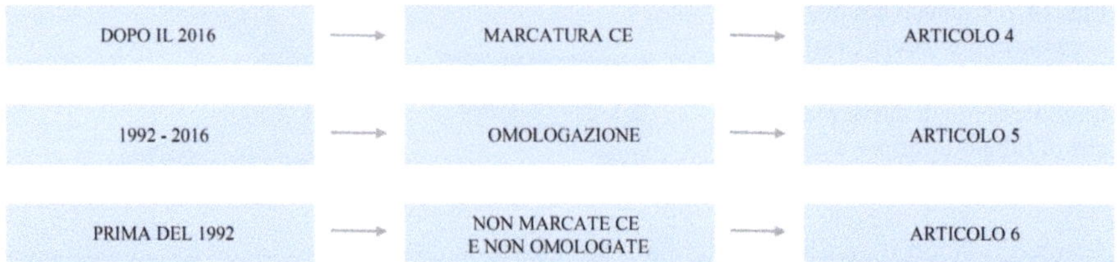

Fig. 14.8 Principali riferimenti normativi in funzione del periodo di installazione delle barriere

Tabella 14.3 Modifiche di prodotto

CATE-GORIE	MODIFICA		ESEMPI	INFORMAZIONE RICHIESTA
	Tipo modifica	Descrizione		
A	Lieve	Modifiche che non richiedono cambiamenti di tipo meccanico	Barriera riverniciata Barriera in cls prefabbricata provvista di rinforzo aggiuntivo	Descrizione della modifica proposta
B	Moderata	Modifiche di uno o più componenti i cui effetti sulle prestazioni della barriera possono essere determinate attraverso analisi statistiche o dinamiche o altri mezzi appropriati	Cambiamento di bulloni non progettati per snervarsi Aumento della lunghezza della lama	Rapporto scritto, da parte di un progettista, con la prova e/o i metodi utilizzati, confrontati con i valori originali
C	Significativa	Modifiche di entità superiori ad A e B	Sostituzione dei giunti Modifica dei materiali Cambiamento di bulloni non progettati per snervarsi	Ulteriori prove d'urto (eventualmente ridotte nei casi di modifiche previste al punto 5 dell'Allegato A della norma)

14.5.3 *Marcatura CE dopo il 2016, Art. 4*

Questa fattispecie riguarda il caso di Marcatura CE eseguita dopo il 2016; quindi occorre fare riferimento all'art. 4 comma 1 secondo cui l'applicazione di un DSM ad una barriera di sicurezza marcata CE comporta in via generale una modifica di prodotto (vedasi Tab. 14.3). La barriera così modificata deve essere valutata dall'Organismo notificato ai sensi della norma UNI EN 1317-5, in relazione alla marcatura CE.

14.5.4 Omologazione tra il 1992 e il 2016, Art. 5

L'art. 5 comma 1 recita che un DSM testato su una barriera ove il complesso così realizzato abbia superato le prove previste dalla UNI CEN/TS 1317-8 (oggi UNI CEN/TS 17342:2019) e UNI EN1317-2, può essere installato su un'altra barriera già posta in opera senza ulteriori verifiche purché vengano rispettate le seguenti condizioni:

a) gli elementi del collegamento del DSM alla barriera siano gli stessi utilizzati nelle prove e posti alla stessa distanza tra di loro;
b) nell'installazione la distanza da terra del bordo inferiore del DSM non differisca da quella delle prove più di 2 cm;
c) la barriera in opera abbia deflessione dinamica non superiore a quella della barriera testata ovvero D_{bs} (barriera in sito) $\leq D_p$ (prova).

Da quanto sopra esposto, si deduce che il MIT autorizzata l'installazione (alle condizioni specificate), sebbene il funzionamento del sistema formato dalla barriera e dal DSM risultante non sia coperto da omologazione, soltanto nel caso in cui vengano soddisfatti i punti a, b, c.

L'art. 5 comma 2 precisa invece che nel caso in cui non sia soddisfatta la condizione a), ai fini dell'installazione del DSM, deve essere eseguita la prova prevista dalla specifica tecnica UNI-TS 1317-8 al punto 6.9.4. Fig. 14.3 Configurazione 3.

L'art. 5 comma 3 afferma che nel caso in cui non sia soddisfatta la condizione di cui al comma 1 lettera b, il dispositivo DSM non può essere installato.

Infine, l'art. 5 comma 4 afferma che nel caso in cui non sia soddisfatta la condizione c) prima richiamata, ai fini dell'installazione del DSM, dovrà essere eseguita la prova di contenimento prevista dalla norma UNI EN 1317-2 per la classe corrispondente.

14.6   Barriere né marcate, né certificate prima del 1992, Art. 6

La casistica relativa ai dispositivi di ritenuta installati che non sono né marcati, né certificati prima del 1992, viene contemplata all'art. 6 (*Applicazione di dispositivi per motociclisti su barriere già in opera, non rispondenti al DM 223/92 e ss.mm.ii.*).

In base a quanto previsto al comma 1 dell'art. 6, un dispositivo DSM testato su una barriera ove il complesso così realizzato abbia superato le prove previste dalla norma UNI CEN/TS 1317-8 e UNI EN1317-2, può essere installato su un'altra barriera già posta in opera delle caratteristiche richiamate nel titolo senza ulteriori verifiche purché la barriera già in opera e quella testata abbiano:

- lo stesso interasse;
- lo stesso tipo di paletto;
- uguale profondità di infissione;
- altezza complessiva fuori terra ed altezza dal suolo della lama;

- il medesimo supporto;
- il medesimo materiale dei componenti principali.

Infine, l'art. 6 comma 2 recita testualmente che: "*In alternativa, il progettista della sistemazione dei dispositivi di ritenuta potrà anche provvedere con opportuni calcoli di verifica a dimostrare l'analogia prestazionale del complesso DSM + barriera già in opera con la barriera testata*".

Appare dunque del tutto evidente che in questo caso sono demandate importanti responsabilità al progettista.

Riferimenti bibliografici

[1] ISTAT (2021) Rapporto su "Incidenti stradali 2020"
[2] Parežnik LB, Renčelj M, Tollazzi T (2025) Overview of the patents and patent applications on upper guardrail protection systems for motorcyclists. Infrastructures 10(7):165
[3] Tollazzi T, Parežnik LB, Gruden C, Renčelj M (2025) In-depth analysis of fatal motorcycle accidents—case study in Slovenia. Sustainability 17(3):876

Chapter 15
Dispositivi di ritenuta innovativi

Indice

15.1 Barriere in acciaio 204
    15.1.1   Barriera H2 TS0 205
    15.1.2   Barriera H3 TS0 206
15.2 Barriere in calcestruzzo NDBA 209
    15.2.1   Caratteristiche tecniche della barriera NDBA 210
    15.2.2   Crash test 212
15.3 I diversi tipi di barriere NDBA 213
    15.3.1   Barriera NDBA Asphalt 213
    15.3.2   Barriera NDBA Concrete per spartitraffico 214
    15.3.3   Barriera NDBA Concrete con tirafondi inclinati 214
    15.3.4   Barriera NDBA Bridge 214
    15.3.5   Barriera NDBA Tunnel 216
15.4 Sistemi tecnologici integrati nelle barriere per il rilevamento degli incidenti 218
Riferimenti bibliografici 219

Abstract *In questo capitolo vengono descritte le caratteristiche tecniche di alcune barriere in acciaio ed in calcestruzzo di nuova concezione progettate e concepite per superare i problemi di installazione nel caso di spazi ridotti e in condizioni di impianto critiche.*

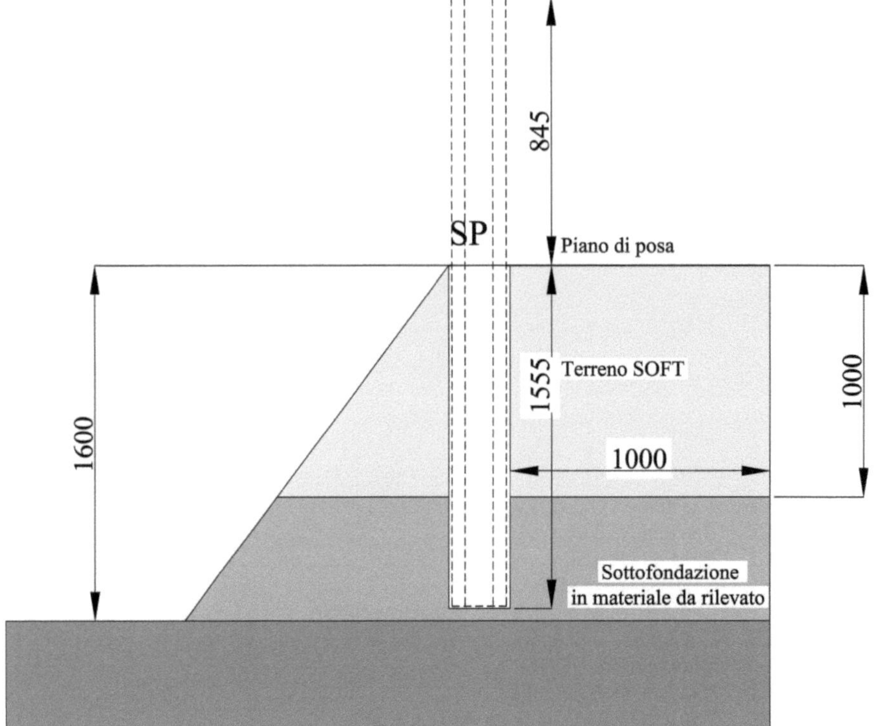

Fig. 15.1 Configurazione di crash barriera tipo TS0

15.1   Barriere in acciaio

Tra le barriere in acciaio di nuova concezione si annoverano le barriere H2 TS0 e
H3 TS0 progettate per ovviare ai problemi di installazione nel caso di spazi ridotti
e in condizioni di impianto critiche. Più in particolare, queste barriere sono state
appositamente ideate per essere installate in presenza di terre di scarsa qualità e per
larghezze disponibili dell'arginello molto limitate o nulle, cioè per condizioni che
spesso si riscontrano su strade esistenti. Questi dispositivi sono stati testati al vero
con crash test eseguiti in campi prova certificati ISO 17025 ai sensi della UNI EN
1317 parte 1 e 2. Le prestazioni in termini di Larghezza Operativa (W) e ASI sono
più che soddisfacenti, tenuto conto dei particolari vincoli imposti di installazione che
hanno replicato condizioni in sito molto sfavorevoli. Le barriere sono state infatti
testate installando i montanti in prossimità del ciglio della scarpata con arginello di
larghezza pressoché nulla e terreno con scarsa consistenza. I paletti sono stati infissi
ad una profondità di 1,60 m dal piano di posa (Fig. 15.1), ed il terreno è classificato
come SOFT sulla base delle prove di carico su montanti di tipo Push-Pull (Cap. 12)
svolte secondo le specifiche del punto 5.1.6.3 della prEN1317-5:2013 e relativa
UNI/TR 11785.

Per la valutazione della larghezza operativa (W), la barriera di classe H2 è stata testata con un autobus avente massa pari a 13 t, velocità d'impatto di 70 km/h, angolo d'impatto θ di 20° (prova TB 51 secondo UNI EN 1317).

La barriera di classe H3 è stata invece testata con un autocarro avente massa di 16 t, velocità d'impatto di 80 km/h e angolo d'impatto di 20° (prova TB 61 secondo UNI EN 1317). Si sono ottenuti i seguenti valori di larghezza operativa: 1,20 m (classe W4) per la classe barriera H2 e 1,66 m (classe W5) per quella H3.

Ai fini della valutazione dell'indice ASI (Acceleration Severity Index), in entrambe le configurazioni, sono state effettuate prove di crash TB 11 con veicolo leggero avente massa di 900 kg, velocità d'impatto di 100 km/h e un angolo d'impatto di 20°, riscontrando per entrambe le barriere un indice ASI pari 1,0 (Classe A).

In definitiva, queste barriere si possono installare in contesti critici (per ampiezza disponibile degli arginelli esistenti o per qualità del corpo stradale), evitando così di dover effettuare interventi complessi e costosi come l'ampliamento della sede stradale.

15.1.1 Barriera H2 TS0

La barriera di sicurezza H2 TS0 (Fig. 15.2 e Fig. 15.3) è composta da una tripla onda superiore da 3 mm di spessore, posta ad un'altezza media di 950 mm (misurata dal filo superiore della tripla onda), collegata ad un distanziatore appositamente studiato per garantire un livello prestazionale elevato, composto dai seguenti due elementi distinti:

- il primo a nastro d'acciaio con sezione "romboidale" prevede il collegamento al nastro a tripla onda tramite n. 2 bulloni M16 e il collegamento al palo tramite n. 2 bulloni M16. È presente la predisposizione per l'inserimento di n. 1 ulteriore bullone M16 (in mezzeria sul lato nastro) che permette il fissaggio del secondo componente del distanziatore;
- il secondo, sempre a nastro, con sagomatura a Z con angoli di 114° rispetto alla verticale, favorisce l'innalzamento durante l'urto. È fissato rispettivamente tramite il bullone M16 inferiore lato palo e tramite il bullone M16 centrale lato nastro al primo elemento costituente il distanziatore.

La forma del distanziatore ed il rinforzo inserito al suo interno comportano l'innalzamento del nastro durante l'urto con conseguente reindirizzamento del veicolo. Entrambi gli elementi del distanziatore hanno una profondità di 100 mm e uno spessore di 6,0 mm. I paletti hanno sezione a "C" 160 x 120 x 40 di 5 mm di spessore, sono posti ad interasse di 1500 mm, hanno lunghezza di 2400 mm e vengono infissi nel terreno per 1555 mm. Per i vari collegamenti bullonati sono state previsti viti M16 a testa tonda con chiave esagonale M16 x 40 di classe 8.8, dadi M16 classe 6.S, rosette 17 x 50 x 3 e 17 x 30 x 3, così da uniformare la bulloneria necessaria in fase di montaggio. L'altezza massima della barriera (filo superiore della tripla onda) è di 950 mm, mentre l'ingombro trasversale tra paletto lato esterno e fronte strada è di 492,5 mm.

Si riportano in Tab. 15.1 le specifiche tecniche dei materiali utilizzati.

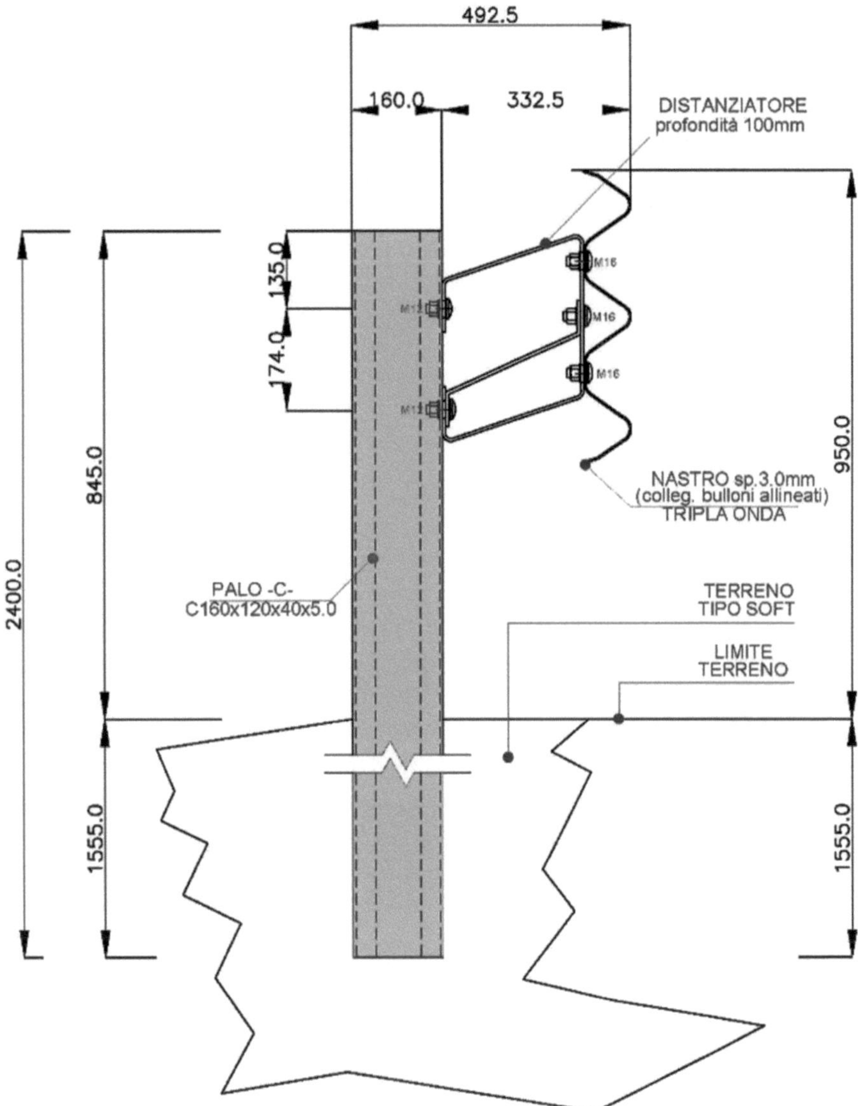

Fig. 15.2 Barriera H2 TS0

15.1.2 Barriera H3 TS0

La barriera di sicurezza H3 TS0 (Fig. 15.4 e Fig. 15.5) è composta da una tripla onda superiore spessa 3 mm, posta ad un'altezza media di 950 mm, collegata ad un distanziatore appositamente studiato per garantire un livello prestazionale elevato, composto dai seguenti due elementi distinti:

Tabella 15.1 Componenti barriera H2 TS0

NASTRO A TRIPLA ONDA	S355JR
Palo C 160 x 120 x 40 x 5 mm	S355JR
Distanziatore esterno	S355JR
Distanziatore interno	S355JR
Viti	Classe 8.8
Dadi	Classe 6
Rosette	C 50
Piastrine	S355JR

Fig. 15.3 Foto della barriera H2 TS0 su campo prove

- il primo a nastro d'acciaio con sezione "romboidale" prevede il collegamento al nastro a tripla onda tramite n. 2 bulloni M16 e il collegamento al palo tramite n. 2 bulloni M16. È presente la predisposizione per l'inserimento di n. 1 ulteriore bullone M16 (in mezzeria sul lato nastro) che permette il fissaggio del secondo componente del distanziatore;
- il secondo, sempre a nastro, con sagomatura a Z con angoli di 114° rispetto la verticale, favorisce l'innalzamento durante l'urto. È fissato rispettivamente tramite il bullone M16 inferiore lato palo e tramite il bullone M16 centrale lato nastro al primo elemento costituente il distanziatore

La forma del distanziatore ed il rinforzo inserito al suo interno comportano l'innalzamento del nastro durante l'urto con conseguente reindirizzamento del veicolo. Entrambi gli elementi costituenti i distanziatori hanno una profondità di 100 mm e uno spessore di 6,0 mm. In corrispondenza dei bulloni che collegano nastro e distanziatore sono presenti delle piastrine 100 x 35 di spessore 4 mm. I paletti sono caratterizzati da una sezione a "C" 160 x 120 x 40 di 5 mm di spessore, sono posti ad interasse di 1500 mm, hanno lunghezza di 2896 mm e sono infissi nel terreno per 1500 mm.

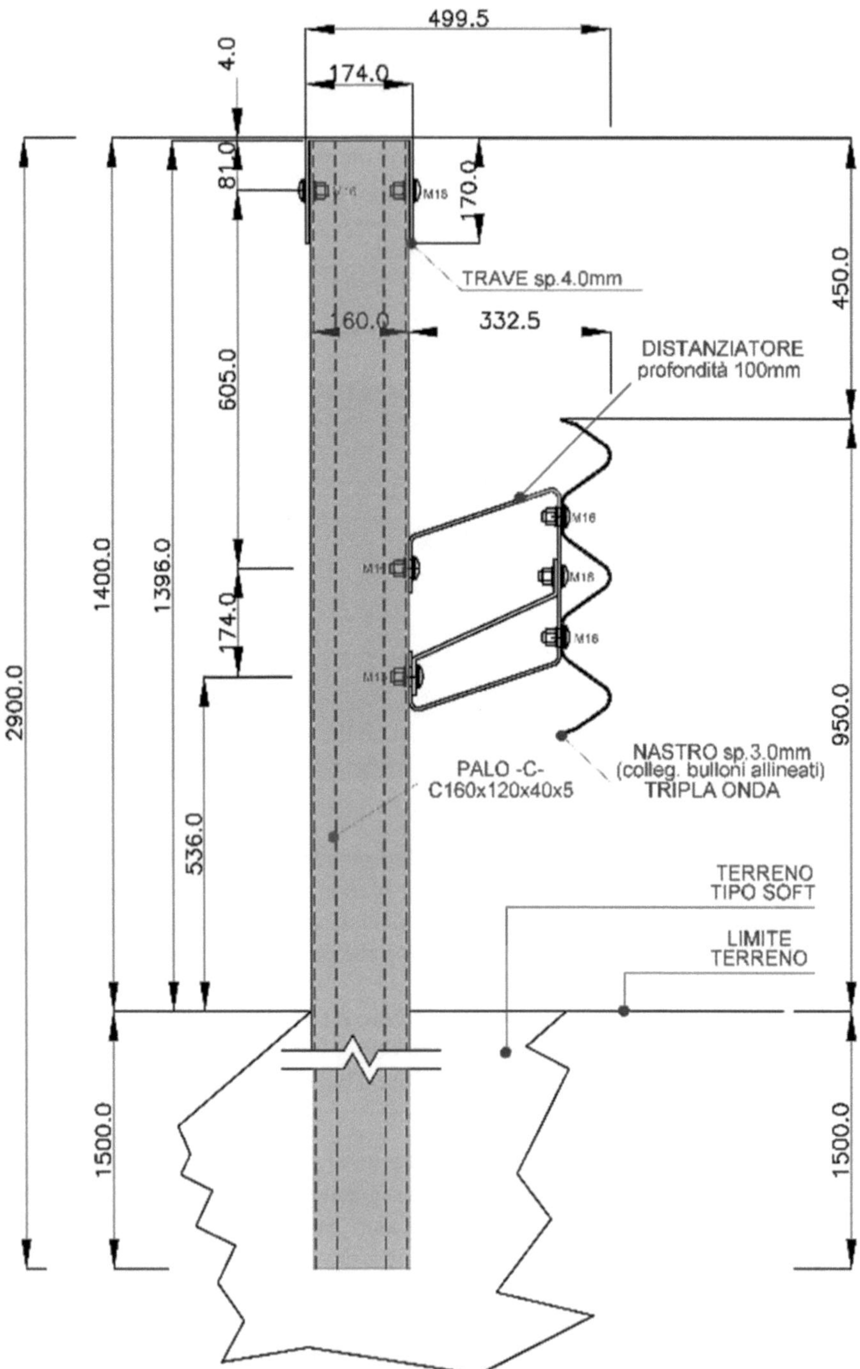

Fig. 15.4 Barriera H3 TS0

Tabella 15.2 Componenti barriera H3 TS0

NASTRO A TRIPLA ONDA	S355JR
Palo C 160 x 120 x 40 x 5 mm	S355JR
Distanziatore esterno	S355JR
Distanziatore interno	S355JR
Viti	Classe 8.8
Dadi	Classe 6
Rosette	C 50
Piastrine	S355JR

Fig. 15.5 Foto della barriera H3TS0

Per garantire la capacità redirettiva in caso di urto con un veicolo pesante è presente un corrente superiore costituito da un profilo a "U" 174 x 170 di spessore pari a 4 mm inserito in testa ai montanti e collegato ad esso tramite unioni bullonate.

Si riportano in Tab. 15.2 le specifiche tecniche dei materiali usati per questa barriera.

15.2   Barriere in calcestruzzo NDBA

La nuova barriera di sicurezza stradale in calcestruzzo del tipo NDBA (National Dynamic Barrier ANAS) è caratterizzata da un innovativo sistema di ancoraggio basato su due profili in acciaio a "C" inglobati nelle sezioni terminali di ogni modulo e un profilo verticale in acciaio HEM 100 inserito per il collegamento dei diversi elementi modulari in calcestruzzo. Ogni singolo modulo della barriera è ancorato negli strati di pavimentazione sottostante tramite sei profilati in acciaio IPE 80 (tre per ogni lato con distanza reciproca di 2 m), lunghi 78 cm. I profilati in acciaio IPE 80 sono inseriti all'interno di diverse tasche ricavate nella parte inferiore della barriera.

La nuova barriera è stata analizzata prima con simulazioni numeriche (software LS-DYNA) e successivamente con crash test dal vero. Sono stati eseguiti un crash test TB 11 (veicolo leggero) e due successivi TB 81 (veicolo pesante) su una barriera NDBA di 72 m di lunghezza. Il secondo test TB 81 è stato eseguito su una barriera precedentemente sottoposta ad urto, quindi già danneggiata e in nessun modo riparata. Gli esperimenti sono stati condotti presso il Centro "CSI" di Bollate, Milano (Italia). In conformità con la normativa EN 1317, i risultati hanno evidenziato un livello di contenimento Lc = 725 kJ (classe H4b), un ASI = 1,26 (classe B) ed una larghezza operativa W = 0,74 m (classe W2). La barriera NDBA è stata quindi in grado di resistere egregiamente a due impatti successivi di due veicoli pesanti (38 t) [1].

La barriera NDBA ben si presta alla risoluzione di problemi tecnici riscontrabili su strade esistenti, ad esempio quelli riguardanti tratti autostradali già in esercizio (con elevati valori di TGM e alte percentuali di mezzi pesanti) che richiedono l'installazione di nuove barriere aventi una larghezza operativa ridotta.

15.2.1 Caratteristiche tecniche della barriera NDBA

Le tradizionali barriere di sicurezza in calcestruzzo (Fig. 15.6) generalmente impiegate nelle infrastrutture stradali italiane hanno larghezza di lavoro W5 e richiedono una distanza minima di circa 2,80 m dagli ostacoli fissi. Queste distanze libere non sono sempre disponibili sulle strade esistenti. La barriera "NDBA" (Fig. 15.7) è stata originariamente progettata con l'obiettivo di garantire valori di "larghezza operativa" inferiori rispetto alle tradizionali barriere di sicurezza in calcestruzzo. Il nuovo sistema di ritenuta presenta diversi vantaggi. L'installazione della barriera NDBA è semplice, ha bassi costi di manutenzione perché il sistema di ritenuta stradale è posizionato direttamente sul manto stradale (strato di usura) e non necessita di strutture di fondazione. Inoltre, il suo unico stampo, adatto alle diverse configurazioni della barriera, rende il processo produttivo veloce ed economico per i produttori di prefabbricati. Il nuovo sistema di ritenuta NDBA è "dinamico" perché le varie configurazioni di ancoraggio possono essere modulate in funzione dello spazio disponibile, del tipo di strada e del livello di traffico. Inoltre, i ridotti spazi di lavoro permetto l'uso della

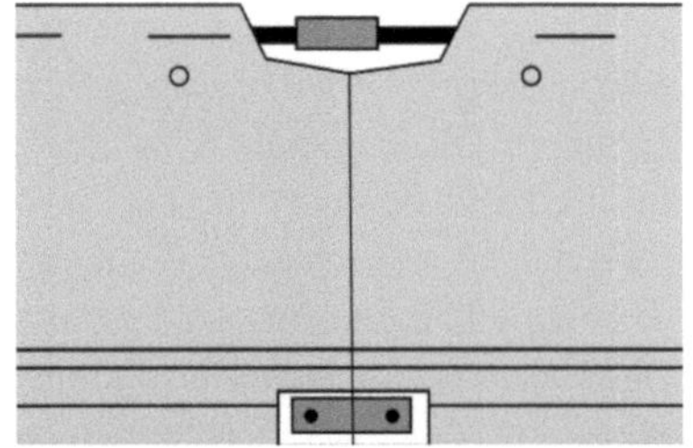

Fig. 15.6 Sistema di connessione comunemente adottato nelle tradizionali barriere di sicurezza in calcestruzzo

Fig. 15.7 Modello 3D della barriera NDBA

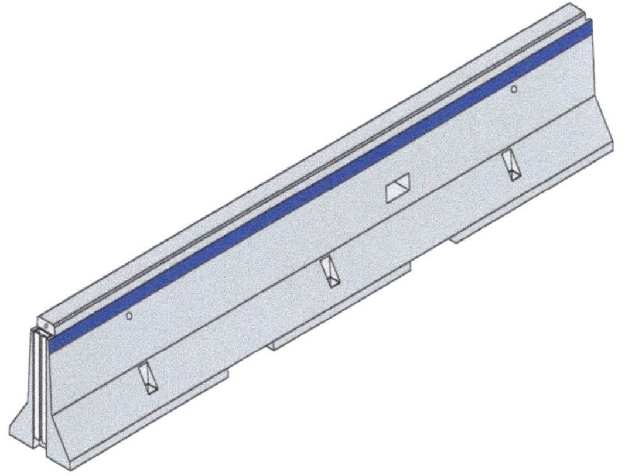

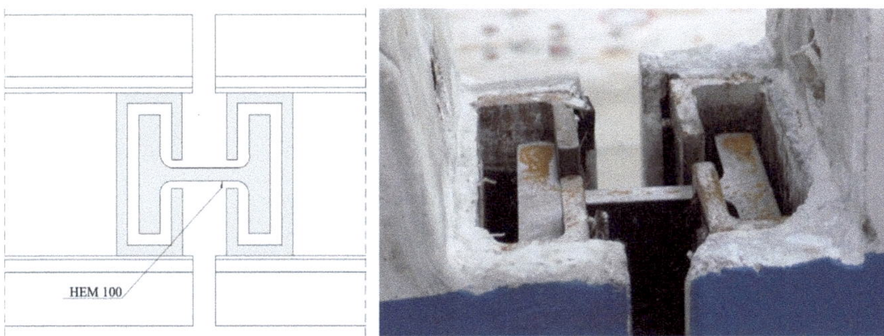

Fig. 15.8 Particolare del collegamento di due moduli

barriera NDBA anche su strade esistenti a doppia carreggiata con larghezza ridotta dello spartitraffico. La larghezza massima della barriera è di 68 cm e l'altezza totale è di 120 cm (Fig. 15.9). I moduli della barriera sono stati fabbricati utilizzando calcestruzzo di classe C40/50. Due profili in acciaio sono incorporati nelle sezioni terminali di ciascun modulo in calcestruzzo. Come mostrato in Fig. 15.8, si utilizza un profilo verticale in acciaio HEM 100 per collegare due diversi moduli di barriera. La connessione dà luogo ad un incastro quasi perfetto; invece, il vincolo tra i moduli delle tradizionali barriere in calcestruzzo è assimilabile ad una cerniera. Questa soluzione tecnica genera deformazioni istantanee e permanenti più piccole di quelle riscontrabili sulle barriere tradizionali.

Per i tratti in rilevato, la barriera NDBA è fissata negli strati di pavimentazione mediante sei travi in acciaio IPE 80 (tre per ogni lato con distanza reciproca di 2 m), ciascuna di 78 cm di lunghezza. Le travi in acciaio IPE 80 sono inserite in apposite tasche ricavate nella parte inferiore della barriera, come rappresentato in Fig. 15.9.

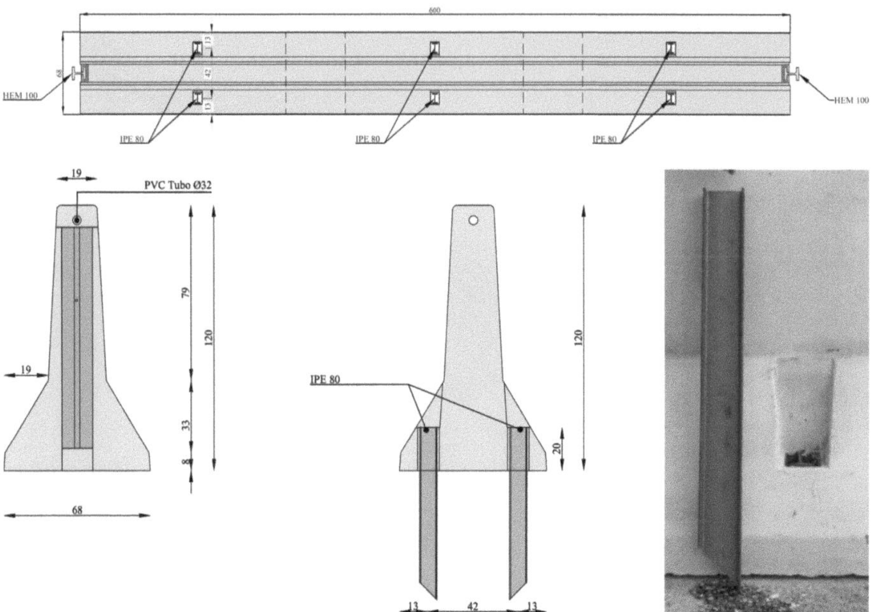

Fig. 15.9 Sistema di ancoraggio sul supporto per sezioni in rilevato

15.2.2 Crash test

I crash test sono stati eseguiti in conformità alla norma EN 1317. La barriera in calcestruzzo NDBA è stata testata nel centro prove CSI S.p.A. (Gruppo IMQ con sede a Bollate, Milano). Per la preparazione del piano di posa non è stata prevista alcuna attività specifica; è stata semplicemente effettuata un'accurata pulizia della superficie di appoggio della barriera. La lunghezza complessiva della barriera analizzata nel crash test è stata di 72,00 m.

Sul dispositivo di sicurezza sono stati eseguiti i seguenti crash test in analogia a quanto effettuato durante le simulazioni eseguite inizialmente:

- prova TB 11 con veicolo leggero (modello: Fiat Uno);
- prova TB 81 con veicolo pesante (modello: Volvo FH 12).

Anche se non previsto dalle norme, dopo il primo crash test TB 81, ne è stato eseguito un altro, sempre di tipo TB 81, sulla barriera danneggiata con il primo test. Per questo secondo test è stato utilizzato un altro veicolo pesante, cioè il modello "Volvo FH 12". La barriera ha resistito al secondo test TB 81, dando luogo ad una larghezza operativa W2, così come riscontrato nel primo test. La Fig. 15.10 mostra i valori esatti di larghezza utile (W) e deflessione dinamica (D) ottenuti nei due test TB 81 [1].

In definitiva, la barriera NDBA è in grado di resistere a due impatti successivi di veicoli pesanti; si tratta di un evento che nei casi reali è poco probabile ma che potrebbe comunque verificarsi.

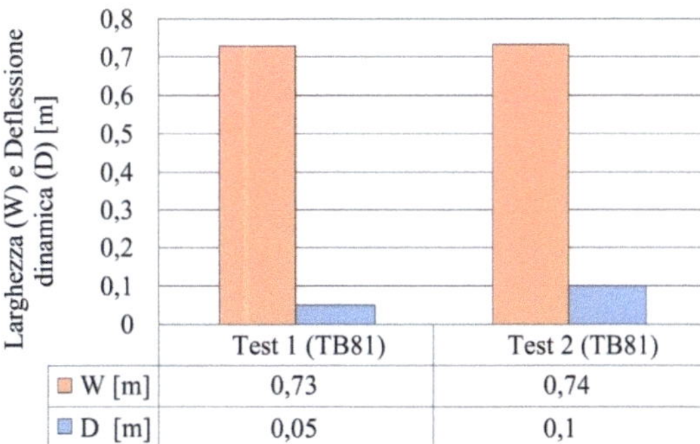

Fig. 15.10 Valori di larghezza utile e deflessione dinamica misurati in due successivi crash test

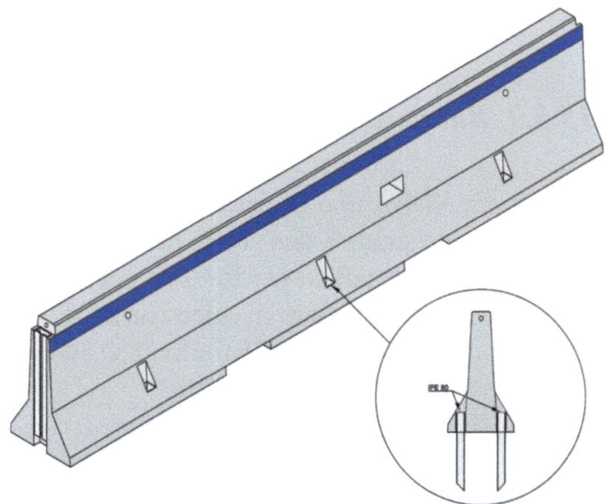

Fig. 15.11 Modello 3D della barriera NDBA Asphalt

15.3   I diversi tipi di barriere NDBA

15.3.1 Barriera NDBA Asphalt

La barriera in calcestruzzo NDBA tipo Asphalt (Fig. 15.11) è direttamente appoggiata sulla pavimentazione esistente consentendo così da ottenere una rapida installazione su strade esistenti senza la necessità di dover effettuare onerosi interventi infrastrutturali. Tra gli altri aspetti positivi si annoverano la notevole riduzione dei costi di manutenzione ordinaria e straordinaria, degli oneri di sicurezza dei lavori dovuti essenzialmente alla riduzione dei tempi di esecuzione e la ridotta durata dei cantieri per la loro posa in opera con conseguenti ridotti disagi per gli utenti della strada.

Fig. 15.12 Disegno 3d barriera NDBA Concrete

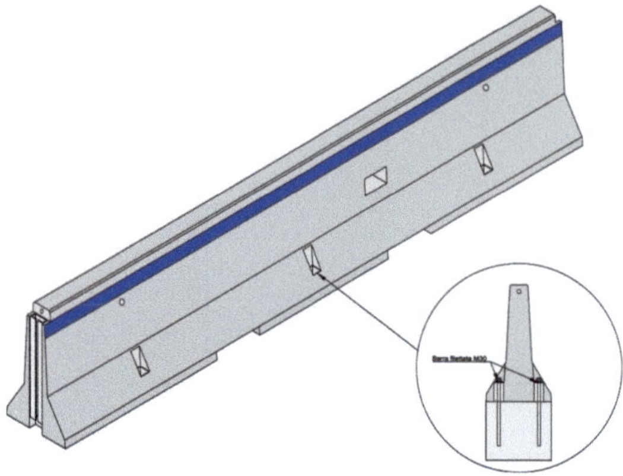

15.3.2 Barriera NDBA Concrete per spartitraffico

La barriera NDBA tipo Concrete per spartitraffico monofilare è utilizzabile principalmente sulle strade a due corsie per senso di marcia e a doppia carreggiata separate da uno spartitraffico per tratti su opera d'arte (ponti, viadotti, ecc.). Nel caso
di installazione su cordolo in calcestruzzo (Fig. 15.12), i singoli elementi vengono
ancorati ad esso attraverso n°6 tirafondi Ø 30 inseriti per 22 cm nel cordolo, disposti
ad interasse costante in n°3 per lato.

15.3.3 Barriera NDBA Concrete con tirafondi inclinati

Si tratta di una barriera NDBA modello Concrete avente la particolarità di avere i
tirafondi di ancoraggio al supporto in calcestruzzo inclinati (Fig. 15.13) e non verticali
come nella configurazione standard prima descritta. Ciò consente l'installazione della
barriera su un cordolo, ovvero in uno spartitraffico, di ridotte dimensioni trasversali. Il
profilo di questa barriera è riportato in Fig. 15.13, unitamente al valore della tolleranza
associata all'altezza del dispositivo di ritenuta rispetto al piano viabile che può essere
di ± 15 cm. Nella fase di installazione potrà essere adottato, dopo le opportune verifiche, un cordolo con dimensioni minime analoghe a quello impiegato nel crash test.

15.3.4 Barriera NDBA Bridge

La barriera NDBA Bridge (Fig. 15.14) è una barriera bordo ponte che però si presta
ad essere utilizzata anche sui cordoli dello spartitraffico nei tratti in rettifilo o in curva
dove le carreggiate hanno un significativo sfalsamento altimetrico. Ciascun elemento
modulare in calcestruzzo armato viene ancorato al cordolo attraverso l'impiego di

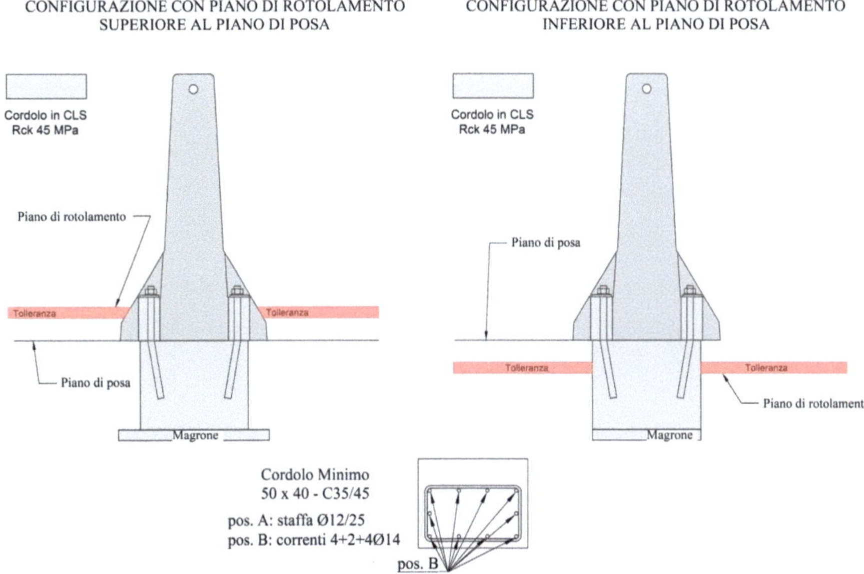

Fig. 15.13 Schema della barriera NDBA con tirafondi inclinati

Fig. 15.14 Disegno 3D della barriera NDBA Bridge

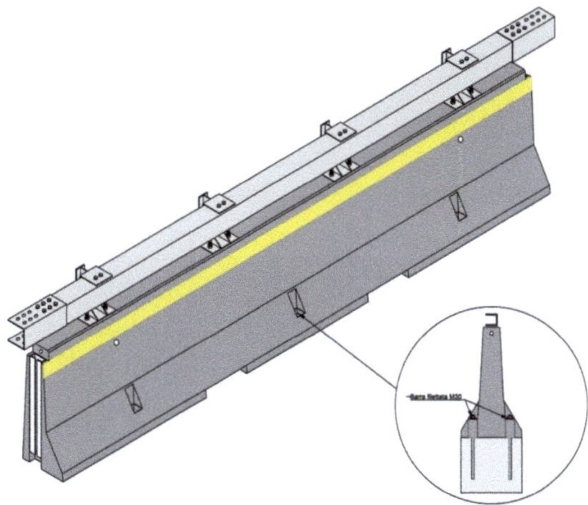

n°3 tirafondi Ø 30, disposti ad interasse costante ed ancorati nel cordolo sottostante per 22 cm. Un ulteriore elemento di sicurezza e di irrigidimento del dispositivo di ritenuta è rappresentato dal mancorrente superiore che, in caso di urto, con mezzo pesante contribuisce in modo importante al reindirizzamento del veicolo sulla carreggiata stradale. Esiste anche una variante denominata "Bridge No Hand Rail" priva di mancorrente superiore (Fig. 15.15).

È stata inoltre ideata una nuova barriera spartitraffico in cls da utilizzare su ponti e viadotti al fine di risolvere i ricorrenti problemi che si riscontrano nel caso in cui

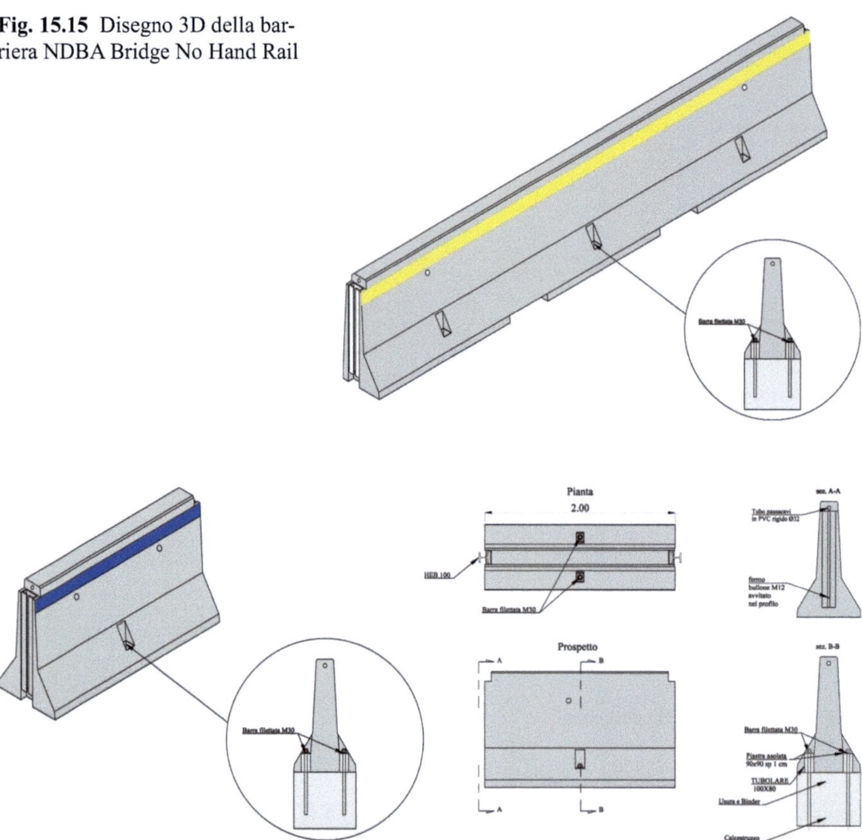

Fig. 15.15 Disegno 3D della barriera NDBA Bridge No Hand Rail

Fig. 15.16 Barriera NDBA su opera d'arte studiata per risolvere le interferenze con i giunti

l'ancoraggio e quindi il tirafondo della barriera ricade in corrispondenza dei giunti trasversali delle opere d'arte caratterizzati da interassi non costanti. Si riportano in Fig. 15.16 alcuni schemi di questo dispositivo.

15.3.5 Barriera NDBA Tunnel

I piedritti delle gallerie sono generalmente protetti da un profilo redirettivo simile a quello delle comuni barriere stradali in calcestruzzo ma avente sezione trasversale asimmetrica. In Italia, e anche in altri Paesi del mondo, le barriere per galleria più diffuse appartengono alla classe H2 [2, 3]. Il posizionamento delle barriere direttamente a contatto con le pareti di una galleria ne impedisce la traslazione trasversale; in caso di impatto, possono quindi generarsi accelerazioni molto elevate con gravi conseguenze per gli utenti.

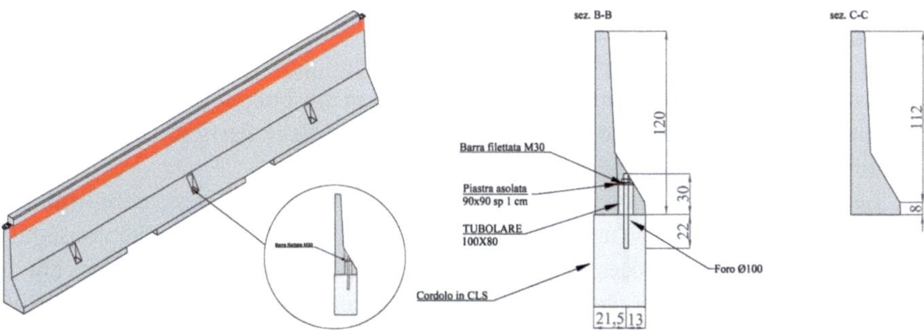

Fig. 15.17 Profilo redirettivo NDBA Tunnel

Pertanto, in genere, è opportuno distanziare l'intradosso delle barriere di almeno cinque-otto centimetri dal profilo interno delle pareti della galleria in modo da consentire la libera traslazione trasversale e dar luogo a valori di ASI minori di quelli massimi ammissibili da normativa.

I crash test delle barriere di sicurezza per le gallerie sono tradizionalmente effettuati ponendo i moduli delle barriere a diretto contatto contro una parete verticale di calcestruzzo, quindi in condizioni di impatto assai diverse da quelle effettivamente riscontrabili nelle strade in esercizio.

Per risolvere i predetti problemi, è stata ideata la barriera NDBA Tunnel (Fig. 15.17).

Le configurazioni di prova utilizzate per testare questa barriera sono state studiate in modo da risultare del tutto congruenti con le reali condizioni operative, quindi, tenendo conto del possibile distanziamento reciproco tra barriera e paramento della galleria, nonché del profilo curvilineo che spesso contraddistingue la sezione trasversale delle gallerie stradali (Fig. 15.18).

Più in particolare, sono stati dapprima realizzati e poi installati nel sito di prova dieci conci prefabbricati in calcestruzzo, ciascuno lungo 2,40 metri, ottenendo così una parete di contrasto lunga 24 metri. La stabilità della struttura è stata ottenuta mediante una serie di puntelli in acciaio e blocchi di calcestruzzo.

Gli elementi modulari della barriera NDBA Tunnel sono stati ancorati ad un cordolo in calcestruzzo (dimensioni 136 cm x 60 cm), realizzato sul campo prova, mediante l'adozione di 3 tirafondi φ 30 con profondità di infissione di 22 centimetri.

Fig. 15.18 Configurazione di prova della barriera per i crash test

Ogni modulo di barriera è lungo 600 cm, alto 120 cm e ha una larghezza alla base di 34,5 cm (Fig. 15.17). Il collegamento tra i moduli della barriera in calcestruzzo (classe C40/50) avviene tramite piastre collegate con due bulloni a testa svasata M24. Questo tipo di collegamento permette l'installazione delle barriere anche in curve planimetriche di ridotto raggio.

La nuova barriera è stata sottoposta ad una serie di crash test, conformi alla norma europea EN 1317 (test TB 81 e test TB 11). I risultati empirici conseguiti durante le prove, e le successive analisi tecniche, permettono di concludere che la barriera ha un livello di contenimento di 725 kJ (classe H4b); la larghezza operativa è W2, ciò ne permette l'installazione in gran parte delle gallerie esistenti e di nuova costruzione [2, 3].

Il dispositivo può essere installato ad una distanza inferiore o uguale a 70 centimetri rispetto al paramento della parete della galleria; lo spazio a tergo della barriera può essere utilmente impiegato per il posizionamento dei sottoservizi (es. impianti, cavidotti ecc.).

15.4 Sistemi tecnologici integrati nelle barriere per il rilevamento degli incidenti

Nell'ambito del processo di innovazione tecnologica e di aumento della sicurezza stradale, alcuni tecnici hanno predisposto per le barriere di tipo NDBA un sistema in grado di rilevare un incidente in tempo reale e trasmettere una segnalazione alle Sale Operative preposte alla gestione delle emergenze.

L'apparecchiatura principale (Fig. 15.19) è costituita da un guscio in poliuretano che copre il giunto tra due barriere spartitraffico NDBA. La forma cava del guscio consente di alloggiare all'interno diversi dispositivi e luci LED che in caso d'urto si attivano segnalando in tempo reale agli automobilisti la presenza di un eventuale pericolo; al contempo possono essere attivati i soccorsi. Il dispositivo allo stato attuale è caratterizzato da:

- accelerometro per il rilevamento degli urti;
- sensori per il rilevamento dell'intensità del traffico;

Fig. 15.19 Predisposizione foro per alloggiamento cavi tecnologici

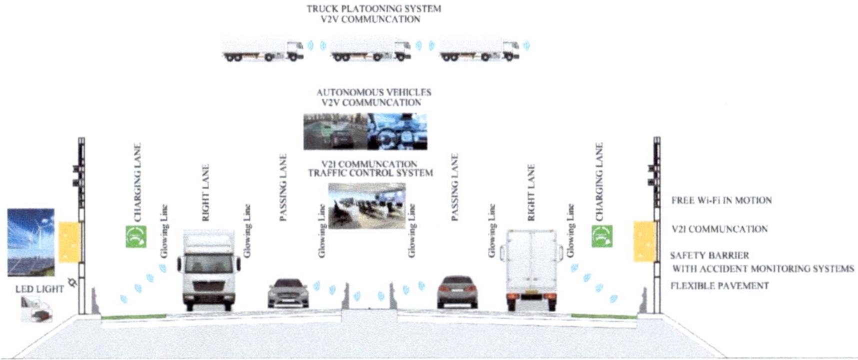

Fig. 15.20 Esempio di smart road [4, 5]

- sensori per il rilevamento delle condizioni climatiche (temperatura, umidità, pressione atmosferica);
- sensori per rilevare il passaggio di veicoli in contromano e/o in panne;
- dispositivi luminosi LED per segnalare l'eventuale presenza di ostacoli o pericoli come cantieri ed incidenti.

Il sistema si presta quindi ad essere implementato sia su strade tradizionali, sia sulle smart road (Fig. 15.20; [4, 5]) cioè sulle infrastrutture stradali di nuova generazione munite di specifiche tecnologie per monitorare e regolamentare i flussi di traffico in tempo reale, informare gli utenti ed offrire loro servizi mirati a migliorare il comfort e la sicurezza del viaggio. Mediante l'ecosistema tecnologico proprio delle Smart Road, generato da sensori, apparecchiature di telecomunicazione, big data, software, algoritmi di intelligenza artificiale, barriere stradali non convenzionali (del tipo di quelle qui descritte) e veicoli innovativi, si possono perseguire numerosi benefici per gli utenti della strada riguardanti, tra gli altri, la sicurezza e il comfort di marcia.

Riferimenti bibliografici

[1] Dinnella N, Chiappone S, Guerrieri M (2020) The innovative "NDBA" concrete safety barrier able to withstand two subsequent TB81 crash tests. Eng Fail Anal 115C:104660
[2] Guerrieri M, Dinnella N (2024) Improving traffic safety in existing and new road tunnels with the novel NDBA concrete safety barrier. Transport Telecommun 25(3):251–265. https://doi.org/10.2478/ttj-2024-0018
[3] Dinnella N, Guerrieri M, Chiappone S (2024) Miglioramento delle condizioni di sicurezza in galleria con la nuova barriera NDBA Tunnel, progettata e realizzata da Anas. Le Strade 1597(5):54–59
[4] Federico A, Antonio BS et al (2025) Le Smart Road – Stato dell'arte e scenari futuri. Springer, p 332 ISBN 978-3-031-96143-4.
[5] Khanmohamadi M, Guerrieri M (2024) Advanced sensor technologies in CAVs for traditional and smart road condition monitoring: a review. Sustainability 16(19):8336

Chapter 16
La programmazione delle priorità di intervento

Indice

16.1 La valutazione dei difetti e degli ammaloramenti dei dispositivi di ritenuta 222
Riferimenti bibliografici 227

Abstract *In questo capitolo vengono dapprima descritti sinteticamente i più comuni difetti riscontrabili sulle barriere di sicurezza ed in seguito viene riportata una procedura per la determinazione dell'Indice di Degrado dell'Opera, utile per programmare le priorità di intervento sui dispositivi già in esercizio, ai fini della loro manutenzione o sostituzione.*

Al fine di poter programmare adeguatamente gli interventi manutentivi sono state recentemente messe a punto specifiche tecniche di monitoraggio e software gestionali per valutare lo stato di degrado ed il livello di funzionalità dei dispositivi di ritenuta esistenti ed in esercizio. Tra gli obiettivi generali della programmazione degli interventi manutentivi si annoverano:

- la creazione di un database da usare per le attività di monitoraggio e per le analisi statistiche;
- la definizione di opportune scale di priorità per la realizzazione degli interventi manutentivi/sostitutivi, tenuto conto di vincoli economici o di altro tipo;
- la creazione di mappe WEB-GIS dei dispositivi di ritenuta in esercizio;
- l'introduzione di una manutenzione di tipo predittiva per i dispositivi di ritenuta.

N. Dinnella, M. Guerrieri (Hrsg.), *I dispositivi di ritenuta e le barriere di sicurezza stradali*,
https://doi.org/10.1007/978-3-032-10710-7_16

16.1 La valutazione dei difetti e degli ammaloramenti dei dispositivi di ritenuta

I più comuni difetti riscontrabili sulle barriere in acciaio sono la deformazione di parti metalliche (es. nastro), le porzioni gravemente ossidate, i difetti nella modalità di ancoraggio al suolo, la presenza di montanti deformati, la mancanza di bulloni o di altri elementi di collegamento.

Il danneggiamento delle barriere è quasi sempre imputabile agli urti dei veicoli ed a carenze manutentive. Inoltre, la costante esposizione delle barriere agli agenti atmosferici può favorire l'innesco di meccanismi di ossidazione, che, se non adeguatamente contrastati, potrebbero portare ad altri ammaloramenti. Il cattivo o non adeguato ancoraggio delle barriere alla struttura può derivare da errori progettuali o, ancora una volta, dall'urto di veicoli e/o da una non corretta manutenzione. In genere, durante l'ispezione visiva delle barriere in esercizio, oltre ad un rilievo geometrico delle dimensioni principali del tratto omogeneo di barriera, viene eseguito anche il rilievo dello stato di conservazione di tutti gli elementi costitutivi della barriera, finalizzato ad individuare e poi riportare in apposite schede di Audit i fenomeni di degrado ed i difetti presenti. Quindi, le schede di Audit riportano la presenza di specifici fenomeni di degrado, la loro intensità ed estensione. Le indicazioni riportate nelle schede di Audit sono poi utilizzate per la determinazione del livello di difettosità, che costituisce il principale parametro per il calcolo dell'IDOp (Indice di Degrado dell'Opera) utilizzato per finalità applicative da alcuni enti gestori [1].

Ad ogni tipo di difetto è associato un peso (G), variabile da 1 a 5 (Tab. 16.1 e Tab. 16.2): difetti meno gravi hanno peso pari a 1, i difetti più gravi hanno peso pari a 5. I difetti con peso 5 sono ben evidenziati sulle schede poiché la loro presenza potrebbe essere indice di rilevanti e/o immediati problemi strutturali e di sicurezza e, pertanto, si considerano particolarmente influenti sulla determinazione del livello di difettosità.

Per ogni difetto, occorre poi indicare l'estensione, mediante il coefficiente K1 variabile da 0,2 e 1,0, e l'intensità, mediante il coefficiente K2, anche questo variabile tra 0,2 e 1,0. I valori che possono assumere i due coefficienti sono indicati nelle Tab. 16.3 e 16.4. Per quanto riguarda la valutazione dell'estensione del difetto si fa riferimento ad una lunghezza massima di un tratto omogeneo di barriera, comunque, non superiore a 90 m.

Tabella 16.1 Grado del difetto

SINTESI LIVELLO DIFETTI		GRADO G	VALORE BASE
ALTO	Difetti di gravità alta	G5	5
MEDIO-ALTO	Difetti di gravità medio-alta	G4	4
MEDIO	Difetti di gravità media	G3	3
MEDIO BASSO	Difetti di gravità medio bassa	G2	2
BASSO	Difetti di gravità bassa	G1	1

Tabella 16.2 Elenco dei difetti

DESCRIZIONE			LIVELLO DIFETTO	PESO DIFETTO
GUARD RAIL	Cordoli c.a	Distacco copriferro	G2	8
		Cls ammalorato/dilavato	G3	
		Lesioni	G4	
		Danno da urto	G4	
		Armatura ossidata/corrosa	G5	
	Ancoraggi (piastre e tirafondi)	Ossidazione	G2	10
		Deformazione piastra di base	G2	
		Corrosione	G4	
	Unioni bullonate	Ossidazione	G2	10
		Corrosione	G4	
		Bulloni allentati/mancanti/tranciati (per ogni singola unione/ancoraggio)	G5	
	Componenti Barriera (lama, paletti, correnti)	Sfogliamento protezione (zincatura)	G2	3
		Ossidazione	G2	
		Deformazione lame e/o distanziatori e/o paletti	G4	
		Corrosione	G4	
NEW JERSEY	Cordoli c.a	Distacco copriferro	G2	8
		Cls ammalorato/dilavato	G3	
		Lesioni	G4	
		Danno da urto	G4	
		Armatura ossidata/corrosa	G5	
	Ancoraggi (piastre e tirafondi)	Ossidazione	G2	10
		Deformazione piastra di base	G2	
		Corrosione	G4	
	Cordoli c.a	Sfogliamento protezione (zincatura)	G2	8
		Ossidazione	G3	
		Deformazioni montanti e mancorrente	G4	
		Corrosione	G4	
		Bulloni allentati/mancanti/tranciati(per ogni singola unione/ancoraggio)	G5	
	Manicotto	Ossidazione	G2	10
		Corrosione	G4	
		Bulloni allentati/mancanti/tranciati (per ogni singola unione/ancoraggio)	G5	

Tabella 16.3 Difetti degli elementi metallici

SFORAMENTO VERNICE – ZINCATURA			
Peso difetto	G2	2	–
Estensione K1	0,2 (appena presente)	0,5 (< 50%lunghezza barriere)	1 (≥ 50%lunghezza barriere)
Intensità K2	Sempre −1		

Il difetto si riferisce al distacco della vernice/zincatura protettiva degli elementi in acciaio, con la conseguente esposizione del metallo. Può presentarsi come squamatura, spellamento/scollamento di strati, corrosione sotto la protezione

PIASTRA DI BASE ANCORAGGIO DEFORMATA			
Peso difetto	G4	4	–
Estensione K1	Sempre −1		
Intensità K2	0,2 (< 1 cm)	0,5 (tra 1 cm e 2 cm)	> 2 cm

Il difetto si riferisce alla perdita di forma e di planarità della piastra di base del paletto della barriera

BULLONI ALLENTATI/MANCANTI/TRANCIATI (PER OGNI SINGOLA UNIONE/ANCORAGGIO)			
Peso difetto	G5	5	–
Estensione K1	0,2(n. 1 bullone presente)	0,5 (più bulloni per un giunco)	1 (più bulloni su più giunco)
Intensità K2	Sempre −1		

Il difetto si può individuare: a vista, se manca il dado o se vi è spazio tra la rondella e la piastra e se il bullone è tranciato; a mano, se si può svitare il bullone a mano

DEFORMAZIONE LAME E/O DISTANZIATORI E/O PALETTI			
Peso difetto	G2	2	–
Estensione K1	0,2 (< 10% lunghezza modulo barriera)	0,5 (< 50%lunghezza modulo barriere)	1 (≥ 50%lunghezza modulo barriere)
Intensità K2	0,2 < 1 cm	0,5 tra 1 e 5 cm	> 5 cm

Il difetto si manifesta con la perdita di forma dei profili e quasi sempre dovuto all'urto degli automezzi

OSSIDAZIONE			
Peso difetto	G2	2	–
Estensione K1	0,2 (< 10% lunghezza barriera)		0,5 (< 50%lunghezza barriere)
Intensità K2	Sempre −1		

Il difetto si manifesta come ossidazione superficiale omogenea, rigonfiamento della superficie esterna, corrosione puntiforme

CORROSIONE			
Peso difetto	G4	4	–
Estensione K1	0,2 (< 10% lunghezza barriera)	0,5 (< 50%lunghezza barriere)	1 (> 50%lunghezza barriere)
Intensità K2	Sempre −1		

Il difetto si manifesta con la formazione di ossido di ferro. La corrosione più pericolosa è quella localizzata

Tabella 16.4 Difetti degli elementi in calcestruzzi

CALCESTRUZZO DILAVATO/AMMALORATO			
Peso difetto	G3	–	–
Estensione K1	0,2 (appena presente)	0,5 (< 50%lunghezza cordolo/NJ)	1 (>= 50%lunghezza cordolo/NJ)
Intensità K2	Sempre −1		

Il dilavamento e/o l'ammaloramento del cls sono dovuti alla percolazione di acque superficiali. Per dilavamento si intende l'erosione dello stato superficiale del materiale, mentre l' ammaloramento si riferisce ai fenomeni di rigonfiamento del cls, scagliamento, ecc.

DISTACCO COPRIFERRO			
Peso difetto	G3	–	–
Estensione K1	0,2 (appena presente)	0,5 (< 50%lunghezza cordolo/NJ)	1 (>= 50%lunghezza cordolo/NJ)
Intensità K2	Sempre −1		

Il difetto si riferisce alla mancanza di porzioni si stato di ricoprimento in cls delle armature longitudinali e trasversali

ARMATURA OSSIDATA E/O CORROSA			
Peso difetto	G5	–	–
Estensione K1	0,2 (appena presente)	0,5 (< 50%lunghezza cordolo/NJ)	1 (>= 50%lunghezza cordolo/NJ)
Intensità K2	0,2 (corrosa)	0,5 (intaccata sezione barra)	1 (corrosione con riduzione sezione)

Le armature in acciaio appaiono ossidate o corrose. Nei casi più gravi l'evoluzione del fenomeno può provocare la riduzione della sezione esistente.

LESIONI			
Peso difetto	G4	–	–
Estensione K1	0,2 (presenza di lesioni su meno del 10% della lunghezza dell'elemento)	0,2 (presenza di lesioni su meno del 50% della lunghezza dell'elemento)	0,2 (presenza di lesioni su meno del 10% della lunghezza dell'elemento)
Intensità K2	0,2 < (capillare)	0,5 (tra 1 mm e 2 mm)	1(2 mm)

Si tratta di lesioni su cordoli o NJ

DANNO DA URTO SU ELEMENTI IN C.A.			
Peso difetto	G4	–	–
Estensione K1	Sempre −1		
Intensità K2	0,2 (visibile)	0,5 (distacco limitato di materiale < 5 cm)	0,5 (distacco profondo di materiale < 5 cm)

Con tale fenomeno ci si riferisce al danneggiamento indotto dall'urto di automezzi su elementi in c.a (cordoli e barriere New Jersey "NJ"). Tali danneggiamenti sono generalmente rappresentati da rottura degli spigoli, distacchi di copriferro, tranciamento o deformazione delle armature

Tabella 16.5 Indice di intensità del difetto e coefficienti CED e CID

ESTENSIONE DIFETTO: CED			
–	$E \leq 20\%$	$20\% < E < 50\%$	$E \geq 50\%$
$\leq G3$	0,20	0,50	1,00
G4	0,30	0,50	1,50
G5	0,50	1,25	2,50
INTENSITA' DIFETTO CID			
–	Bassa	Media	Alta
–	0,20	0,50	1,00

Il giudizio di insieme sullo stato di conservazione generale del dispositivo di ritenuta si ottiene per il tramite dall'Indice di Degrado dell'Opera, IDOp [1]:

$$IDOp = \frac{\sum(PV \times Pi)}{\sum Pi} \qquad (16.1)$$

Dove PV per ogni componente da esaminare si ottiene con la reazione:

$$PV = Gi \cdot (CED + CID) \qquad (16.2)$$

Con $1 \leq Gi \leq 5$; i valori dei coefficienti CED e CID sono riportati in Tab. 16.5. Pi sono invece i pesi da attribuire secondo quanto indicato in Tab. 16.6.

Sulla base del valore assunto dall'IDOp, si stabilisce se un intervento manutentivo deve essere seguito con urgenza, oppure nel breve, nel medio o nel lungo periodo (Tab. 16.7).

Tabella 16.6 Peso degli elementi

GUARD RAIL	PESO (Pi)
Componenti barriera (lama, paletti, correnti)	3
Ancoraggi (piastra e tirafondi)	10
Unioni bullonate	10
Cordoli in c.a.	8
NEW JERSEY	PESO (Pi)
Calcestruzzo	7
Ancoraggi (piastra e tirafondi)	10
Mancorrente superiore	10
Manicotti	8

Tabella 16.7 Tempistiche di intervento manutentivi in base ai valori assunti dall'indice IDOp

IDOp SINGOLI DIFETTI		
G2	3,00	Intervento a lungo termine
G3	4,50	Intervento a breve termine
G4	10,00	Intervento urgente
G5	5,00	Intervento a breve termine
IDOp MEDIO COMPLESSIVO		
–	7,70	Intervento urgente

Riferimenti bibliografici

[1] Anas (2019) Dispositivi di ritenuta stradale Quaderno tecnico, Volume VI. https://www.strade-anas.it

Chapter 17
Considerazioni sugli aspetti estetici dei dispositivi di ritenuta

Indice

17.1 Possibili trattamenti estetici delle barriere in calcestruzzo 230
    17.1.1 Alternativa "A" 231
    17.1.2 Alternativa "B" 231
    17.1.3 Alternativa "C" 232
    17.1.4 Alternativa "D" 233
    17.1.5 Indagine sulle preferenze degli osservatori 235
17.2 Conclusioni 236
Riferimenti bibliografici 237

Abstract *In questo capitolo si riportano gli esiti di una ricerca sviluppa negli USA sui possibili trattamenti estetici delle barriere in calcestruzzo che, sebbene non direttamente applicabili in Italia, possono essere di interesse per futuri approfondimenti tecnico-scientifici orientati allo studio ed allo sviluppo di soluzioni tecniche in grado di rendere i dispositivi di ritenuta esteticamente più gradevoli e con caratteristiche coerenti con il particolare contesto di inserimento, sia esso urbano o extraurbano.*

L'uso di barriere di sicurezza e di altri dispositivi di ritenuta pone il problema della ricerca di soluzioni tecniche atte a rendere gradevole ed armonioso l'inserimento di questi dispositivi nel contesto ambientale in cui l'infrastruttura stradale si sviluppa. Gli studi sugli accorgimenti da adottare per rendere i dispositivi di sicurezza esteticamente gradevoli ed adeguati al contesto di inserimento sono saltuari e in genere poco approfonditi. Ciò probabilmente deriva dal fatto che i materiali ad oggi ritenuti più idonei per la costruzione delle barriere di sicurezza sono sostanzialmente soltanto l'acciaio ed il calcestruzzo; inoltre, forma e geometria sono state nel tempo ottimizzate per rispondere unicamente a requisiti di funzionalità e di sicurezza.

N. Dinnella, M. Guerrieri (Hrsg.), *I dispositivi di ritenuta e le barriere di sicurezza stradali*,
https://doi.org/10.1007/978-3-032-10710-7_17

Come visto nei precedenti capitoli, tra le barriere in acciaio esistono delle varianti, come quelle in corten e quelle rivestite in legno, che ben si prestano ad essere inserite in parchi o in contesti particolarmente sensibili sotto il profilo paesaggistico ed ambientale. Per le barriere in calcestruzzo, oggigiorno sono disponibili anche soluzioni tecnicamente molto avanzate ma che per profilo e geometria non si discostano molto dalle barriere tradizionali di tipo New Jersey.

Ciò premesso, appare utile ricordare che, al fine di poter individuare dispositivi in calcestruzzo esteticamente più gradevoli agli occhi degli utenti, è stata intrapresa una specifica ricerca negli USA [1] riguardante contesti urbani e/o suburbani.

Prima di passare in rassegna le possibili modifiche esteriori dei dispositivi di ritenuta individuate in seno a questo studio, occorre puntualizzare cosa debba intendersi per "miglioramenti estetici" dei dispositivi di ritenuta. Si tratta di dar luogo ad un'armoniosa combinazione degli elementi presenti nella scena osservata dagli utenti durante la percorrenza di una certa strada in modo che si palesi ai loro occhi un quadro prospettico non complesso, confuso o ambiguo ma, di converso, del tutto coerente con il contesto urbano o ambientale nel quale i dispositivi di sicurezza vengono inseriti.

Le proprietà delle barriere sulle quali si può intervenire con questa finalità sono la *forma*, il *colore*, la *tessitura superficiale*, la *simmetria* del singolo elemento modulare (elemento prefabbricato) ed al contempo le *proporzioni tra eventuali parti concave e convesse* dell'oggetto che, sottoposte alla luce solare o artificiale, producono un gioco di chiaro – scuro che può risultare gradevole all'occhio dell'osservatore.

Uno studio giapponese [2] volto all'individuazione della struttura gerarchica della percezione umana dell'ambiente stradale, ha mostrato che il primo elemento ad essere percepito è la superficie pavimentata seguita da un "orizzonte" costituito dagli edifici e dagli alberi di alto fusto; infine, vengono percepiti gli elementi marginali quali la segnaletica verticale, i dispositivi di ritenuta, i portali dell'illuminazione, ecc. La formazione spontanea di un ordine gerarchico di percezione dipende dalle peculiarità che ciascun elemento, potenzialmente percepibile, ha di risaltare nella scena osservata o in quella in secondo piano. Inoltre, lo studio ha mostrato che, se gli elementi percepiti per primi sono gli edifici, o altre grandi strutture, gli utenti attribuiscono al paesaggio stradale un gradimento estetico ridotto, mentre se nel quadro prospettico è la vegetazione a spiccare il gradimento è elevato. In ogni caso, con riferimento alla sicurezza, risulta indesiderabile che alcuni elementi non rilevanti ai fini della conduzione del veicolo siano percepiti prima, e con maggior enfasi, della pavimentazione stradale. Tale circostanza in qualche modo dimostra che l'aspetto estetico dei dispositivi di ritenuta (forma, dimensione, colore) non può essere studiato prescindendo dall'ambiente in cui questi saranno inseriti ed osservati dagli utenti della strada.

17.1   Possibili trattamenti estetici delle barriere in calcestruzzo

Le barriere in calcestruzzo sono ritenute da molti osservatori esteticamente poco gradevoli per talune loro caratteristiche quali forma, superficie e colore, che si ripetono senza alcuna soluzione di continuità lungo i margini dell'infrastruttura stradale. Per tale motivo, diversi studiosi propongono modifiche estetiche mirate alla modulazione di uno o più parametri di forma, superficie o colore, col duplice obiettivo di evitare la monotonia e valorizzare il contesto ambientale [3].

Le tecniche che consentono di interrompere la monotonia delle barriere in calcestruzzo sono riconducibili a:

- *modifica del contrasto* mediante creazione di superfici diversamente riflettenti o colorate;
- *introduzione di discontinuità* nella geometria della barriera;
- *creazione di elementi in rilievo* (o incisioni) orizzontali, verticali o variamente inclinati.

Per valutare i possibili benefici derivanti dalle tecniche sopra elencate, nella pubblicazione *"Aesthetic Concrete Barrier Design"* [1] è stato considerato e analizzato il gradimento espresso da parte di un campione rappresentativo di utenti stradali riguardante modifiche esteriori apportate alle barriere, tenendo conto delle seguenti condizioni:

- esame del solo nastro stradale estrapolato dal contesto ambientale;
- ambiente extraurbano;
- ambiente urbano;
- ambiente "suburbano" in cui vi sia una promiscuità di edifici e territorio non antropizzato (colline, alberi, ecc.).

Le alternative studiate sono brevemente illustrate nei seguenti paragrafi.

17.1.1 Alternativa "A"

Vengono confrontate barriere in calcestruzzo con superficie continua (A1) e barriere nelle quali la superficie laterale a vista presenta rientranze rettangolari colorate (A2; Fig. 17.1). Nel caso in cui la strada è estrapolata dal contesto ambientale, entrambe le barriere mostrano un significativo contrasto rispetto allo sfondo. In particolare, mentre la barriera A1 demarca e rinforza l'andamento planoaltimetrico del nastro strade, la barriera A2 richiama l'attenzione dell'osservatore su sé stessa. Per l'ambiente extraurbano la barriera A1 appare in armonia con la linearità dello sfondo mentre la A2 dona un aspetto "statico" all'immagine. In ambito urbano la barriera A1 contrasta con il gioco di luci e ombre degli edifici mentre la barriera A2 ben si adatta ad un contesto ambientale fortemente antropizzato. Infine, in ambito suburbano entrambe le barriere appaiono in buona armonia con l'immagine di fondo.

17.1.2 Alternativa "B"

In questa alternativa (Fig. 17.2) sono considerate due barriere "B1" e "B2" che presentano, rispettivamente, una linea incisa larga 102 mm sovrastata da un'altra larga 13 mm (barriera B1) e linea incisa sulla superficie interrotta alternativamente

Fig. 17.1 Alternativa A. **a** A1;
b A2 [1]

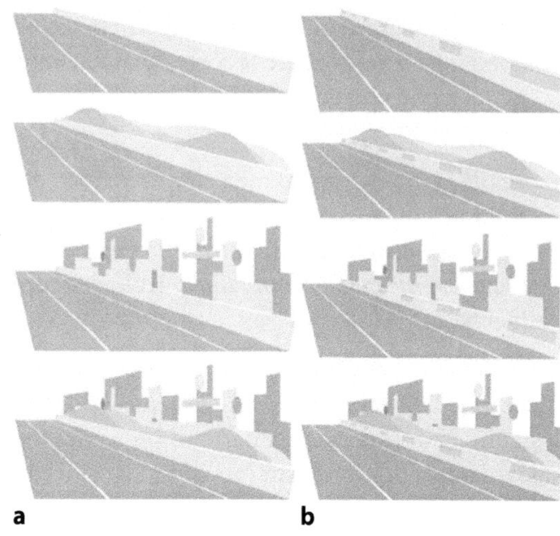

Fig. 17.2 Alternativa B. **a** B1;
b B2 [1]

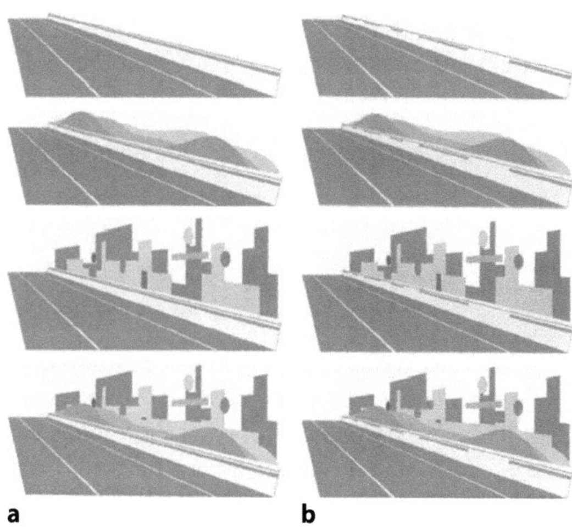

ogni 7,6 m e 15,2 m (barriera B2). Confrontando le due barriere si nota che in tutti i contesti ambientali esaminati l'interruzione della linea incisa introdotta nella barriera B2 apparentemente riduce l'estensione della barriera stessa.

17.1.3 Alternativa "C"

Lo studio consente di verificare l'effetto di un disegno architettonico introdotto sulla superficie a vista della barriera, nel caso specifico un arco a sesto ribassato inciso della larghezza di 7,6 m per l'alternativa "C1" e 15,2 m per la "C2". Dalla Fig. 17.3

Fig. 17.3 Alternativa C. **a** C1;
b C2 [1]

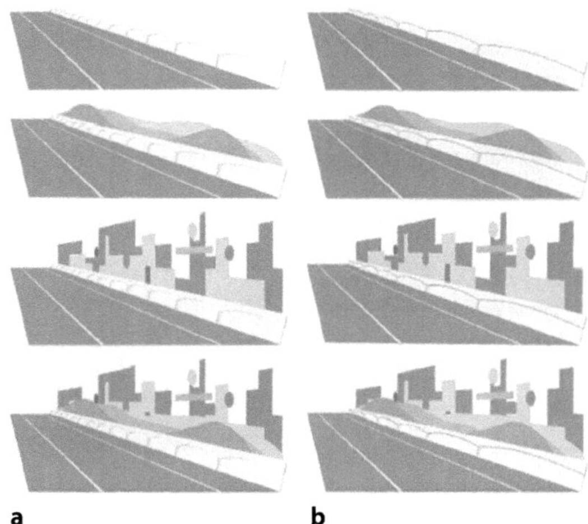

a   **b**

si può notare come le curve disegnate sulla barriera siano in armonia con il paesaggio extraurbano; in particolare, la barriera con corda minore (C1) genera un impatto visivo inferiore a quello della barriera "C2".

17.1.4 Alternativa "D"

L'alternativa "D" è contraddistinta da un elemento di copertura posizionato sulla testa della barriera (Fig. 17.4). L'intervento, che non altera in alcun modo la funzionalità del dispositivo, risulta poco costoso e produce un miglioramento estetico della barriera nella sua interezza.

Per l'alternativa D sono state individuate le seguenti sottocategorie di barriere (Fig. 17.5, Fig. 17.6, Fig. 17.7, Fig. 17.8):

- La barriera D1 presenta una copertura in testa ma è priva di trattamenti superficiali sulla superficie a vista;
- l'alternativa D2 presenta sulla superficie a vista un trattamento superficiale costituito da elementi trapezoidali dello stesso colore della barriera e della copertura che si ripropongono ad intervalli di 15,2 m;
- la barriera D3, che per forma è uguale alle D2, ha gli elementi trapezoidali colorati in modo da creare unità contrastanti rispetto alla restante parte del dispositivo;
- l'alternativa D4 presenta elementi trapezoidali molto estesi e sporgenti di colore identico a quello della barriera;
- l'alternativa D5 ha le stesse caratteristiche della D4 ad esclusione degli elementi sporgenti che in questo caso sono diversamente colorati rispetto al colore della barriera. In tutti i casi, l'effetto è simile a quello riscontrato per le alternative "A", "B", "C".

Fig. 17.4 Alternativa D [1]

Fig. 17.5 Alternativa D. **a** D1; **b** D2 [1]

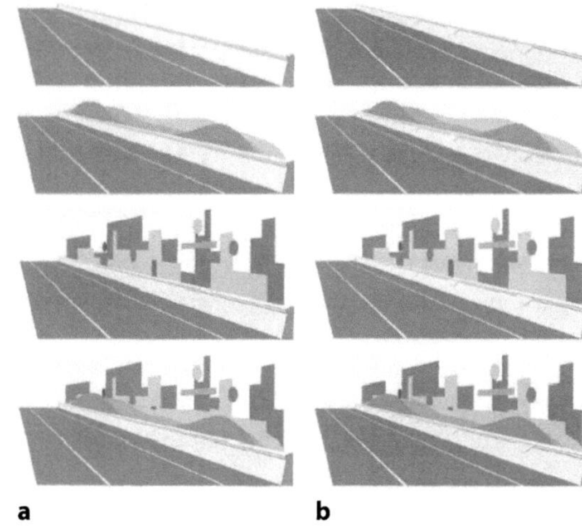

a   b

Fig. 17.6 Alternativa D3

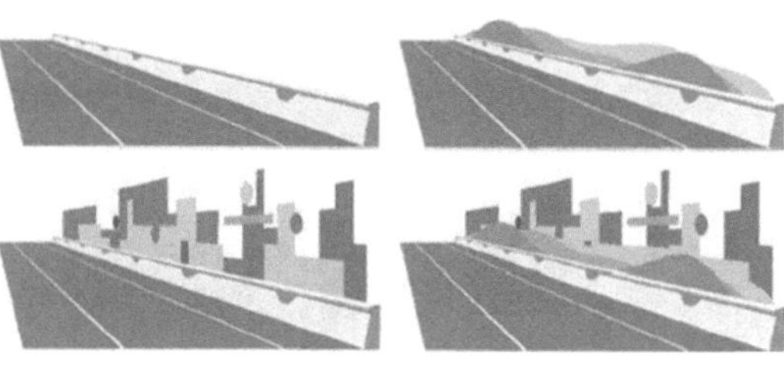

Fig. 17.7 Alternativa D4 [1]

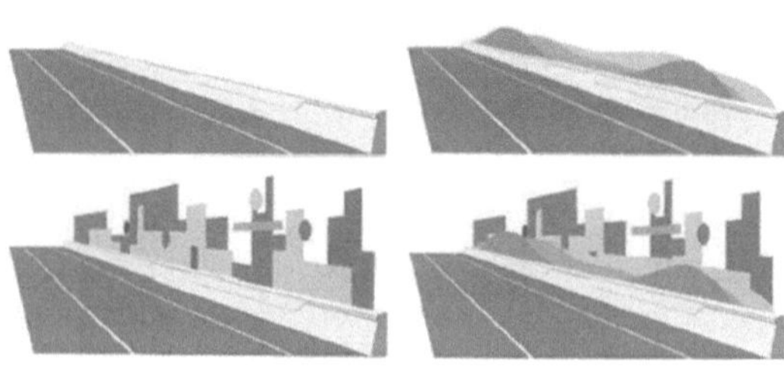

Fig. 17.8 Alternativa D5 [1]

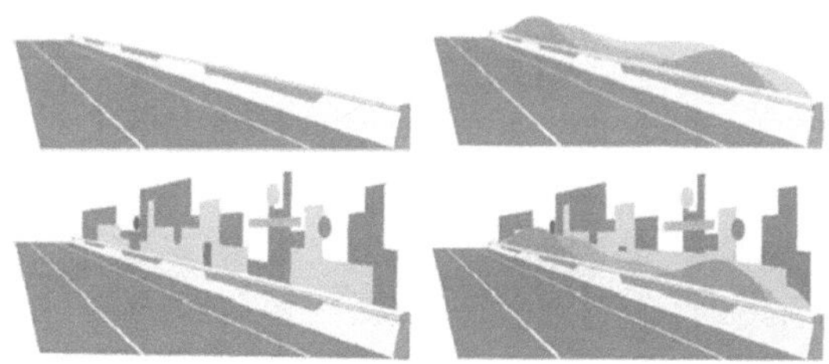

17.1.5 Indagine sulle preferenze degli osservatori

Lo studio svolto negli USA ha avuto l'obiettivo di creare delle *linee guida* per la progettazione di barriere in calcestruzzo – bordo laterale e bordo ponte – che contemplassero, oltre agli aspetti funzionali, anche l'estetica e la gradevolezza per gli utenti. Per il raggiungimento di tale scopo, i ricercatori hanno valutato il giudizio, espresso da un campione di osservatori costituito da duecentocinquanta persone selezionate a caso, su alcune immagini che ritraevano differenti tipi di barriere e contesti ambientali. A ciascun soggetto sono state formulate diverse domande atte a verificare se fossero riscontrabili cambiamenti significativi nella scena da attribuire all'uso di particolari tipi di barriere, ed è stato chiesto di valutare anche quale barriera meglio si integrasse con il contesto ambientale di riferimento. L'esperimento è stato condotto facendo esaminare ad ogni membro del gruppo diverse scene per un tempo variabile dai due ai tre secondi per immagine; in seguito, è stato chiesto di ricostruire a memoria la scena con l'intento di determinare ciò che aveva colpito l'osservatore e, dunque, l'emozione positiva o negativa conseguente alla presenza delle barriere di sicurezza.

Sono state considerate cinque configurazioni ambientali e per ciascuna di esse, mediante elaborazione al computer, sulla strada in studio sono state disposte altrettante differenti barriere di sicurezza (cfr. Fig. 17.9). In definitiva, per ciascuna delle venticinque scene è stato chiesto cosa avesse colpito l'osservatore (le risposte da scegliere su apposita lista potevano essere: l'architettura dei luoghi, l'ambiente, il senso di velocità, il senso di stress, la sensazione di congestione, ecc.) e quali fossero le migliori e peggiori barriere per ciascuna delle cinque configurazioni.

Lo studio evidenzia che gran parte dei soggetti intervistati mostra un rilevante gradimento nei confronti di barriere diverse da quelle che generalmente osserva lungo le strade percorse abitualmente; infatti, poiché negli USA è frequentemente .utilizzata la barriera in calcestruzzo (CTB cfr. Fig.17.9) a quest'ultima è stato attribuito il giudizio peggiore.

In genere, il paesaggio gioca un ruolo fondamentale sul modo in cui le barriere sono percepite: in ambito extraurbano ove l'effetto di schermatura delle barriere CTB limita la visione è auspicabile l'utilizzo di barriere in acciaio, mentre in ambito urbano non si evidenzia una preferenza significativa tra barriere in acciaio e barriere in calcestruzzo con profilo New Jersey. Per queste ultime potrebbe comunque essere possibile apportare modifiche esteriori analoghe a quelle descritte in precedenza, purché non venga in alcun modo alterata la funzionalità della barriera stessa [4]. Il

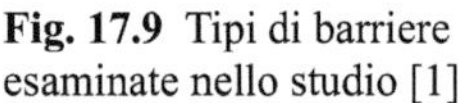

Fig. 17.9 Tipi di barriere esaminate nello studio [1]

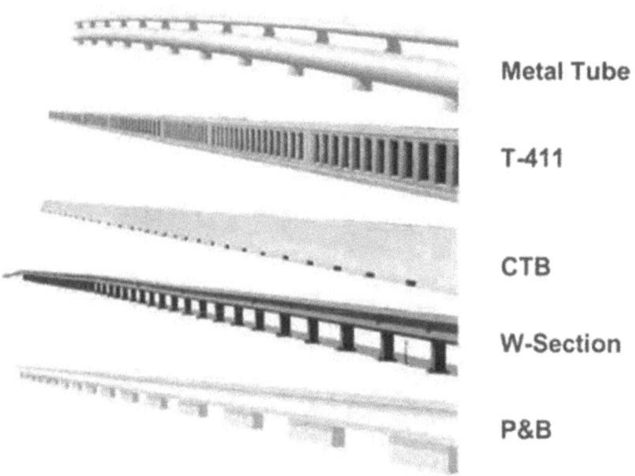

principale problema che hanno cercato di risolvere i ricercatori americani è stato quello di determinare i criteri di dimensionamento delle "decorazioni" che possono essere introdotte sulla superficie a vista della barriera (depressioni o incisioni) in modo che:

- gli effetti dell'urto non determinino eccessiva deformazione dell'abitacolo del veicolo che impatta contro la barriera;
- non si verifichino instabilità nel moto del veicolo (ad esempio il ribaltamento).

È stata quindi sviluppata una sperimentazione che ha previsto in una prima fase simulazioni numeriche al computer e, successivamente, delle prove al vero. Le "asperità" prese in esame sono state circoscritte a profili perpendicolari, curvilinei ed inclinati dei "disegni" effettuati sul paramento interno delle barriere. Lo studio ha permesso dunque di individuare le dimensioni limite in termini di profondità, ampiezza ed inclinazione in grado di non compromettere la funzionalità della barriera e le condizioni di sicurezza per gli utenti. Per ogni ulteriore dettaglio è possibile consultare il rapporto, disponibile in modalità open access [1].

17.2 Conclusioni

Quanto sin qui discusso può essere da stimolo per intraprendere anche nel nostro Paese futuri approfondimenti tecnico-scientifici orientati allo studio ed allo sviluppo di soluzioni tecniche in grado di rendere i dispositivi di ritenuta, oltre che sempre più performanti in termini di sicurezza, anche esteticamente più gradevoli e con caratteristiche coerenti con il particolare contesto di inserimento, sia esso urbano o extraurbano.

Riferimenti bibliografici

[1] NCHRP (2006) Aesthetic concrete barrier design. Report 554
[2] International Association of Traffic & Safety Science (1983) Roadscape: the analysis of visual-perceptual mechanism
[3] Barresi G, Giuffrè O, Bruno L, Granà A, Guerrieri M, Parla G, Madonia G, Rizzo A (2007) Redazione di un piano integrato di interventi per la riqualificazione urbana, nel breve e medio periodo, della circonvallazione di Palermo e dell'asse stradale via F. Crispi – Foro Umberto I. Dipartimento di Ingegneria delle Infrastrutture Viarie, Università degli Studi di Palermo, Palermo
[4] Lechtenberg KA, Bielenberg RW, Rosenbaugh SK, Faller RK, Sicking DL (2009) High-performance aesthetic bridge rail and median barrier. Transp Res Rec 2120(1):60–73